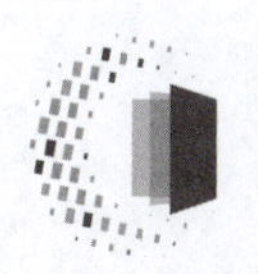

“国家级一流本科课程”配套教材系列

教育部高等学校计算机类专业教学指导委员会推荐教材

国家级线上一流本科课程“机器人制作与创客综合能力实训”指定教材

智能机器人设计与制作实训

贾翠玲 主编

清華大学出版社

北京

内 容 简 介

本书内容大部分源于编者多年从事机器人创新实践教学及指导学生参加机器人大赛的经验，以讲解机器人基础知识为主，学生动手制作机器人为辅。

本书共9章，主要内容包括概述、移动机器人应用及实践、水中机器人基础及实践、空中机器人基础及应用、仿生机器人基础及实践、人工智能基础及应用、走进3D打印世界、智能制造与工业机器人以及工程创新综合实践。本书内容兼具基础性和实践性。在智慧树平台有与本书配套的完整网络学习课程资源"机器人制作与创客综合能力实训"（https://coursehome.zhihuishu.com/courseHome/1000007851#teachTeam），编者会实时更新本校学生线下机器人实践过程的上课视频及学生作品，供校外学习者参考。

本书适合作为高等院校计算机、软件工程、机器人、智能制造等专业的本科生教材，也可供机器人开发人员、广大科技工作者和研究人员参考，还适用于机器人零基础的爱好者学习。

图书在版编目（CIP）数据

智能机器人设计与制作实训/贾翠玲主编. -- 北京：清华大学出版社，2025.5.
（"国家级一流本科课程"配套教材系列）. -- ISBN 978-7-302-68875-4

Ⅰ. TP242.6

中国国家版本馆CIP数据核字第20252N0Q23号

责任编辑：张　玥　薛　阳
封面设计：刘　键
责任校对：刘惠林
责任印制：刘海龙

出版发行：清华大学出版社
网　　址：https://www.tup.com.cn，https://www.wqxuetang.com
地　　址：北京清华大学学研大厦A座　　**邮　　编**：100084
社 总 机：010-83470000　　**邮　　购**：010-62786544
投稿与读者服务：010-62776969，c-service@tup.tsinghua.edu.cn
质量反馈：010-62772015，zhiliang@tup.tsinghua.edu.cn
课件下载：https://www.tup.com.cn，010-83470236
印 装 者：三河市人民印务有限公司
经　　销：全国新华书店
开　　本：185mm×260mm　　**印　　张**：11.75　　**字　　数**：289千字
版　　次：2025年5月第1版　　**印　　次**：2025年5月第1次印刷
定　　价：49.80元

产品编号：103174-01

前言

深化产教融合是现代高等教育发展的重要抓手，也是加强高素质人才培养的必然要求。为响应国家“智能制造2035”整体规划以及产业发展对人才的迫切需求，以被誉为“制造业皇冠顶端明珠”的机器人作为载体组织教学，能够有效地提高学生的工程实践能力、创新能力、团队协作等综合能力。智能机器人是具有感知、思维和行动功能的机器，是机构学、自动控制、计算机、人工智能、微电子学、光学、通信技术、传感技术、仿生学等多种学科和技术的综合成果，是很好的研究和实践平台。

本书的内容大多源于作者多年从事机器人创新实践教学以及指导学生参加机器人大赛的经验，主要以讲解机器人的基础知识为主，学生动手制作机器人为辅。书中分别介绍机器人的相关概念、发展历程、基本工作原理以及用程序控制机器人的基本思路和方法，立足于机器人开发实践，是一本理论指导实践，实践验证理论的书。

全书共9章内容，第1章介绍机器人的概念、分类、发展历程等；第2章介绍移动机器人应用及实践、智能车的硬件组成、软件开发等；第3章介绍水中机器人基础及实践；第4章介绍空中机器人基础及应用；第5章介绍仿生机器人基础及实践；第6章介绍人工智能基础及应用；第7章介绍走进3D打印世界；第8章介绍智能制造与工业机器人；第9章介绍工程创新综合实践。本书内容兼具基础性和实践性。

本书配有完整的网络学习资源，在智慧树平台的名称为“机器人制作与创客综合能力实训”（https://coursehome.zhihuishu.com/courseHome/1000007851#teachTeam）。该资源自2019年在智慧树教学平台（www.zhihuishu.com）上线，经过多年的不断改进与建设，在2021年被认定为内蒙古自治区首批一流本科线上课程，2023年被认定为国家级一流本科线上课程，学习者可以在平台上免费进行注册学习，作者会实时更新本校学生线下机器人实践过程的上课视频以及学生作品，供校外学习者参考。

本书适合作为高等院校计算机、软件工程、机器人、智能制造专业本科生的教材，也可供机器人开发人员、广大科技工作者和研究人员参考，还适用于机器人零基础的爱好者学习。

本书由内蒙古工业大学贾翠玲老师编写，在编写过程中，参阅了北京启创远景科技有限公司、深圳市越疆科技股份有限公司、北京博创尚和科技有限公司、深圳乐智机器人等公司的教学科研成果，也吸取了国内外教材的精髓，对这些作者的贡献表示由衷的感谢。在本书的出版过程中，得到了内蒙古工业大学陈杰老师、刘海亮老师的支持和帮助；还得到了清华大学出版社张月编辑的大力支持，在此表示诚挚的感谢。

由于作者水平和时间有限，书中难免有不妥和疏漏之处，恳请各位专家、同仁和读者不吝赐教和批评指正，并与笔者讨论。

2024年3月于呼和浩特

扫一扫加入课程学习

目 录

第1章 概述

1.1 引言

机器人被誉为“制造业皇冠顶端明珠”，其研发、制造、应用是衡量一个国家科技创新和高端制造业水平的重要标志。当前，机器人产业蓬勃发展，正极大地改变着人类的生产和生活方式，为经济社会发展注入强劲动能。

2021年10月12日国务院办公厅《关于进一步支持大学生创新创业的指导意见》中指出：“将创新创业教育贯穿人才培养全过程。深化高校创新创业教育改革，健全课堂教学、自主学习、结合实践、指导帮扶、文化引领融为一体的高校创新创业教育体系，增强大学生的创新精神、创业意识和创新创业能力。”

随着社会发展的需要，基于生活、兴趣而非唯书本论的自主学习，越来越重要。创客教育适应了这种时代需求，教师不单是向学生讲解事实性知识、解释概念性知识或展示原理，而是激发学生创造的激情，培养学生的设计思维、原型制作与测试能力。近年来，创客教育作为重在培养学生创造能力与创新能力的新型教育方式，受到了世界不同国家的重视。通过创新价值观的传递，造物技能及知识的分享，培养创新型社会人才。综上所述，无论是国家政策层面，还是社会发展层面，都需要培养机器人专业领域的创新型人才。

1.2 机器人的定义

机器人技术(robotics)作为20世纪人类最伟大的发明之一，自20世纪60年代初问世以来，经历了60多年的发展，已经取得了显著的成果。走向成熟的工业机器人(industrial robot)，各种用途特种机器人的实用化，昭示着机器人技术灿烂的明天。

机器人的定义没有一个统一的意见。原因之一是机器人还在发展，新的机型、新的功能不断涌现，领域不断扩展。另一个原因是机器人涉及“人”的概念，成为一个难以回答的哲学问题。就像机器人一词最早诞生在科幻小说中一样，人们对机器人充满了幻想。也许正是由于机器人定义的模糊，才给了人们无限的想象和创造空间。

随着机器人技术的飞速发展和信息时代的到来，机器人涵盖的内容越来越丰富，机器人的定义也在不断充实和创新。

1886年，法国作家利尔·亚当在小说《未来的夏娃》中将外表像人的机器起名为“安德罗丁”，它由以下4部分组成。

第一部分是具有平衡、步行、发声、身体摆动、感觉、面部表情、调节运动等功能的生命系统。

第二部分是能够实现自由运动的金属覆盖体组成的关节，还有一种盔甲作为造型材料。

第三部分是在盔甲上有肉体、静脉、性别等身体的各种形态的人造肌肉。

第四部分是由肤色、机理、轮廓、头发、视觉、牙齿、手爪等组成的人造皮肤。

1921 年，捷克作家卡雷尔·恰佩克发表了科幻剧本《罗萨姆的万能机器人》。在剧本中，恰佩克把捷克语 robota 写成了 robot，robota 是奴隶的意思。该剧预告了机器人的发展对人类社会的悲剧性影响，引起人们广泛关注，成为机器人一词的起源。在该剧中，机器人按照主人的命令默默地工作，没有感情，以呆板的方式从事繁重的劳动。后来，罗萨姆公司取得了成功，使机器人具有了感情，导致机器人的应用部门迅速增加。在工厂和家务劳动中，机器人成了必不可少的成员。机器人发现人类十分自私和不公平，终于造反了，机器人的体能和智能都非常优异，因此消灭了人类。但是，机器人不知道如何制造自己，认为自己很快就会灭绝，所以开始寻找人类的幸存者，但没有结果。最后，一对感知能力优于其他机器人的男女机器人相爱了，这时机器人进化为人类，世界又起死回生了。

恰佩克提出的是机器人的安全、感知和自我繁殖问题。科学技术的进步很可能引起人们不希望出现的问题。虽然科幻世界只是一种想象，但人类社会将可能面临这种问题。

为了防止机器人伤害人类，科幻作家阿西莫夫于 1940 年提出了以下“机器人三大定律”。

第一，机器人不应伤害人类。

第二，机器人应遵守人类的命令，与第一条违背的命令除外。

第三，机器人应能保护自己，与第一条及第二条相抵触者除外。

这是给机器人赋予的伦理性纲领。机器人学术界一直将这三大定律作为机器人开发的准则。

1967 年日本召开了第一届机器人学术会议，提出了两个有代表性的定义。一是森政弘(Masahiro Mori)与合田周平提出的“机器人是一种具有移动性、个体性、智能性、通用性、半机械半人性、自动性、奴隶性 7 个特征的柔性机器。”从这一定义出发，森政弘又提出了用“自动性、智能性、个体性、半机械半人性、作业性、通用性、信息性、柔性、有限性、移动性”10 个特性来表示机器人的形象。另一个是加藤一郎提出的机器人具有如下三个特征。

第一，具有脑、手、脚等三要素的个体。

第二，具有非接触传感器，例如，用眼、耳接收远方信息的传感器和接触传感器。

第三，具有平衡觉和固有觉的传感器。

该定义强调了机器人应当仿人的含义，即它靠手进行作业，靠脚实现移动，由脑来完成统一指挥的作用。非接触传感器和接触传感器相当于人的五官，使机器人能够识别外界环境，而平衡觉和固有觉则是机器人感知本身状态所不可缺少的传感器。这里描述的不是工业机器人而是自主机器人。

由此可见，对机器人的描述是多种多样的，其原因是它具有一定的模糊性。动物一般也具有这些要素，所以在把机器人理解为仿人机器的同时，也可以广义地把机器人理解为仿动物的机器。

世界各国相关组织机构对机器人的定义主要有以下几种。

(1) 美国机器人协会(Robot Institute of American，RIA)的定义：机器人是“一种用于移动各种材料、零件、工具或专用装置的，通过可编程序的动作来执行各种任务，并具有编程能力的多功能机械手”。

(2) 日本工业机器人协会(Japan Industrial Robot Association,JIRA)的定义：工业机器人是“一种装备有记忆装置和末端执行器的,能够转动并通过自动完成各种移动来代替人类劳动的通用机器”。

(3) 美国国家标准局(National Bureau of Standards,NBS)的定义：机器人是“一种能够进行编程并在自动控制下执行某些操作和移动作业任务的机械装置”。

(4) 国际标准化组织(International Organization for Standardization,ISO)的定义：机器人是“一种自动的、位置可控的、具有编程能力的多功能机械手,这种机械手具有几个轴,能够借助可编程序操作来处理各种材料、零件、工具和专用装置,以执行种种任务”。

我国科学家对机器人的定义：“机器人是一种自动化的机器,能够依靠自身动力和控制能力完成某种任务,这种机器具备一些与人或生物相似的智能能力,如感知能力、规划能力、动作能力和协同能力等,是一种具有高度灵活性的自动化机器。”

在研究和开发未知及不确定环境下作业的机器人的过程中,人们逐步认识到机器人技术的本质是感知、决策、行动和交互技术的结合。随着人们对机器人技术智能化本质认识的加深,机器人技术开始源源不断地向人类活动的各个领域渗透。结合这些领域的应用特点,人们发展了各式各样具有感知、决策、行动和交互能力的特种机器人和各种智能机器人,如移动机器人、微型机器人、水下机器人、医疗机器人、军用机器人、空中机器人、娱乐机器人等。对不同任务和特殊环境的适应性,也是机器人与一般自动化装备的重要区别。这些机器人从外观上已远远脱离了最初仿人形机器人和工业机器人所具有的形状,更加符合各种不同应用领域的特殊要求,其功能和智能程度也大幅增强,从而为机器人技术开辟出更加广阔的发展空间。

曾任中国工程院院长的宋健指出,“机器人学的进步和应用是20世纪自动控制最有说服力的成就,是当代最高意义上的自动化。”机器人技术综合了多学科的发展成果,代表了高技术的发展前沿,它在人类生活应用领域的不断扩大,引起人类的高度重视。如果我们分析一下4次工业革命的发展进程,就能理解经济学家说的“每次工业革命都发生在工厂”“每次工业革命的技术标志都是先进装备”。机器人本身就是基础装备,从原来的工业三大基础(数控、可编程逻辑控制器、工业机器人)装备之一,到现在的智能化基础装备,确定了机器人在制造业、数字经济、智能经济发展基础性产业的地位。可以说机器人产业就是未来高端智能化产业的基础,加快机器人产业的高质量发展,就是夯实未来高端智能化产业高质量发展的产业基础。

在智能制造(Intelligent Manufacturing,IM)的发展中,机器人不仅是基础装备,更是实现智能制造的主力军。未来更多制造业企业的单元、车间、工厂的加工成型,精密组装,主要由机器人和机器人化的智能装备完成。人类最终将通过制造过程中无处不在的机器人、无处不在的机器人化智能装备,实现无处不在的智能制造。

1.3 机器人的分类

机器人定义上的模糊和多样,使机器人在分类上也有很多方法,如按运动方式、智能程度、运动空间、用途等。

按机器人运动方式分类,机器人可以分为固定式机器人和移动机器人。移动机器人又可以分为轮式机器人、履带式机器人、足式机器人、蛇形机器人、轮滑式机器人、特殊行走方式机器人等。

按机器人智能程度分类，机器人可以分为传统机器人和智能机器人。传统机器人只能完成简单的动作，而智能机器人则具有更高级的功能，如语音识别、图像识别等。

按机器人运动空间分类，机器人可以分为水中机器人、空中机器人、地面机器人。

按技术发展水平分类，机器人可以分为第一代机器人、第二代机器人和第三代机器人。第一代机器人是手动操控型，第二代机器人是感知型，第三代机器人则是智能型。

按机器人的自主性分类，机器人可以分为自主型机器人和非自主型机器人。自主型机器人是指能够在没有人为干预的情况下独立完成任务的机器人，而非自主型机器人则需要人为干预才能完成任务。

其实，对于机器人如何分类，国际上没有统一的标准，有的按负载质量分类，有的按控制方式分类，有的按自由度分类，有的按结构分类，还有的按应用领域分类。一般的分类方法如表 1-1 所示。

表 1-1 机器人的分类

分类名称	简要说明
操作型机器人	能自动控制，可重复编程，多功能，有几个自由度，可固定可运动，用于相关自动化系统中
程控型机器人	按预先要求的顺序及条件，依次控制机器人的机械动作
示教再现型机器人	通过引导或其他方式，先教会机器人动作，输入工作程序，机器人则自动重复进行作业
数控型机器人	不必使机器人动作，通过数值、语言等对机器人进行示教，机器人根据示教后的信息进行作业
感觉控制型机器人	利用传感器获取的信息控制机器人的动作
适应控制型机器人	机器人能适应环境的变化，控制其自身的行动
学习控制型机器人	机器人能“体会”工作的经验，具有一定的学习功能，并将所“学”的经验用于工作中
智能机器人	具备一定程度的人工智能技术和自主决策能力的机器人

我国的机器人专家从应用环境出发，将机器人分为两大类，即工业机器人和特种机器人。工业机器人是面向工业领域的多关节机械手或多自由度机器人；特种机器人是除工业机器人之外，用于非制造业并服务于人类的各种先进机器人，包括服务机器人、水下机器人、娱乐机器人、军用机器人、农业机器人等。在特种机器人中，有些分支发展很快，有独立成体系的趋势，如服务机器人、水下机器人、军用机器人、微操作机器人等。目前，国际上有些机器人学者，从应用环境出发将机器人分为两类：制造环境下的工业机器人和非制造环境下的服务与仿人形机器人，这和我国的分类基本一致。

此外，在 2023 年 1 月 18 日，工业和信息化等十七个部门印发了关于《“机器人＋”应用行动实施方案》的通知。该方案围绕满足我国机器人产品性能提升的需求，选择行业应用基础比较好、市场需求比较旺盛的行业为重点。从经济发展、社会民生两个领域的发展需求出发，遴选有一定基础、应用覆盖面广、辐射带动作用强的重点领域，聚焦典型应用场景和用户使用需求，开展从机器人产品研制、技术创新、场景应用到模式推广的系统推进工作，支持一些新兴领域探索开展机器人应用。具体如下。

1. 经济发展领域

1）制造业

研制焊接、装配、喷涂、搬运、磨抛等机器人新产品，加快机器人化生产装备向相关领域应用拓展。开发专业化、定制化的解决方案和软硬件产品，积累模型库、工艺软件包等经验知识，深度融合机器人控制软件和集成应用系统，推动在汽车、电子、机械、轻工、纺织、建材、医药等已形成较大规模应用的行业，卫浴、陶瓷、光伏、冶炼、铸造、钣金、五金、家具等细分领域，喷釉、修坯、抛光、打磨、焊接、喷涂、搬运、码垛等关键环节应用。推进智能制造示范工厂建设，打造工业机器人典型应用场景。发展基于工业机器人的智能制造系统，助力制造业数字化转型、智能化变革。

2）农业

研制耕整地、育种育苗、播种、灌溉、植保、采摘收获、分选、巡检、挤奶等作业机器人，以及畜禽水产养殖的喂料、清污、消毒、疫病防治、环境控制、畜产品采集等机器人产品。开发专用操控系统、自主智能移动平台及作业部件，推动机器人与农田、农艺、品种相适应，实现信息在线感知、精细生产管控、无人自主作业、高效运维管理。打造丘陵山区、大田、设施园艺、畜牧水产、储运加工等农业机器人应用场景。加快农林牧渔业基础设施和生产装备智能化改造，推动机器人与农业种植、养殖、林业、渔业生产深度融合，支撑智慧农业发展。

3）建筑

研制测量、材料配送、钢筋加工、混凝土浇筑、楼面墙面装饰装修、构部件安装和焊接、机电安装等机器人产品。提升机器人对高原高寒、恶劣天气、特殊地质等特殊自然条件下基础设施建设，以及穿山隧道、超大跨径桥梁、深水航道等大型复杂基础设施建设的适应性。推动机器人在混凝土预制构件制作、钢构件下料焊接、隔墙板和集成厨卫加工等建筑部件生产环节，以及建筑安全监测、安防巡检、高层建筑清洁等运维环节的创新应用。推进建筑机器人拓展应用空间，助力智能建造与新型建筑工业化协同发展。

4）能源

研制能源基础设施建设、巡检、操作、维护、应急处置等机器人产品。推动企业突破高空、狭窄空间、强电磁场等复杂环境下的运动、感知、作业关键技术。推广机器人在风电场、光伏电站、水电站、核电站、油气管网、枢纽变电站、重要换流站、主干电网、重要输电通道等能源基础设施场景应用。推进机器人与能源领域深度融合，助力构建现代能源体系。

5）商贸物流

研制自动导引车、自主移动机器人、配送机器人、自动码垛机、智能分拣机、物流无人机等产品。推动5G、机器视觉、导航、传感、运动控制、机器学习、大数据等技术融合应用。支持传统物流设施智能化改造，提升仓储、装卸、搬运、分拣、包装、配送等环节的工作效率和管理水平。鼓励机器人企业开发末端配送整体解决方案，促进机器人配送、智能信包箱（智能快件箱）等多式联动的即时配送场景普及推广。打造以机器人为重点的智慧物流系统，提升商贸物流数字化水平。

2. 社会民生领域

1）医疗健康

研制咨询服务、手术、辅助检查、辅助巡诊、重症护理、急救、生命支持、康复、检验采样、消毒清洁等医疗机器人产品。围绕神经系统损伤、损伤后脑认知功能障碍、瘫痪助行等康复治疗需求，突破脑机交互等技术，开发用于损伤康复的辅助机器人产品。加快推进机器人和医学人工智能（artifical intelligence，AI）在基础理论、共性关键技术、创新应用等方面的突破，推动人工智能辅助诊断系统、机器人 5G 远程手术、脑机接口辅助康复系统等新技术新产品加速应用。推动机器人在医院康复、远程医疗、卫生防疫等场景应用。鼓励有条件有需求的医院使用机器人实施精准微创手术，建设机器人应用标准化手术室，研究手术机器人临床应用标准规范。加强机器人在患者院前管理、院内诊疗及院后康复追踪整体病程服务体系中的应用，助力智慧医疗建设。

2）养老服务

研制残障辅助、助浴、二便护理、康复训练、家务、情感陪护、娱乐休闲、安防监控等助老助残机器人产品。加快推动多模态量化评估、多信息融合情感识别、柔顺自适应人机交互、人工智能辅助等新技术在养老服务领域中的应用，积极推动外骨骼机器人、养老护理机器人等在养老服务场景的应用验证。鼓励养老领域相关实验基地把机器人应用作为实验示范重要内容，研发推广科技助老新技术新产品新模式。研究制定机器人助老助残技术应用标准规范，推动机器人融入养老服务不同场景和关键领域，提升养老服务智慧化水平。

3）教育

研制交互、教学、竞赛等教育机器人产品及编程系统，分类建设机器人服务平台。加大机器人教育引导，完善各级院校机器人教学内容和实践环境，针对教学、实训、竞赛等场景开发更多功能和配套课程内容。强化机器人工程相关专业建设，提升实验机器人产品及平台水平，加强规范管理。推进 5G、人工智能、智能语音、机器视觉、大数据、数字孪生等技术与机器人技术融合应用，积极培育机器人校园服务新模式和新形态，深化机器人在教学科研、技能培训、校园安全等场景应用。

4）商业社区服务

研制餐饮、配送、迎宾、导览、咨询、清洁、代步等商用机器人，以及烹饪、清洗、监护、陪伴等家用机器人，加强应用场景探索和产品形态创新，提高智能硬件与用户交互水平，增强机器人服务价值。推动机器人技术与 5G、云计算、智能传感等新技术融合，实现自主导航、自动避障、人机交互、语音及视觉识别、数据分析等功能。积极推动机器人融入酒店、餐厅、商超、社区、家庭等服务场景，满足商业及社区消费体验升级需求，提升商业服务与生活服务的智慧化水平。

5）安全应急和极限环境应用

研制矿山、民爆、社会安全、应急救援、极限环境等领域机器人产品。增强机器人立体视觉、室外导航定位、多维信息感知、灾害远程警示、机器人鉴权管控等功能，开发机器人对极寒、明火、高温高压、易燃易爆、高海拔低气压、有毒、高湿、积水、高粉尘、辐射、人流多变化大等复杂非结构化作业环境的适应性技术。推进智能采掘、灾害防治、巡检值守、井下救援、智能清理、无人化运输、地质探测、危险作业等矿山场景应用。推进危险化学品生产装置和储存设施现场巡回检查、值班值守、特殊作业等安全生产场景应用。推广炸药装药、生产制备、包装、装卸运输、在线检测等民爆行业场景应用。推动安保巡逻、缉私安检、反恐防暴、勘查取证、交通边防、治安管控、特战处置、服务管理等社会安全场景应用。加强防爆排爆、消防巡检、工程抢险、海洋捕捞、海上溢油及危化品船舶救援、自然灾害救援、安全生产事故救援、核应急安全救援等危险环境应用。推动空间、水下、深地等极限环境场景应用。

1.4 机器人的前世今生

机器人一词的出现和世界上第一台工业机器人的问世都是近几十年的事，然而人们对机器人的幻想与追求却已有3000多年的历史，人类希望制造一种像人一样的机器，以便代替人类完成各种工作。

据战国时期《考工记》里的一则寓言记载，早在西周时期，我国的能工巧匠偃师用动物皮、木头、树脂制作了能歌善舞的伶人，不仅外貌完全像一个真人，而且还有思想感情，甚至有了情欲。这虽然是寓言中的幻想，但其利用了战国当时的科技成果，也是中国最早记载的木头机器人的雏形。《北史·列传·卷七十一》记载隋炀帝为了与宠臣柳䛒随时相见，便令人模仿他的模样造了一个"偶人"。唐朝《朝野佥载》中记载一个可以行乞的木僧，木僧可以发出声音，宽泛地说，这可以算作具有"语音"功能的"机器人"了。

春秋后期，我国著名的木匠鲁班，也是一位机械方面的发明家，据《墨经》记载，他曾制造过一只木鸟，能在空中飞行"三日不下"，体现了我国劳动人民的聪明智慧。虽然古籍中对这些机器人的结构并没有详细介绍，很有可能只是古人想象的作品，但却表明了古人对机器人的丰富想象。

公元前2世纪，亚历山大时代的古希腊人发明了最原始的机器人——自动机。它是以水、空气和蒸汽压力为动力会动的雕像，可以自己开门，还可以借助蒸汽唱歌。

1800年前的汉代，大科学家张衡不仅发明了地动仪，而且发明了计里鼓车。该计里鼓车能够自动计算车程并予以击鼓提醒，每行一里，车上木人击鼓一下，每行十里，车上木人击钟一下。

后汉三国时期，蜀国丞相诸葛亮成功地创造了"木牛流马"，并用其运送军粮，支援前方战争。

1662年，日本的竹田近江利用钟表技术发明了自动机械玩偶，并在大阪的道顿堀演出。

1738年，法国天才技师杰克·戴·瓦克逊发明了一只机械鸭，它会嘎嘎叫，会游泳和喝水，还会进食和排泄。瓦克逊的本意是想把生物的功能加以机械化而进行医学上的分析。

在当时自动玩偶的研制中，最杰出的是瑞士的钟表匠杰克·道罗斯和他的儿子利·路易·道罗斯。1773年，他们连续推出了自动书写玩偶、自动演奏玩偶，这些自动玩偶是利用齿轮和发条原理制成的，它们有的拿着画笔和颜料绘画，有的拿着鹅毛蘸墨水写字，结构巧妙，服装华丽，在欧洲风靡一时。由于当时技术条件限制，这些玩偶其实只是身高1m的巨型玩具。现在保留下来的最早的机器人是瑞士努萨蒂尔历史博物馆里的少女玩偶，它制作于200年前，2只手的10个手指可以按动风琴的琴键而弹奏音乐，现在还定期演奏供参观者欣赏，展示了古代人的智慧。

19世纪中叶，自动玩偶分为两个流派，即科学幻想派和机械制作派，并各自在文学艺术和近代技术中找到了自己的位置。在科学幻想方面，1831年歌德发表了《浮士德》，书中塑造了人造人"荷蒙克鲁斯"；1870年霍夫曼出版了以自动玩偶为主角的作品《葛蓓莉娅》；1883年科洛迪的《木偶奇遇记》问世；1886年利尔·亚当《未来的夏娃》问世。在机械制作方面，1893年摩尔制作了"蒸汽人"，"蒸汽人"依靠蒸汽驱动双腿沿圆周走动。

进入20世纪后，机器人的研究和开发得到了更多人的关注，一些实用化的机器相继问世。1927年，美国西屋公司工程师温兹利制造了第一个机器人“电报箱”，并在纽约举行的世界博览会上展出，它是一个电动机器人，装有无线电发报机，可以回答一些问题，但该机器人不能走动。

1959年的第一台工业机器人，是采用可编程控制器、圆柱坐标机械手的机器人，在美国诞生，开创了机器人发展的新纪元。

现代机器人的研究始于20世纪中期，其技术背景是计算机和自动化的发展和原子能的开发利用。自1946年第一台数字电子计算机问世以来，计算机取得了惊人的进步，向高速度、大容量、低价格的方向发展。大批量生产的迫切需求推动了自动化技术的进展，其结果之一便是1952年数控机床的诞生。与数控机床相关的控制、机械零件的研究又为机器人的开发奠定了基础。此外，原子能实验室的恶劣环境要求某些操作用机械代替人处理放射性物质。在这一需求背景下，美国原子能委员会的阿尔贡研究所于1947年开发了遥控机械手，1948年又开发了机械式的主从机械手。

1954年，美国的戴沃尔最早提出了工业机器人的概念，并申请了专利。该专利的要点是借助伺服技术控制机器人的关节，利用人手对机器人进行动作示教，机器人能实现动作的记录和再现。这就是所谓的示教再现机器人，现有的机器人差不多都采用这种控制方式。

示教再现机器人作为机器人产品最早的实用机型是1962年美国AMF公司推出的VERSTRAN和UNIMATION公司推出的UNIMATE。这些工业机器人的控制方式与数控机床大致相同，但外形特征迥异，主要是由类似人的手和臂组成的。

1965年，麻省理工学院的Roborts演示了第一个具有视觉传感器的、能识别与定位简单积木的机器人系统。

1967年，日本成立了仿生机构研究会，同年召开了日本首届机器人学术会议。

1970年，在美国召开了第一届国际工业机器人学术会议。自1970年以后，机器人的研究得到了迅速广泛地普及。

1973年，辛辛那提·米拉克隆公司的理查德·豪恩制造了第一台由小型计算机控制的工业机器人，它由液压驱动，能提升达45kg的有效负载。直到1980年，工业机器人才真正在日本普及，故该年称为“机器人元年”。随后，工业机器人在日本得到了巨大发展，日本也因此而赢得了“机器人王国”的美称。

随着计算机技术和人工智能技术的飞速发展，机器人在功能和技术层面上有了很大的提高，移动机器人和机器人的视觉、触觉等技术就是典型的代表。这些技术的发展，推动了机器人概念的延伸。20世纪80年代，将具有感觉、思考、决策和动作能力的系统称为智能机器人，这是一个概括的、含义广泛的概念。这一概念不但指导了机器人技术的研究和应用，而且赋予了机器人技术向深广发展的巨大空间，水下机器人、空间机器人、空中机器人、地面机器人、微小型机器人等各种用途的机器人相继问世，许多梦想成为现实。将机器人的技术，如传感技术、智能技术、控制技术等，扩散和渗透到各个领域，形成了各种各样的新机器——机器人化机器。当前，与信息技术的交互和融合产生了“软件机器人”“网络机器人”的名称，这也说明了机器人所具有的创新活力。

1992年，从麻省理工学院分离出来的波士顿动力公司相继研发出能够直立行走的军事机器人Atlas，以及四足全地形机器人“大狗”“机器猫”等，令人叹为观止。它们是世界第一批军用机器人,如今在阿富汗服役。Atlas(机器人)身高1.9m,拥有健全的四肢和躯干,配备了28个液压关节,头部内置包括立体照相机和激光测距仪,除了空手道,佛罗里达人机交互协会的研究员们甚至编写了内置软件让Atlas可以开车。

如今机器人的应用面越来越宽。除了应对日常的生活和生产,科学家们还希望机器人能够胜任更多的工作,包括探测外空。2012年,美国"发现号"成功将首台人形机器人送入国际空间站。这位机器宇航员被命名为Robonaut 2(R2)。R2活动范围接近于人类,并可以像宇航员一样执行一些比较危险的任务。

近30年,人们对人工智能技术、深度学习技术进行了深入的研究。随着大数据时代的到来,以数据为依托的深度学习技术取得了突破性的进展,如语音识别、图像识别、人机交互等。在2016年首次亮相的索菲亚(Sophia)就是人工智能机器人的典型代表,她集机器人技术、人工智能和艺术创造于一身,拥有杰出的表现力、美感和互动能力,可以模仿一系列人类的面部表情,追踪并识别样貌,以及与人类自然交谈,经常活跃于世界经济论坛等重要全球活动担任嘉宾和主持人。2017年,沙特阿拉伯给予索菲亚公民权,索菲亚成为第一个拥有公民权的机器人。

此外,AlphaGo也是人工智能机器人中的传奇"人物",在2017年5月,它以3∶0战胜中国围棋九段棋手柯洁。当然,在AlphaGo胜利的背后,凝聚了AlphaGo日复一日地"刻苦努力"。实际上,AlphaGo借助48个神经网络训练专用芯片,参考了海量人类的棋谱,并自我对弈3000万盘,又经数月训练,才以4∶1大败韩国九段棋手李世石,以3∶0战胜中国围棋九段棋手柯洁,最终封神。这完全可以说是一个励志故事,就在人们还没有搞懂AlphaGo的时候,它的"弟弟"AlphaGo Zero又横空出世。但是它的"弟弟"AlphaGo Zero可没有它这么刻苦,AlphaGo Zero的先天条件良好,是个不折不扣不需要努力就能成功的"富二代"。AlphaGo Zero不像AlphaGo那样,需要进行海量的数据分析和自我对弈,而是进行自我学习,另辟蹊径:它仅仅被告知如何从零开始学围棋的原理,然后加入了若干种算法。人们一般认为机器学习就是大数据和海量计算,但是AlphaGo Zero让科学家们意识到,算法比计算、数据更加重要。在AlphaGo Zero上使用的计算,要比在AlphaGo上使用的少一个数量级,但是运用了更多的算法,这就使得AlphaGo Zero比AlphaGo更加强大。AlphaGo Zero诞生之后,能力日渐增强,在第3天,就以100∶0的成绩打败了战胜韩国九段棋手李世石的AlphaGo Lee;到第21天,打败了战胜中国围棋九段棋手柯洁的AlphaGo Master;到第40天,就打败了过去的所有AlphaGo,这是连科学家自己都惊艳的成绩。

无论AlphaGo Zero多么可怕,人工智能多么强大,它都应以人性为底线,以伦理、道德为标杆,就像AlphaGo在打败中国围棋九段棋手柯洁后宣布不再与人类对战,确保了人类围棋生态的平衡一样,人工智能的发展都应为人类服务,只有这样才能让人工智能散发出更具有人性的魅力。

1.5 国内机器人的发展状况

有人认为,应用机器人只是为了节省劳动力,而我国劳动力资源丰富,发展机器人不一定符合我国国情。其实这是一种误解,在我国,社会主义制度的优越性决定了机器人能够充分发挥其长处,它不仅能为我国经济建设带来高度生产力的巨大经济效益,而且能为我国宇宙开发、海洋开发、核能利用等新兴领域的发展做出卓越贡献。

其实,在中国古代就可找到机器人的影子,如三国的“木牛流马”,周朝的“歌舞艺人”等。直到20世纪70年代,现代机器人的研究才在中国起步,并于“七五”期间实施了“863计划”。我国现代机器人的研究大致可分为三个阶段:20世纪70年代的萌芽期,20世纪80年代的开发期,20世纪90年代的实用化期。

我国于1972年开始研制工业机器人,上海、天津等地的十几个研究单位和院校分别开发了固定程序、结合式、液压伺服型机器人,并开始了机构学、计算机控制和应用技术的研究,这些机器人大约有1/3用于生产。在该技术的推动及改革开放方针的实施下,我国机器人技术的发展得到了政府的重视和支持。

在20世纪80年代中期,我国对工业机器人需求的行业组织了调研,结果表明,对第二代工业机器人的需求主要集中于汽车行业,占总需求的60%～70%。在众多的专家建议和规划下,于“七五”期间,由机电部主持,中央各部委、中科院及地方十几所科研院所和大学参加,国家投入资金,进行工业机器人基础技术、基础元器件、几类工业机器人整机及应用工程的开发研究,完成了示教再现式工业机器人成套技术的开发,研制出喷涂、弧焊、点焊和搬运等作业机器人整机。

在应用方面,第二汽车厂建立了我国第一条国产机器人的生产线——东风系列驾驶室多品种混流机器人喷涂生产线。该生产线由7台国产PJ系列喷涂机器人、PM系列喷涂机器人和周边设备构成,已运行十几年,很好地完成了喷涂东风系列驾驶室的生产任务,成为国产机器人应用的一个窗口;此外,还建立了几个弧焊和点焊机器人工作站。与此同时,还研制了几种Scara型装配机器人样机,并进行了试应用。

在基础技术研究方面,解剖了国外10余种先进的机型,并进行了机构学、控制编程、驱动传动方式、检测等基础理论与技术的系统研究,开发出具有国际先进水平的测量系统,编制了我国工业机器人标准体系和12项国家标准、行业标准。为了跟踪国外高技术,20世纪80年代在中国高技术计划中,安排了智能机器人的研究开发,包括水下无缆机器人、高功能装配机器人和各类特种机器人。

20世纪90年代后期是实现国产机器人的商品化,为产业化奠定基础的时期。国内一些机器人专家认为应该继续开发和完善喷涂、点焊、弧焊、搬运等机器人系统应用成套技术,完成交钥匙工程。在掌握机器人开发技术和应用技术的基础上,进一步开拓市场,扩大应用领域,从汽车制造业逐步扩展到其他制造业并渗透到非制造业领域,开发第二代工业机器人及各类适合我国国情的经济型机器人,以满足不同行业多层次的需求,开展机器人柔性装配系统的研究,充分发挥工业机器人在计算机集成制造系统中的核心技术作用。在此过程中,嫁接国外技术,促进国际合作,促使我国工业机器人得到进一步的发展,为21世纪机器人产业奠定更坚实的基础。经过40多年的改革开放,随着对商品高质量和多样化的要求普遍提高,生产过程的柔性自动化要求日益迫切,在电子、家电、汽车、轻工业等行业,工业机器人的应用日趋广泛。随着我国加入世界贸易组织(World Trade Organization,WTO),国际竞争更加激烈,对工业机器人的需求越来越大。

1986年年底,中共中央24号文件把智能机器人列为国家“863计划”自动化领域两大主题之一,代号为512,其主要目标是“跟踪世界先进水平,研发水下机器人等极限环境下作业的特种机器人”。

在国家“863计划”的精心组织下,1994年“探索者”号研制成功,它的工作深度达到

1000m，甩掉了与母船间联系的电缆，实现了从有缆向无缆的飞跃。从1992年6月起，又与俄罗斯科学院海洋技术研究所合作，以我方为主，先后研制开发出了CR-01和CR-02 6000m无缆自治水下机器人，其能在深水中录像，进行海底地势勘察和水文测量，自动记录各种数据等，曾两次在太平洋圆满完成了多项海底调查任务，为我国深海资源的调查开发提供了先进装备。2008年，水下机器人首次用于我国第三次北极科考冰下试验，获取了海冰厚度、冰底形态等大量第一手科研资料。另外，在核工业中还成功研制壁面爬行、遥控检查和排险机器人。

相对于已经成熟的工业机器人来说，我国服务机器人起步较晚，与国外存在较大的差距。我国服务机器人的研究始于20世纪90年代。机器人护理床、智能轮椅等各种助老助残服务机器人相继问世，并积极推进服务机器人产业化进程。2005年，我国服务机器人市场开始初具规模。同年，发展服务机器人被列为国家“863计划”先进制造与自动化技术领域重点项目。2008年，科技部将北京四季青模范敬老院和上海徐家汇福利院列为服务机器人应用示范区。目前，我国的服务机器人主要有扫地机器人，教育、娱乐、保安机器人，智能轮椅机器人，智能穿戴机器人，智能玩具机器人，同时还有一批为服务机器人提供核心控制器、传感器和驱动器功能部件的企业。

自“十三五”以来，通过持续创新、深化应用，我国机器人产业呈现良好的发展势头。产业规模快速增长，年均复合增长率约15%，2020年机器人产业营业收入突破1000亿元，工业机器人产量达21.2万台(套)。技术水平持续提升，运动控制、高性能伺服驱动、高精密减速器等关键技术和部件加快突破，整机功能和性能显著增强。集成应用大幅拓展，2020年制造业机器人密度达到246台/万人，是全球平均水平的近2倍，服务机器人、特种机器人在仓储物流、教育娱乐、清洁服务、安防巡检、医疗康复等领域实现规模应用。当前新一轮科技革命和产业变革加速发展，新一代信息技术、生物技术、新能源、新材料等与机器人技术深度融合，机器人产业迎来升级换代、跨越发展的窗口期。世界主要工业发达国家均将机器人作为抢占科技产业竞争的前沿和焦点，加紧谋划布局。我国已转向高质量发展阶段，建设现代化经济体系，构筑美好生活新图景，迫切需要新兴产业和技术的强力支撑。机器人作为新兴技术的重要载体和现代产业的关键装备，引领产业数字化发展、智能化升级，不断孕育新产业新模式新业态。机器人作为人类生产生活的重要工具和应对人口老龄化的得力助手，持续推动生产水平提高、生活品质提升，有力促进经济社会可持续发展。面对新形势新要求，未来5年乃至更长一段时间，是我国机器人产业自立自强、换代跨越的战略机遇期。必须抢抓机遇，直面挑战，加快解决技术积累不足、产业基础薄弱、高端供给缺乏等问题，推动机器人产业迈向中高端。

《“十四五”机器人产业发展规划》明确指出，我国机器人发展目标如下：到2025年，我国成为全球机器人技术创新策源地、高端制造集聚地和集成应用新高地。一批机器人核心技术和高端产品取得突破，整机综合指标达到国际先进水平，关键零部件性能和可靠性达到国际同类产品水平。机器人产业营业收入年均增速超过20%，形成一批具有国际竞争力的领军企业及一大批创新能力强、成长性好的专精特新“小巨人”企业，建成3～5个有国际影响力的产业集群。制造业机器人密度实现翻番；到2035年，我国机器人产业综合实力达到国际领先水平，机器人成为经济发展、人民生活、社会治理的重要组成。

目前我国机器人经过几十年的不断发展，机器人产业的发展已经进入系统性攻坚提升的关键阶段。我国机器人产业规模快速增长，截至2021年机器人全行业营业收入超过

1300 亿元。其中，工业机器人产量达 36.6 万台，比 2015 年增长了 10 倍，稳居全球第一大工业机器人市场。我国机器人产业规模快速增长，其中，工业机器人应用覆盖国民经济 60 个行业大类、168 个行业中类。据有关机构统计，2021 年我国制造业机器人密度超 300 台/万人，同比 2012 年增长约 13 倍。我国机器人产业技术水平进一步提升，精密减速器、智能控制器、实时操作系统等核心部件研发取得进展，行业内 101 家专精特新"小巨人"企业加快发展壮大。《"机器人＋"应用行动实施方案》的目标：到 2025 年，制造业机器人密度较 2020 年实现翻番，服务机器人、特种机器人行业应用深度和广度显著提升，机器人促进经济社会高质量发展的能力明显增强。

当前，机器人技术已达到了"上天入地"的水平，但它们仍然不能脱离人而独立工作。然而人们希望它们能够模仿人的智能，在任何环境条件下都能独立自主地工作。未来机器人将可以实现这一愿望，它们完全通过自己的知觉采取行动，能像人一样说话、听声音、看东西、思考问题等。同时它们可以通过自然语言与人对话，例如，当你说"要一杯茶"，它会自主地为你送上一杯茶，并客气地说"请用茶"。有的机器人甚至可以揣摩人的心思，当你打算出门时，不需给机器人任何指令，它会立即为你开门。还有一种"善解人意"的机器人，具有察言观色的能力，机器人发现你的心情不愉快时，它会唱歌、跳舞逗你开心；当你快乐时，它又会幽默风趣地同你开玩笑，甚至捉弄你。

未来机器人向智能化发展的同时，也在走向微型化趋势。微型机器人体积小，工作能力强，具有广阔的应用前景。如军事上一种誉为"隐形杀手"的微型机器人，可深入敌人防线，秘密地侦察敌情，并且破坏敌人的武器装备。人们还设想研制一种可在人的血管中运行、识别并杀死癌细胞的微型机器人，减轻病人的痛苦。

机器人的发展是没有止境的，领域是广阔的，它们最终将像电视机、洗衣机一样走进人们的生活，成为人类忠实的助手和亲密朋友。

1.6 机器人的基本结构

科学家研制机器人，实际上是仿照人类塑造机器人。要使机器人具有人类的某些功能、某些行为，能够胜任人类希望的某种任务，其最高标准应为仿生型智能机器人。因此，研讨机器人的基本结构，可与人体的基本结构相对照来进行。

在万物众生中，人类的形貌是最完美的：整个躯体比例匀称、结构巧妙；有一个生动的面孔、能思维的头脑和灵活的四肢；在胸腹腔内，有五脏六腑，组织结构极为复杂、严密。这就是万物之灵的人类。

根据人体解剖学，整个人体共分为以下 9 个系统。

第一，由骨、骨连结和肌肉组成的运动系统。全身共有大小不同、形状各异的骨头 206 块，构成了骨骼，它是人体的支架；有 600 余块肌肉，约占人体质量的 40%，它是人体运动的动力器官。

第二，由消化道和消化腺组成的消化系统。其主要功能是对食物进行消化和吸收，以供人们在生长、发育和活动中所需要的营养物质。简而言之，该系统是人体的能源供应部。

第三，由呼吸道和肺组成的呼吸系统。呼吸是生命活动的重要标志，人活着就要不停地从外界吸进氧气，同时呼出二氧化碳(CO_2)气体。

第四，由肾、输尿管、膀胱和尿道组成的泌尿系统。其主要功能是以尿的形式排出一些有害物质。

第五，由男、女生殖器官组成的生殖系统。其主要功能是繁衍下一代。

第六，由心血管系和淋巴系组成的循环系统。心脏是人体的动力器官，由它有节律地跳动，推动血液在血管中流动循环，以保证机体营养的需要，维持人体新陈代谢的正常运行。

第七，由脑、脊髓和周围神经组成的神经系统。它在人体内处于主导地位，由它控制着、管理着人体的各种生命活动。

第八，由皮肤、眼睛、耳朵组成的感觉器官。感觉器官主要功能是接受外界刺激发生兴奋，然后由神经传导到相应的神经中枢，从而产生感觉。皮肤有温、痛、触觉的感受作用，眼睛是视觉器官，耳朵为听觉器官。另外，口腔及舌具有味觉功能，鼻子有嗅觉功能。

第九，由无管腺体组成的内分泌系统。内分泌腺没有导管，散布于人体各个部位，其主要功能是可分泌出激素这种极为重要的物质，对人体的代谢、生长、发育和繁衍等起着重要的调节作用。

人体的组织结构是一个非常严密、非常复杂的统一体，细胞是构成人体最基本的形态结构。各系统之间互相关联、影响和依存，在神经系统统一支配下，各系统协调一致，共同完成人的生命活动和功能活动。

机器人的结构，通常由四部分组成，即机器人的执行机构、机器人的传动-驱动系统、机器人的控制系统和机器人的智能系统。

1. 机器人的执行机构

众所周知，人的功能活动分为脑力劳动和体力劳动两种，两者往往又不能截然分开。从执行器官讲，就是在大脑支配下的嘴巴和四肢。从体力劳动讲，可以靠脚力和肩扛，但最为主要的是人的手臂和手，所谓“双手创造世界”。而手的动作，离不开胳臂、腰身的支持与配合。手部的动作和其他部位的动作是靠肌肉收缩和张弛，并由骨骼作为杠杆支持而完成的。

机器人的执行机构，包括手部、腕部、腰部和基座，它与人身体结构基本相对应，其中基座相当于人的下肢。机器人的构造材料，至今仍是使用无生命的金属和非金属材料，用这些材料加工成各种机械零件和构件，其中有仿人形的“可动关节”。机器人的关节，有滑动关节、回转关节、圆柱关节和球关节等类型。在什么部位采用哪种关节，是由要求它做何种运动而决定的。机器人的关节，保证了机器人各部位的可动性。

机器人的手部，又称末端执行机构，它是工业机器人和多数服务型机器人直接从事工作的部分。根据工作性质，其手部可以设计成夹持型的夹爪，用以夹持东西；也可以是某种工具，如焊枪、喷嘴等；也可以是非夹持类的，如真空吸盘、电磁吸盘、托盘等；在仿人形机器人中，手部可能是仿人形的多手指。

机器人的腕部，相当于人的手腕，上连臂部，下接手部，一般有 3 个自由度，带动手部实现必要的姿态。

机器人的臂部，相当于人的胳膊，下连手腕，上接腰身，一般由小臂和大臂组成，通常是带动腕部做平面运动。

机器人的腰部，相当于人的躯干，是连接臂部和基座的回转部件，它的回转运动和臂部的平面运动，可以使腕部做空间运动。

机器人的基座，是整个机器人的支撑部件，它相当于人的两条腿，要具备足够的稳定性和刚度，其有固定式和移动式两种类型。在移动式的类型中，有轮式、履带式和仿人形机器人的步行式等。

2. 机器人的传动-驱动系统

机器人的传动-驱动系统，是将能源传送到执行机构的装置。其中，驱动器有电动、气动和液动装置等；而传动机构，最常见的有谐波减速器、滚珠丝杠、链、带及齿轮等传动系统。

机器人的能源按其工质的性质，可分为气动、液动、电动和混合式四大类。在混合式中，有气-电混合和液-电混合等。液压驱动就是利用液压泵对液体加压，使其具有高压势能，然后通过分流阀推动执行机构进行动作，从而将液体的压力势能转换成做功的机械能。液体驱动的最大优点就是动力比较大，力和力矩惯量比大，反应快，比较容易实现直接驱动，特别适用于要求承载能力和惯量大的场合；其缺点是多了一套液压系统，对液压元件要求较高，否则，容易造成液体渗漏，噪声较大，对环境有一定的污染。

气压驱动的基本原理与液压驱动相似。其优点是工质(如空气)来源比较方便，动作迅速，结构简单，造价低廉，维修方便；其缺点是不易进行速度控制，气压不宜太高，负载能力较低等。

电动驱动是当前机器人使用最多的一种驱动方式，其优点是电源方便，响应快，信息传递、检测、处理都很方便，驱动能力较大；其缺点是因为电机转速较高，必须采用减速机构将其转速降低，从而增加了结构的复杂性。目前，一种不需要减速机构可以直接用于驱动、具有大转矩的低速电机已经出现，这种电机可使减速机构简化，同时可提高控制精度。

机器人的传动-驱动系统，相当于人的消化系统和循环系统，是保证机器人运行的能量供应。

3. 机器人的控制系统

机器人的控制系统由控制计算机及相应的控制软件和伺服控制器组成，它相当于人的神经系统，是机器人的指挥系统，对其执行机构发出如何动作的命令。不同发展阶段的机器人和不同功能的机器人，所采取的控制方式和水平是不相同的，例如，在工业机器人中，有点位控制和连续控制两种方式，最新和最先进的控制是智能控制技术。

4. 机器人的智能系统

所谓智能，是指人的智慧和能力，就是人在各种复杂条件下，为了达到某一目的，能够做出正确的决断，并且实施成功。在机器人控制技术方面，科学家一直企图将人的智能引入机器人控制系统，以形成其智能控制，达到在没有人的干预下，机器人能实现自主控制的目的。机器人智能系统由两部分组成：感知系统和分析-决策智能系统。

感知系统主要是靠具有感知不同信息的传感器构成，属于硬件部分，包括视觉、听觉、触觉、味觉及嗅觉等传感器。在视觉方面，目前大多是利用摄像机作为视觉传感器，它与计算机相结合，并采用电视技术，使机器人具有视觉功能，可以“看到”外界的景物，经过计算机对图像的处理，就可对机器人下达如何动作的命令。这类视觉传感器在工业机器人中，大多用于识别、监视和检测。

2001年2月26日《解放日报》报道了美国麻省理工学院科学家布雷吉尔女士发明了一个叫“基斯梅特”的婴儿机器人，它有一个大脑袋，身体矮小，有一双大得不成比例的蓝眼睛，两只粉红色的耳朵，一张用橡胶做成的大嘴巴，具有婴儿的视力和喜、怒、哀、乐等表情，令人爱怜。它的眼睛是由两台微型电子感应摄像机构成的，最佳聚焦位置为0.6m，与婴儿的视力大致相同。

机器人的听觉功能是指机器人能够接收人的语音信息，经过语音识别、语音处理、语句分析和语义分析，最后做出正确对答的能力，这就是所谓的语音识别。语音识别系统一般由传声器、语音预处理器、计算机及专用软件组成。

ASIMO是本田技研工业株式会社（简称本田）开发的目前世界上比较先进的仿生型机器人，ASIMO名字象征着新纪元（advanced）、进入（step in）、创新（innovative）、移动工具（mobility）的含义。本田希望能创造出一个可以在人的生活空间里自由移动，具有人一样的极高移动能力和高智能的仿生型机器人，它能够在未来社会中与人们和谐共存，为人们提供服务，而ASIMO就是这个未来梦想的结晶。ASIMO可以行走自如，进行如8字形行走、上下台阶、弯腰等各项“复杂”动作；可以随着音乐翩翩起舞，能以6km/h的速度奔跑；此外，ASIMO还能与人类互动协作进行握手、猜拳等动作，似乎科幻电影中的情节变成了现实。

哈尔滨工业大学机器人技术有限公司研制的智能迎宾导游机器人，其外形与功能已十分像人类。它的手臂、头部、眼睛、嘴巴、腰身，会随着优美的乐曲，做出相应的动作；它还具有语音功能，会唱歌、讲解、背诵唐诗、致迎宾词等，可广泛应用于展馆、游乐场、酒店、宾馆、办公楼等公共场所。

目前，机器人的语言是一种“合成语言”，与人类的语言有很大区别。其语音尚没有节奏，没有抑、扬、顿、挫。

机器人的触觉传感器，多为微动开关、导电橡胶或触针等，利用它对触点接触与否所形成电信号的“通”与“断”，传递到控制系统，从而实现对机器人执行机构的命令。

当要求机器人不得接触某一对象而又要实施检测时，就需要机器人安装非接触式传感器，目前这类传感器有电磁涡流式、光学式和超声波式等类型。

当要求机器人的末端执行机构（如灵巧的手）具有适度的力量（如握紧力、拧紧力或压力）时，就需要力学传感器。力学传感器种类较多，常用的是电阻应变式传感器。

人类的嗅觉是通过鼻黏膜感受气流的刺激，由嗅觉神经传递给大脑，再由大脑将信息与记忆的气味信息加以比较，从而判定气味的种类及来源。科学家研制出一种能辨别气味的电子装置，称为“电子鼻”，它包括气味传感器、气味储存器和具有识别处理有关数据的计算机。其中气味，即嗅觉传感器就相当于人类的“鼻黏膜”。但是，一种嗅觉传感器只能对一类气味进行识别，所以，必须研制出对复合气体有识别能力的“电子鼻”。据报道，美国已研制成用20支相关的传感器和计算机相连，以计算机存储的气味记录与传感器信号加以比较进行判定，并可在显示器上显示。人的鼻子对气味的判定具有多种性，但因易疲劳和受病痛的影响，因此不十分可靠，而“电子鼻”胜过人类。

机器人的分析-决策智能系统，主要靠计算机专用或通用软件来完成，如专家咨询系统。

目前，一些发达国家都在加紧新一代机器人的研制工作。例如，日本住友公司研制出具有视觉、听觉、触觉、味觉和嗅觉5种感知功能的机器人，它内部装置了14种微处理器，有很强的记忆功能，一次接触就可以记住人的声音、面貌；再如，美国斯坦福大学研制成功的机器人警察“罗伯特警长”，当它发现窃贼时，会立即发出报警信号，并且穷追不舍，一旦抓住窃贼，它就立即向窃贼脸上喷出麻醉气体，使其昏迷。

综上所述，机器人的构造与人类相比，目前机器人没有呼吸系统、尚不具备生殖系统。其余构造，从功能方面讲，都可以互相对应起来。据机器人专家预测，未来的机器人可能会与生物人难以区别。

1.7 机器人与人工智能

机器人,特别是未来的智能机器人不应仅是信息、控制、生物、材料、机械等科学技术的融合与结晶,更可能是集科技、人文、艺术和哲学为一体的"有机化合物",是各种"有限理性"与"有限感性"叠加和激荡的结果。未来智能机器人的发展与人工智能密不可分,同时人工智能也是制约当前机器人科技发展的一大瓶颈。

和机器人一样,人工智能也有一个漫长的过去,但只有短暂的历史,它的起源可以追溯到文艺复兴。在17世纪,莱布尼茨、托马斯·霍布斯和笛卡儿等人开始尝试将理性的思考系统化为代数学或几何学那样的体系。这些哲学家已经开始明确提出形式符号系统的假设,而这也成为后来人工智能研究的指导思想。19世纪,英国剑桥大学的查尔斯·巴贝奇(Charles Babbage)设计建造了差分机,开始尝试用机器来自动进行数学运算。第一次世界大战和第二次世界大战大幅加快了人工智能发展的进程,图灵机的提出激发了科学家们探讨让机器人思考的可能性。1956年,达特茅斯会议第一次提出以人工智能一词作为本领域的名称,并断言"学习的每一方面或智能的任何其他特性都能被精确地加以描述,使得机器可以对其进行模拟"。这把人工智能领域的研究范围扩展到了人类学习、生活、工作的方方面面。目前,人工智能不但涉及生理、心理、物理、数理等自然科学技术领域的知识,而且涉及哲学、伦理、艺术、教理等人文艺术宗教领域。

1997年5月11日,国际商业机器公司(International Business Machines Corporation,IBM)生产的名为"深蓝"(Deep Blue)的电脑击败了国际象棋特级大师卡斯帕罗夫的人脑,证明了在有限的时空里"计算"可以战胜"算计",进而论证了现代人工智能的基石条件(假设):物理符号系统具有产生智能行为的充分必要条件是成立的。2016年3月,谷歌的AlphaGo在首尔以4∶1的成绩战胜了围棋九段棋手李世石,更是引发了人工智能将如何改变人类社会生活形态的话题。当前人工智能的概念有些过热,虽然过去几十年人工智能已经取得了令人瞩目的成就,但实际上当前的人工智能还仅能应用在如语音识别、图像识别、自然语言处理等单一领域,人工智能水平的提升还只是量变,远远没有达到质变的标准。

人工智能是人类发展到一定阶段自然产生的一门学科,包括人、机与环境三部分,所以人工智能也可以说是人机环境系统交互方面的一门学问。饱含变数的人机环境交互系统内,存在的逻辑不是主客观的必然性和确定性,而是与各种可能性保持互动的同步性,是一种可能更适合人类各种复杂艺术过程的随机应变能力,而这种能力恰恰是当前人工智能所欠缺的。

当前人工智能研究的难点不仅在具体的技术实现上,更多的是深层次对认知的解释与构建方面,而研究认知的关键则在于自主和情感等意识现象的破解。然而由于意识的主观随意性和难以捉摸等特点,与讲究逻辑实证与感觉经验验证判断的科学技术有较大偏差,使其长期以来难以获得科技界的关注。但现在情况正逐渐发生转变,研究飘忽不定的意识固然不符合科技的尺度,但如果把意识限制在一定情境之下呢?人在大时空环境中的意识是很难确定的,但在小尺度时空情境下的意识却可能是有一定规律的。

实际上,目前以符号表征、计算的计算机虚拟建构体系是很难逼真反映真实世界的(数学本身并不完备)，而认知科学的及时出现不自觉地把真实世界和机器建构之间的对立统一了起来，围绕是(being)、应(should)、要(want)、能(can)、变(change)等节点展开融合，进而形成一套新的人机环境系统交互体系。

1.8 机器人与莫拉维克悖论

制约当前机器人发展的另一瓶颈是莫拉维克悖论(Moravec's paradox)。在机器人的发展中，人们发现了一个与常识相左的现象：让计算机在智力测试或者下棋中展现出一个成年人的水平是相对容易的，但是要让计算机拥有如一岁小孩般的感知和行动能力却是相当困难甚至是不可能的。这便是机器人领域著名的莫拉维克悖论。

莫拉维克悖论由汉斯·莫拉维克(Hans Moravec)、罗德尼·布鲁克斯(Rodney Brooks)、马文·明斯基(Marvin Minsky)等人于20世纪80年代提出。莫拉维克悖论指出：和传统假设不同，对计算机而言，实现逻辑推理等人类高级智慧只需要相对很少的计算能力，而实现感知、运动等低等级智慧却需要巨大的计算资源。

语言学家和认知科学家史迪芬·平克(Steven Pinker)认为这是人工智能研究者的最重要发现，在 *The Language Instinct* 里，他写道：经过35年人工智能的研究，人们学到的主要内容是"困难的问题是简单的，简单的问题是困难的"。四岁小孩具有的本能——辨识人脸、举起铅笔、在房间内走动、回答问题等，事实上是工程领域内目前为止最难解答的问题。随着新一代智慧设备的出现，股票分析师、石化工程师和假释委员会都要小心他们的位置被取代，但是园丁、接待员和厨师至少十年内都不用有这种担心。

与之相似，马文·明斯基强调，对技术人员来说，最难以复刻的人类技能是那些无意识的技能。总体上，应该认识到，一些看起来简单的动作比那些看起来复杂的动作要更加难以实现。

在早期人工智能的研究里，当时的研究学者预测在数十年内就可以制造出思考机器。他们的乐观部分来自一个事实：他们已经成功地使用逻辑来创造写作程序，并且解决了代数和几何问题及可以像人类棋士般下国际象棋。正因为逻辑和代数对于人们来说通常是比较困难的，所以被视为一种智慧象征。他们认为，当几乎解决了"困难"的问题时，"容易"的问题也会很快被解决，如环境识别和常识推理。但事实证明他们错了，一个原因是这些问题其实是很难解决的，并且是令人难以置信的困难。事实上，他们已经解决的逻辑问题是无关紧要的，因为这些问题是非常容易用机器来解决的。

根据当时的研究，智慧最重要的特征是那些困难到连高学历的人都会觉得有挑战性的任务，例如，象棋、抽象符号的统合、数学定理证明和解决复杂的代数问题。至于四五岁的小孩就可以解决的事情，例如，用眼睛区分咖啡杯和一张椅子，或者用腿自由行走，又或是发现一条可以从卧室走到客厅的路径，这些都被认为是不需要智慧的。

在发现莫拉维克悖论后，一部分人开始在人工智能和机器人的研究上追求新的方向，研究思路不再仅仅局限于模仿人类认知学习和逻辑推理能力，而是转向从模仿人类感觉与反应等与物理世界接触的思路设计研发机器人。莫拉维克悖论的发现者之一罗德尼·布鲁克斯便在其中，他决定建造一种没有辨识能力而只有感知和行动能力的机器，并称为新人工智能(nouvelle AI)。虽然他的研究早在20世纪90年代就已经开始，但是直到2011年，其

Baxter 机器人还是不能像装配工人那样自如地拿起细小的物件。

莫拉维克悖论对应的是机器人的运动控制和感知系统，而人工智能则对应机器人的控制和信息处理中枢。如果把人工智能对应于机器人的大脑，那么莫拉维克悖论对应的运动控制和感知系统对应于机器人的小脑。只有大脑系统和小脑系统同步发展，机器人才能更好地服务人类。

1.9 机器人的社会问题

1.9.1 安全问题

机器人作为一个设备为人类工作服务有一个前提，那就是安全。在工业机器人领域已经有了相对完善、成熟的安全标准体系；在服务机器人领域各国都缺乏相应的安全标准，国际标准化组织于 2014 年 2 月正式发布了 ISO 13482 安全标准，这是服务机器人领域的第一个国际安全标准，是一个良好的开端。ISO 13482 安全标准包含移动仆从机器人、载人机器人、身体辅助机器人三大类服务机器人的基本安全要求。

服务机器人的安全不仅包括传统的硬件安全，如电气安全等，还包括软件安全。机器人的软件安全与人们熟悉的计算机软件安全不同，虽然计算机软件失控或遭受攻击后会导致严重的损失，但它仅存在于虚拟空间，不会直接对物理世界产生作用；然而机器人系统的软件安全则不同，机器人的软件系统可以控制其硬件做出各种动作，会对真实物理空间产生直接影响，一旦自身失控或遭受攻击被人控制，可能会对使用者造成直接的人身伤害。目前机器人软件安全研究还比较少，也没有机器人专用的安全防护软件或方案，这可能会导致极大的安全隐患，应引起人们的重视。

1.9.2 "恐怖谷"理论

1970 年，日本机器人专家森政弘提出了机器人领域一个著名的理论——"恐怖谷"理论(the uncanny Valley)，"恐怖谷"一词最早由 Ernst Jentsch 于 1906 年在其论文《恐怖心理学》中提出，后又于 1919 年被弗洛伊德在论文《恐怖谷》中阐述，成为心理学领域中一个著名的理论。森政弘的"恐怖谷"理论是一个关于人类对机器人和非人类物体感觉的假设。森政弘的假设指出：随着机器人在外表、动作上与人类越来越像，人类会对机器人产生正面的情感；但若到了某一特定程度，人类对机器人的反应会变得极为负面，哪怕仅仅是很小的一点差别，都会使人觉得非常刺眼，甚至使整个机器人显得非常僵硬恐怖，使人有面对行尸走肉的感觉；当机器人与人类的相似度继续上升，直至达到普通人之间的相似度时，人类对机器人的情感反应会再度回到正面。"恐怖谷"一词用以形容人类对跟他们相似到特定程度机器人的排斥反应，而"谷"是指在研究"好感度对相似度"的关系图中，在相似度临近 100%前，好感度突然坠至反感水平、后回升至好感前的那段范围。

1.9.3 机器人威胁论

机器人威胁论伴随机器人发展的始终，其历史甚至比现代机器人还要长。早在 1921 年，卡雷尔·恰佩克提出机器人一词的那部剧本的结局就是机器人反抗并消灭了人类。后来，机器人威胁论更是成为科幻小说或科幻电影永恒的题材之一。最近几年，科技圈的一些大佬们也纷纷警告机器人或人工智能将会带来的威胁：著名企业家埃隆·马斯克认为人工智能的危险性甚至大于核武器；物理学家斯蒂芬·霍金则警告说，人工智能可能会招致人类末日；就连鼎鼎大名的比尔·盖茨也建议要小心管理数码形态的"超级智能"。

但现实是，目前的机器人技术距离真正的"智慧"还相差甚远，已有的所谓智能机器人几乎都是浅显的，主要还是以科研或娱乐为主。目前大规模产业化的智能机器人基本只有工厂里的机械臂和家里爬行的扫地机器人。如果把机器人智能水平分成4个等级：功能、智能、智力、智慧，那么目前的机器人大部分都处在功能阶段，有少部分实验室产品可能达到智能，终结者(Terminator)们还只不过是好莱坞电影里面的角色而已。

目前，无论是小说、电影中科幻世界还是我们所在的物理世界，机器人都越来越聪明，越来越有"人性"了，甚至其在一些方面逐渐接近人类，在另一些方面则逐渐超越人类。于是人们越来越担心科幻电影中的世界有一天会变成事实，但抛去所有的幻想与浮躁，真实的情况到底是怎样的呢？纵观历史，每次新技术的出现都会引起人们的恐慌与反对，但人们不是每次都安然度过，并开始享受这些技术带来的便利了吗。从远古的刀、箭到现在的汽车、飞机、核能，这些都是工具，其本身并没有善恶属性，真正能决定其用途或善恶的，是背后的使用者。一项新的技术，如果对人们的帮助远大于危害，那就应该正面、积极地对待它，防范可能的不当使用，然后继续向前发展。

1.9.4 机器人与人

随着社会的发展，社会分工越来越细，尤其在现代化的大生产中，有的人每天只管拧同一个部位的一个螺母，有的人整天就是接一个线头，像电影《摩登时代》中演示的那样，人们感到自己在不断异化，各种职业病开始产生。因此，人们强烈希望用某种机器来代替自己工作，于是人们研制出了机器人，代替人来完成那些枯燥、单调、危险的工作。由于机器人的问世，一部分工人失去了原来的工作，于是有人对机器人产生了敌意。"机器人上岗，人将下岗"，不仅在我国，即使在一些发达国家，如美国，也有人持这种观念。其实这种担心是多余的，任何先进的机器设备，都会提高劳动生产率和产品质量，制造出更多的社会财富，也就必然提供更多的就业机会，这已被人类生产发展史证明。任何新事物的出现都有利有弊，只不过利大于弊，很快就得到了人们的认可。例如，汽车的出现，它不仅夺了一部分人力车夫、挑夫的生意，还常常出车祸，给人类生命财产带来威胁，虽然人们看到了汽车的这种弊端，但它还是成了人们日常生活中必不可少的交通工具。英国一位著名的政治家针对关于工业机器人的这一问题说过这样一段话："日本机器人的数量居世界首位，而失业人口最少，英国机器人数量在发达国家中最少，而失业人口居高不下。"这也从另一个侧面说明了机器人是不会抢人们饭碗的。

美国是机器人的发源地，但机器人拥有量远远少于日本，其中部分原因是美国有些工人不欢迎机器人，从而抑制了机器人的发展。日本之所以能迅速成为机器人大国，原因是多方面的，但其中很重要的一条是当时日本劳动力短缺，政府和企业都希望发展机器人，国民也都欢迎使用机器人。由于使用了机器人，日本也尝到了甜头，它的汽车、电子工业迅速崛起，很快占领了世界市场。从现在世界工业发展的潮流来看，发展机器人是一条必由之路。没有机器人，人将变为机器；有了机器人，人仍然是主人。

无论是工业机器人还是特种机器人，尤其是服务机器人，都存在一个与人相处的问题，最重要的是不能伤害人。然而由于某些机器人系统的不完善，在机器人使用的前期，引发了一系列意想不到的事故。

在1978年9月6日，日本广岛一家工厂的切割机器人在切钢板时，突然发生异常，将一名值班工人当作钢板操作，这是世界上第一宗机器人杀人事件。

在1982年5月，日本山梨县阀门加工厂的一个工人，正在调整停工状态的螺纹加工机器人时，机器人突然启动，抱住工人旋转起来，造成了悲剧。

1985年苏联发生了一起家喻户晓的智能机器人棋手杀人事件。苏联国际象棋大师古德柯夫同机器人下棋连胜3局，机器人棋手恼羞成怒，突然向金属棋盘释放强大的电流，在众目睽睽之下将这位国际象棋大师击倒。

这些触目惊心的事实，给人们使用机器人带来了心理障碍，于是有人展开了"机器人是福是祸"的讨论。面对机器人带来的威胁，日本邮政和电信部门组织了一个研究小组，对此进行研究。专家认为，机器人发生事故的原因不外乎三种：硬件系统故障、软件系统故障、电磁波的干扰。

这种意外伤人事件是偶然的也是必然的，因为任何一个新生事物的出现总有其不完善的一面。随着机器人技术的不断发展与进步，这种意外伤人事件越来越少，近几年没有再听说过类似事件的发生。正是由于机器人安全、可靠地完成了人类交给的各项任务，人们使用机器人的热情才越来越高。

不管机器人会不会对人类产生威胁，各类机器人在工业生产和日常生活中的应用趋势已不可避免。随着机器人技术的发展，工业机器人已不再是简单搬运重物的工具，它们可以胜任许多精细、复杂的工作，且具有高达99%的工作准确率。

总之，"工欲善其事，必先利其器"。人类在认识自然、改造自然、推动社会进步的过程中，不断地创造出各种各样为人类服务的工具，其中许多具有划时代的意义。作为20世纪自动化领域的重大成就，机器人已经和人类社会的生产、生活密不可分。世间万物，人力是第一资源，这是任何其他物质不能代替的。尽管人类社会本身还存在着不文明、不平等的现象，甚至还存在着战争，但是人类社会的进步是历史必然，所以完全有理由相信，像其他许多科学技术的发明发现一样，机器人也应该成为人类的好助手、好朋友。

1.10　机器人研究的内容及关键技术

机器人技术是集机械工程学、电子技术、控制工程、计算机科学、传感器技术、人工智能、仿生等学科为一体的综合技术。它是多学科科技革命的必然结果。每一套机器人，都是一个知识密集和技术密集的高科技机电一体化产品。

1. 机器人的研究基础

机器人研究的基础知识有以下几方面。

第一，空间机构学。空间机构在机器人中的应用体现在：机器人机身和臂部机构的设计、机器人手部机构设计、机器人行走机构的设计、机器人关节机构的设计。

第二，机器人运动学。机器人执行机构实际上是一个多刚体系统，研究要涉及组成这一系统的各杠杆之间及系统与对象之间的相互关系，为此需要一种有效的数学描述方法。

第三，机器人静力学。机器人与环境之间的接触会在机器人与环境之间引起相互的作用力和力矩，而机器人的输入关节扭矩由各个关节的驱动装置提供，通过手臂传至手部，使力和力矩作用在环境的接触面上。这种力和力矩的输入和输出关系在机器人控制中是十分重要的。机器人静力学主要讨论机器人手部端点力与驱动器输入力矩的关系。

第四，机器人动力学。机器人是一个复杂的动力学系统，要研究和控制这个系统，首先必须建立它的动力学方程。机器人动力学方程是指作用于机器人各机构的力或力矩与其位置、速度、加速度关系的方程。

第五，机器人控制技术。机器人控制技术是在传统机械系统的控制技术的基础上发展起来的，两者之间无根本的不同。但机器人控制技术也有许多特殊之处，它是有耦合的、非线性的多变量的控制系统，其负载、惯量、重心等随时间都可能变化，不仅要考虑运动学关系，还要考量动力学因素，其模型为非线性而工作环境又是多变的等。机器人控制技术主要研究的内容有机器人控制方式和机器人控制策略。

第六，机器人传感器。人类一般具有视觉、听觉、触觉、味觉及嗅觉 5 种感觉，机器人的感觉主要通过传感器来实现。根据检测对象的不同，机器人传感器可分为内部传感器和外部传感器。内部传感器用来检测机器人本身的状态，如手臂间角度的传感器，多为检测位置和角度传感器。而外部传感器用来检测机器人所处环境及状况，例如，是什么物体，离物体的距离有多远，抓取的物体是否滑落等传感器，具体有物体识别传感器、物体探伤传感器、接近觉传感器、距离传感器、力觉传感器、听觉传感器等。

第七，机器人编程语言。机器人编程语言是机器人与用户的软件接口，编程语言的功能决定了机器人的适应性和带给用户的方便性，至今还没有完全公认的机器人编程语言。实际上，机器人编程与传统的计算机编程不同，机器人操作的对象是各类三维物体，运动在一个复杂的空间环境中，还要监视和处理传感器信息。因此机器人编程语言主要有两类：面向机器人的编程语言和面向任务的编程语言。

面向机器人的编程语言主要特点是描述机器人的动作序列，每一条语句大约相当于机器人的一个动作，主要有以下三种。

第一，专用的机器人语言，如 PUMA 机器人的 VAL 语言，是专用的机器人控制语言。

第二，在现有计算机语言的基础上加上机器人子程序库，如美国机器人公司开发的增强现实（Augmented Reality，AR）-BASIC 和 Intelledex 公司的 Robot-BASIC 语言，都是建立在 BASIC 语言上的。

第三，开发一种新的通用语言加上机器人子程序库，如 IBM 公司开发的 AML 机器人语言。

面向任务的机器人编程语言允许用户发出直接命令，以控制机器人完成一个具体的任务，而不需要说明机器人需要采取的每一个动作的细节，如美国的 RCCL 机器人编程语言，就是用 C 语言和一组 C 函数来控制机器人运动的任务级机器人语言。

2. 机器人核心技术

我国的《"十四五"机器人产业发展规划》中指出：加强核心技术攻关。聚焦国家战略和产业发展需求，突破机器人系统开发、操作系统等共性技术。把握机器人技术发展趋势，研发仿生感知与认知、生机电融合等前沿技术。推进人工智能、5G、大数据、云计算等新技术融合应用，提高机器人智能化和网络化水平，强化功能安全、网络安全和数据安全。建立健全创新体系。发挥机器人重点实验室、工程(技术)研究中心、创新中心等研发机构的作用，加强前沿、共性技术研究，加快创新成果转移转化，构建有效的产业技术创新链。鼓励骨干企业联合开展机器人协同研发，推动软硬件系统标准化和模块化，提高新产品研发效率。支持企业加强技术中心建设，开展关键技术和应用技术开发。主要包括如下技术。

1）共性技术

共性技术包括机器人系统开发技术、机器人模块化与重构技术、机器人操作系统技术、机器人轻量化设计技术、信息感知与导航技术、多任务规划与智能控制技术、人机交互与自主编程技术、机器人云-边-端技术、机器人安全性与可靠性技术、快速标定与精度维护技术、多机器人协同作业技术、机器人自诊断技术等。

2）前沿技术

前沿技术包括机器人仿生感知与认知技术、电子皮肤技术、机器人生机电融合技术、人机自然交互技术、情感识别技术、技能学习与发育进化技术、材料结构功能一体化技术、微纳操作技术、软体机器人技术、机器人集群技术等。

3. 机器人关键基础提升行动

1）高性能减速器

研发旋转矢量(Rotary Vector，RV)减速器和谐波减速器的先进制造技术和工艺，提高减速器的精度保持性(寿命)、可靠性，降低噪声，实现规模生产。研究新型高性能精密齿轮传动装置的基础理论，突破精密/超精密制造技术、装配工艺，研制新型高性能精密减速器。

2）高性能伺服驱动系统

优化高性能伺服驱动控制、伺服电机结构设计、制造工艺、自整定等技术，研制高精度、高功率密度的机器人专用伺服电机及高性能电机制动器等核心部件。

3）智能控制器

研发具有高实时性、高可靠性、多处理器并行工作或多核处理器的控制器硬件系统，实现标准化、模块化、网络化。突破多关节高精度运动解算、运动控制及智能运动规划算法，提升控制系统的智能化水平及安全性、可靠性和易用性。

4）智能一体化关节

研制机构/驱动/感知/控制一体化、模块化机器人关节，研发伺服电机驱动、高精度谐波传动动态补偿、复合型传感器高精度实时数据融合、模块化一体化集成等技术，实现高速实时通信、关节力/力矩保护等功能。

5）新型传感器

研制三维视觉传感器、六维力传感器和关节力矩传感器等力觉传感器、大视场单线和多线激光雷达、智能听觉传感器以及高精度编码器等产品，满足机器人智能化发展需求。

6）智能末端执行器

研制能够实现智能抓取、柔性装配、快速更换等功能的智能灵巧作业末端执行器，满足机器人多样化操作需求。

4. 机器人创新产品发展行动

1）工业机器人

研制面向汽车、航空航天、轨道交通等领域的高精度、高可靠性的焊接机器人，面向半导体行业的自动搬运、智能移动与存储等真空(洁净)机器人，具备防爆功能的民爆物品生产机器人，自动引导车(automated guided vehicle，AGV)、无人叉车，分拣、包装等物流机器人，面向3C(计算机类(computer)、通信类(communication)、消费类(consumer))、汽车零部件等领域的大负载、轻型、柔性、双臂、移动等协作机器人，可在转运、打磨、装配等工作区域内任意位置移动、实现空间任意位置和姿态可达、具有灵活抓取和操作能力的移动操作机器人。

2）服务机器人

研制果园除草、精准植保、果蔬剪枝、采摘收获、分选，以及用于畜禽养殖的喂料、巡检、清淤泥、清网衣附着物、消毒处理等农业机器人，采掘、支护、钻孔、巡检、重载辅助运输等矿业机器人，建筑部品部件智能化生产、测量、材料配送、钢筋加工、混凝土浇筑、楼面墙面装饰装修、构部件安装、焊接等建筑机器人，手术、护理、检查、康复、咨询、配送等医疗康复机器人，助行、助浴、物品递送、情感陪护、智能假肢等养老助残机器人，家务、教育、娱乐和安监等家用服务机器人，讲解导引、餐饮、配送、代步等公共服务机器人。

3）特种机器人

研制水下探测、监测、作业、深海矿产资源开发等水下机器人，安保巡逻、缉私安检、反恐防暴、勘查取证、交通管理、边防管理、治安管控等安防机器人，消防、应急救援、安全巡检、核工业操作、海洋捕捞等危险环境作业机器人，检验采样、消毒清洁、室内配送、辅助移位、辅助巡诊查房、重症护理辅助操作等卫生防疫机器人。

1.11 本章小结

本章介绍了机器人的基本概念、分类、发展历程以及国内发展状况，阐述了机器人的基础硬件组成及工作原理，提出了莫拉维克悖论和机器人可能引发的社会问题，总结了机器人研究的内容和关键技术。

1.12 思考题与习题

1. 机器人的定义是什么？请简述机器人的基本概念。

2. 机器人的基础结构通常包括哪些部分？请简要解释每个部分的作用。

3. 什么是莫拉维克悖论？它对机器人设计和人工智能研究有何影响？

4. 机器人如何影响人类的工作和生活？请从积极和消极两方面进行分析。

5. 思政拓展思考题

机器人技术的迅速发展引发了广泛的社会关注，人类在积极拥抱机器人带来的便利的同时，应如何认识和处理机器人可能引发的社会问题，包括安全问题、恐怖谷理论、机器人威胁论以及机器人与人的关系等？

第 2 章 移动机器人应用及实践

2.1 移动机器人概述

移动机器人是一种能够在不同环境中自主移动和执行任务的机器人。它们通常配备有轮子、履带或其他移动装置,以便在室内或室外进行导航移动。移动机器人可以通过传感器(如摄像头、激光雷达、超声波传感器等)感知周围的环境,并利用这些信息进行路径规划、避障和定位。它们可以执行各种任务,如巡逻、物品搬运、仓库管理、服务和救援等。

移动机器人主要包括自动导向车(automated guided vehicle,AGV)和自主移动机器人(Autonomous Mobile Robot,AMR)。其中 AGV 是指通过电磁或光学等自动导引装置,能够沿规定的导引路径行驶,具有安全保护及各种移载功能的运输车。AGV 通常需要有事先设置好的路径或者导引线路,只能沿着固定的轨迹运动,需要进行操作和维护,大多数用于物流、制造和仓储等行业,用来运输物料、组装零部件、搬运货物等。它们可以自动化地完成任务,提高效率和准确性,并有效减少人力成本和人为误差,是现代工业自动化中不可或缺的一部分。AGV 的主要特点有以下几方面。

(1) 高效性。AGV 通常具有高效的运输能力,可以在较短的时间内完成大量的货物运输任务。这是因为 AGV 通常采用较为先进的导航和控制技术,如激光雷达、全球定位系统(global positioning system,GPS)和视觉导航等,能够实现精确的位置和方向控制,同时还可以根据生产线和物流仓储地需求进行灵活的调度和编程。

(2) 可靠性。由于 AGV 通常采用可靠的驱动和控制系统,如电机、液压系统和传感器等,同时还可以进行定期的维护和保养,以确保其正常运行,所以,AGV 的可靠性非常高,可以连续运行且几乎不会出现故障。

(3) 灵活性。AGV 可以根据生产线和物流仓储的需求进行灵活的调度和编程,以实现最佳的生产效率和物流效益。同时,AGV 还可以根据需求进行不同的编程,如直行、弯曲、循环等,以实现不同的运输任务。

(4) 环保性。由于 AGV 采用先进的节能技术和排放控制系统,如能量回收、尾气处理等,以减少对环境的影响,因此,它的环保性非常高,不会排放有害气体和污染物,对环境的影响较小。

总之,AGV 是一种高效、可靠、灵活和环保的自动引导车辆,广泛应用于工业生产线和物流仓储中,能够提高生产效率、物流效益和环保水平。

AMR 是一种能够自主导航、自主避障和执行任务的移动机器人。AMR 能够通过激光雷达等传感器对环境进行感知,自主进行路径规划和避障,不需要像 AGV 那样进行导引线路设置。AMR 一般由多个模块组成，如定位模块、导航模块、避障模块、控制模块和任务执行模块等。它们可以适应不同的应用场景，在工厂、办公室、医院、商店等各种环境下自主移动和执行任务，如搬运货物、巡逻检查、清洁、配送等。AMR 可以提高工作效率，缩短响应时间，降低人工操作成本，有效减少人力疲劳和错误率，是智能制造和智慧物流领域中的重要组成部分。AMR 的主要特点包括以下几方面。

(1) 多关节运动。AMR 通常具有多个关节，可以实现较为灵活的运动和姿态调整。所以它能够适应不同的工作场景和任务需求，例如，在复杂的生产线中进行自主导航和作业，或者在物流仓储中进行货物出入库管理。

(2) 环境感知和适应性。AMR 具有较强的环境感知和适应能力，能够感知周围环境的变化，并进行自主调整和适应。所以它能够在不同的工作场景和任务中表现出更高的稳定性和可靠性。

(3) 人机协同。AMR 需要与人类操作员进行协同操作，以完成特定的任务。例如，AMR 可以根据人类操作员的指令进行自主导航和作业，或者在物流仓储中进行货物出入库管理。

(4) 自主决策和规划。AMR 具有自主决策和规划能力，能够根据任务需求进行路径规划和决策。所以 AMR 能够更好地适应复杂的环境变化和任务需求，并且能够更快地做出反应和决策。

(5) 多机协同和群体智能。当机器人数量较多时，AMR 具有更强的多机协同和群体智能能力。这使得 AMR 能够更好地处理大量的机器任务，并且可以根据需求灵活调整机器数量和工作负载。

总之，AMR 是一种具有多关节运动、环境感知和适应性、人机协同、自主决策和规划、多机协同和群体智能等特点的重要自动化机器人技术，广泛应用于物流和生产线自动化中，能够提高生产效率、物流效益和生产线管理效率。

AGV 和 AMR 都是用于物流和生产线自动化的重要机器人技术。它们的主要区别如下。

(1) 导航方式。AGV 通常使用激光雷达、全球定位系统或视觉导航等技术进行自主导航，而 AMR 则使用更为先进的人工智能技术，如机器学习、深度学习、自然语言处理等进行自主导航。

(2) 部署复杂度。AGV 的部署相对简单，因为它们通常只需要在固定的导引线上行驶，并且可以在较小的空间内进行部署；而 AMR 则需要更为复杂的环境感知、动态路径规划和主动避障等能力，所以其部署更为复杂。

(3) 人机协同。AMR 需要更强的人机协同能力，因为它们需要与人类操作员进行协同操作，以完成特定的任务；传统的 AGV 通常不需要人机协同，因为它们通常是在封闭的环境中运行，并且不需要与人类进行交互。

(4) 适应性。AMR 比 AGV 更能适应复杂的环境和任务需求，例如，AMR 可以在更为复杂的生产线中进行自主导航和作业，因为它们可以更好地感知和适应环境变化；而 AGV 通常只能在封闭的环境中进行工作，并且不太适应复杂的环境变化。

(5) 机器集群调度能力。当机器数量较多时，传统的 AGV 通常需要人类操作员进行指导和调度，因为它们通常无法处理大量的机器任务；而 AMR 具有更强的机器集群调度能力，它可以通过自主计算和协同操作来完成任务，并且可以根据需求灵活调整机器数量和工作负载。

目前较为主流的 AGV 导航方式包括磁条导航、二维码导航、视觉导航和激光导航，其中激光导航凭借较高的泛用性、灵活性、准确性等广受先进制造企业和智能仓储需求方的青睐。AMR 采用自然引导技术，能够灵活应对各种环境类型和动态变化，仓储环境较小。相比激光导引式 AGV，AMR 能够自主灵活进行路线规划和调整，理论上部署难度更低、适用性更广，但从技术角度上看，在定位导引、感知器件、灵活和效率等方面仍存在不少问题。

总之，AGV 和 AMR 都是重要的物流和生产线自动化技术，但它们的特点和应用场景有所不同。AGV 通常适用于业务固定、简单且业务量少的点到点运输场景，而 AMR 则更适用于复杂动态的人机协同作业和复杂的业务流程。

移动机器人种类繁多，根据移动方式可分为轮式移动机器人、步行移动机器人（单腿式、双腿式和多腿式）、履带式移动机器人、爬行机器人、蠕动式机器人和游动式机器人等类型；按工作环境，移动机器人可分为室内移动机器人和室外移动机器人；按控制体系结构，移动机器人可分为功能式（水平式）结构机器人、行为式（垂直式）结构机器人和混合式机器人；按功能和用途，移动机器人可分为医疗机器人、军用机器人、助残机器人、清洁机器人等。

总之，移动机器人是一种在复杂环境下工作的，具有自行组织、自主运行、自主规划的智能机器人，融合了计算机技术、信息技术、通信技术、微电子技术和机器人技术等。移动机器人的发展应用广泛，包括工业自动化、物流和仓储、医疗护理、农业、家庭助理等领域。随着人工智能和自主导航技术的不断进步，移动机器人将在未来发挥更重要的作用，为人们提供更多的便利和支持。

2.2 智能车概述

随着企业的生产技术水平不断提高，对自动化技术水平的要求也不断加深，智能车辆，以及在此基础上开发出来的产品，已经成为自动化物流运输、柔性生产线等的关键设备。世界上许多国家都在积极地进行着智能车辆的研究和开发。智能车辆作为移动机器人中的一个重要分支也得到广泛地关注。

智能车辆是一个集环境感知、规划决策、多级辅助驾驶等功能于一体的综合系统，它集中运用了计算机、现代传感、信息融合、通信、人工智能及自动控制等技术，是典型的高新技术综合体。它能够实时显示时间、速度、里程，具有自动寻迹、寻光、避障的功能，可实现程控行驶速度、准确定位停车、远程传输图像等功能。目前对智能车辆的研究主要致力于提高汽车的安全性、舒适性，以及提供优良的人车交互界面。近年来，智能车辆已经成为世界车辆工程领域研究的热点和汽车工业增长的新动力，很多发达国家都将其纳入了各自重点发展的智能交通系统当中。全国机器人相关的大赛中几乎每次都有智能小车这方面的题目，例如，大学生工程实践与创新能力大赛项目有无碳小车、太阳能电动车、温差电动车、智能物流车等，全国各高校也都很重视该题目的研究。

智能小车作为机器人的一个典型代表，它主要分为 4 部分：控制器、传感器、执行器和驱动器。首先是作为智能车大脑的控制器；其次是称为智能车的眼睛、耳朵和触角等的传感器；在感知世界之后，小车应当做出相应的动作，这时就需要被称为智能车的手和脚的驱动器和执行器。

2.3 智能车的硬件组成

和人类的大脑一样，机器人的大脑——控制器，是机器人的核心部件。人们为机器人编写的各种控制程序都要传送到控制器中。由机器人的传感器得到众多外界环境信息在这里汇总，然后控制器中的程序就会对这些信息进行处理，最后给各种驱动器、执行器发出控制命令。机器人就是以这种方式执行各种各样的实际任务，如图 2-1 所示。

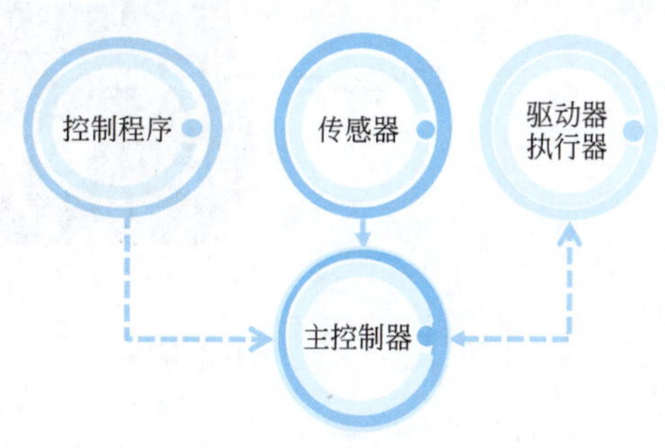

图 2-1 机器人工作原理

那么机器人的控制器具体是什么呢？实际上，它也是一种计算机。这里的计算机是一个相当宽泛的概念，不仅指我们的个人计算机，还包括其他形形色色的计算机，小到只有指甲盖大小的单片机（microcontroller unit，MCU），大到要装满几个大房间的超级计算机。而这些计算机中广泛作为机器人控制器的是单片机。可以想一想，如果要制造一台全自动洗衣机（根据前述机器人的概念可知，全自动洗衣机也是一种机器人），那么用一台个人计算机做控制器，是不是有点“杀鸡用牛刀”的感觉呢？这时候，单片机就可以大展拳脚了。单片机是典型的“麻雀虽小，五脏俱全”，一片小小的单片机中包括了中央处理器、存储器、定时器、数字输入/输出接口、模拟输入/输出接口等。下面以 Arduino 单片机为例进行介绍。

2.3.1 Arduino 控制器

本章设计的智能车用到的控制器是 Arduino 单片机。Arduino 单片机的种类很多，有可以缝在衣服上的 LiLyPad，有为 Andriod 设计的 Mega 2560，有最基础的型号 UNO，还有比较新的 Arduino Leonardo。本章智能车用的是 Arduino UNO R3 控制器。

Arduino UNO R3 是 Arduino USB 接口系列的常用版本，其主板接口如图 2-2 所示。Arduino Uno R3 的 AREF 边缘增加了串行数据线（Serial Data Line，SDA）和串行时钟线（serial clock line，SCL）端口。SDA 和 SCL 是内部整合电路（Inter-Integrated Circuit，IIC）总线的信号线。在 IIC 总线上传送数据，首先送高位，由主机发出启动信号，SDA 在 SCL 高电平期间由高电平跳变为低电平，然后由主机发送一字节的数据。数据传送完毕，由主机发出停止信号，SDA 在 SCL 高电平期间由低电平跳变为高电平。此外，复位键（RESET）边上还有两个新的端口，一个端口是 IOREF，它能够使扩展板适应主板的电压；另一个空的端口预留给将来扩展的可能。Arduino UNO R3 能够兼容传感器扩展板 v5.0 并且能用它额外的端口适应新的扩展板。

Arduino 可作为项目开发的控制核心，也可以与计算机进行直接的 USB 连接完成与计算机间的互动，运行于开源的集成开发环境（Integrated Development Environment，IDE，相当于编辑器＋编译器＋连接器＋其他），软件可以在 Arduino 官网直接下载（支持 Windows，Linux 及 Mac 系统）。

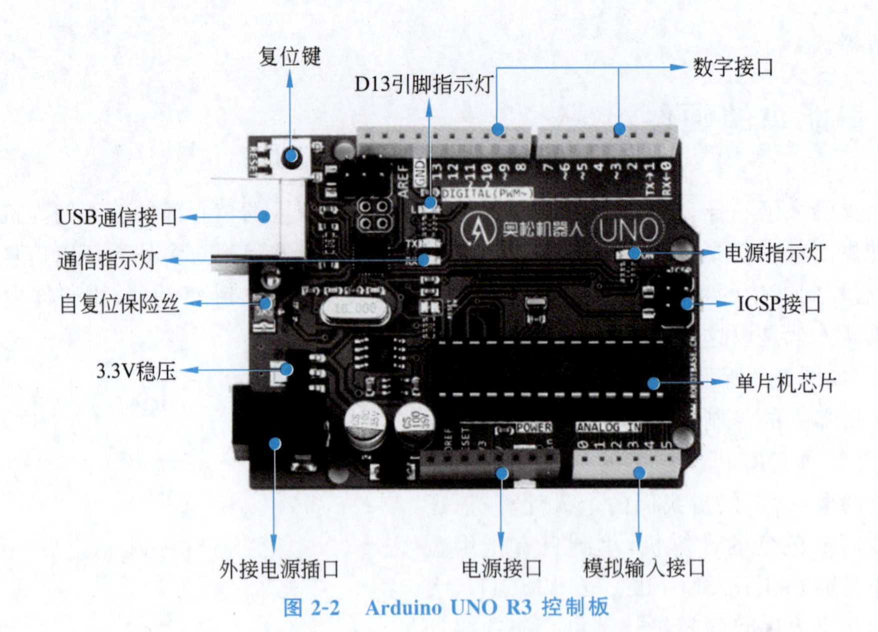

图 2-2 Arduino UNO R3 控制板

Arduino UNO R3 控制板的工作电压是 5V，当接上 USB 时不需要外部供电；也可以采用外部 7～12V 直流电压(Direct Current，DC)输入供电；可以输出 5V、3.3V 或者与外部电源输入相同的直流电压。处理器核心是 ATmega 328，时钟频率是 16MHz。该控制电路板推荐的输入电压是 7～12V，限制的输入电压是 6～20V，支持 USB 接口协议及供电(不需要外接电源)，支持 ISP 下载功能；有 14 路数字输入/输出接口(图 2-2 中 0～13 口，其中 3 口、5 口、6 口、9 口、10 口、11 口共 6 路可作为脉冲宽度调制 PWM 输出接口)，工作电压为 5V，每一路能输出和接入的最大电流为 40mA；有 6 路模拟输入接口 A0～A5，每一路具有 10 位的分辨率(即输入有 1024 个不同值)，默认输入信号范围为 0～5V；有一个电源插座和一个复位键。Arduino UNO R3 的引脚如图 2-3 所示。

2.3.2 Arduino 扩展板

Arduino 扩展板非常适合用于制作模块化的机器人。扩展板拥有 Arduino 的所有功能，而使用扩展板几乎不需要任何的额外接线(即使有也非常少)或零件添加，只需要将扩展板插到 Arduino 上方即可。如图 2-4 所示的 Arduino 扩展板，它不仅将 Arduino UNO R3 控制器的全部数字与模拟接口以舵机线序形式扩展出来，还特设 IIC 接口、32 路舵机控制器接口、蓝牙模块通信接口、SD 卡模块通信接口、APC220 无线射频模块通信接口、RBURF v1.1 超声波传感器接口、12864 液晶串行与并行接口，独立扩展更加易用方便。对于 Arduino 初学者来说，不必为烦琐复杂电路连线而头疼，这款传感器扩展板真正意义上实现了将电路简化，很容易将常用传感器连接起来，一款传感器仅需要一种通用 3P 传感器连接线(不分数字连接线与模拟连接线)，完成电路连接后，编写相应的 Arduino 程序下载到 Arduino 控制器中读取传感器数据，或者接收无线模块回传数据，经过运算处理，最终轻松完成互动作品。

Arduino 扩展板的实物接口如图 2-4 所示。它具有 1 个 12 864 液晶屏幕并行接口、1 个 12 864 液晶屏幕串行接口、D0～D13 共 14 个数字接口、A0～A5 共 6 个模拟接口、1 个串行

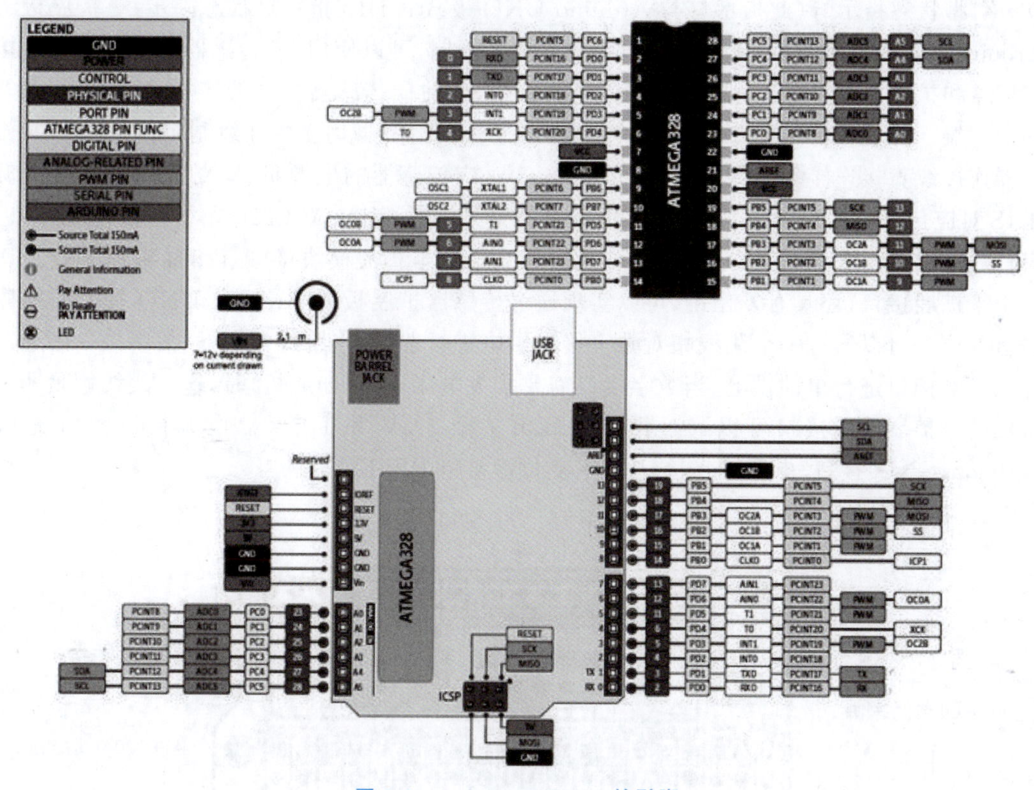

图 2-3　Arduino UNO R3 的引脚

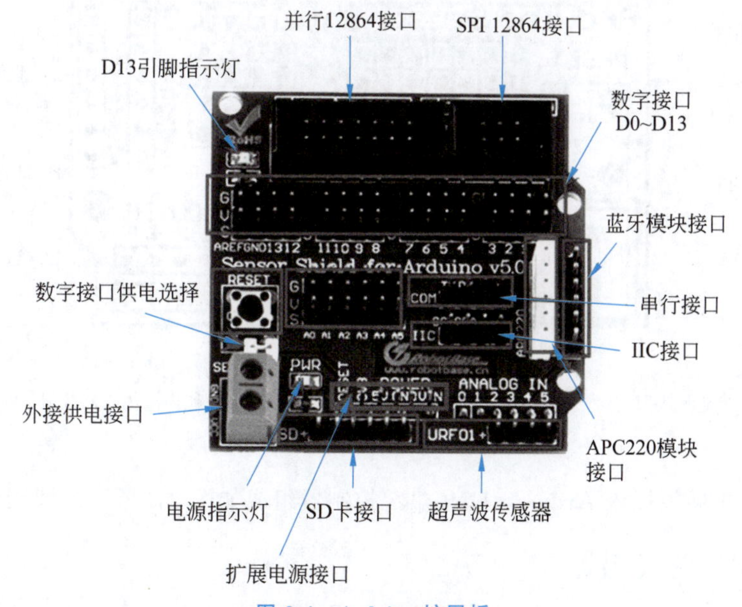

图 2-4　Arduino 扩展板

通信接口、1 个 IIC 通信接口、3.3V 或 5V 的输出电压，拥有 APC220、蓝牙模块、SD 卡存储模块、超声波传感器模块等扩展接口。

Arduino 传感器扩展板的引脚如图 2-5 所示。它具有 2 个板载指示灯、电源指示灯和

D13 引脚状态指示灯(此指示灯与 Arduino UNO 板载的 D13 指示灯状态同步)。扩展板将 Arduino UNO 控制器的 14 个数字引脚均变成 3 线制,可以使用 3P 传感器连接线直接连接传感器和扩展板,其中 G 对应传感器的电源负极,V 对应传感器的电源正极,S 对应传感器的信号端。扩展板将 Arduino UNO 控制器的 6 个模拟引脚均变成 3 线制,可以使用 3P 传感器连接线直接连接传感器和扩展板,同样 G 对应传感器的电源负,V 对应传感器的电源正,S 对应传感器的信号端。此外,扩展板具有蓝牙模块接口、APC220 无线通信模块接口、串行通信接口、IIC 通信接口、超声波传感器接口、SD 卡扩展模块接口、12864 液晶并行、SPI 接口等扩展接口;还具有复位键,可以实现通过传感器扩展板为 Arduino UNO 控制器程序进行复位。可以通过一个跳线帽对数字接口供电进行选择,将跳线帽拔下,数字接口则通过外接供电接口进行单独供电,当数字接口需要接大电流设备(如舵机)时,这个跳线帽是非常有用的。扩展电源接口可以通过排针扩展出 1 个 3.3V 和 1 个 5V 电源接口、2 个地线(ground,GND)接口、电源输入接口 Vin、复位键接口 RESET 等。

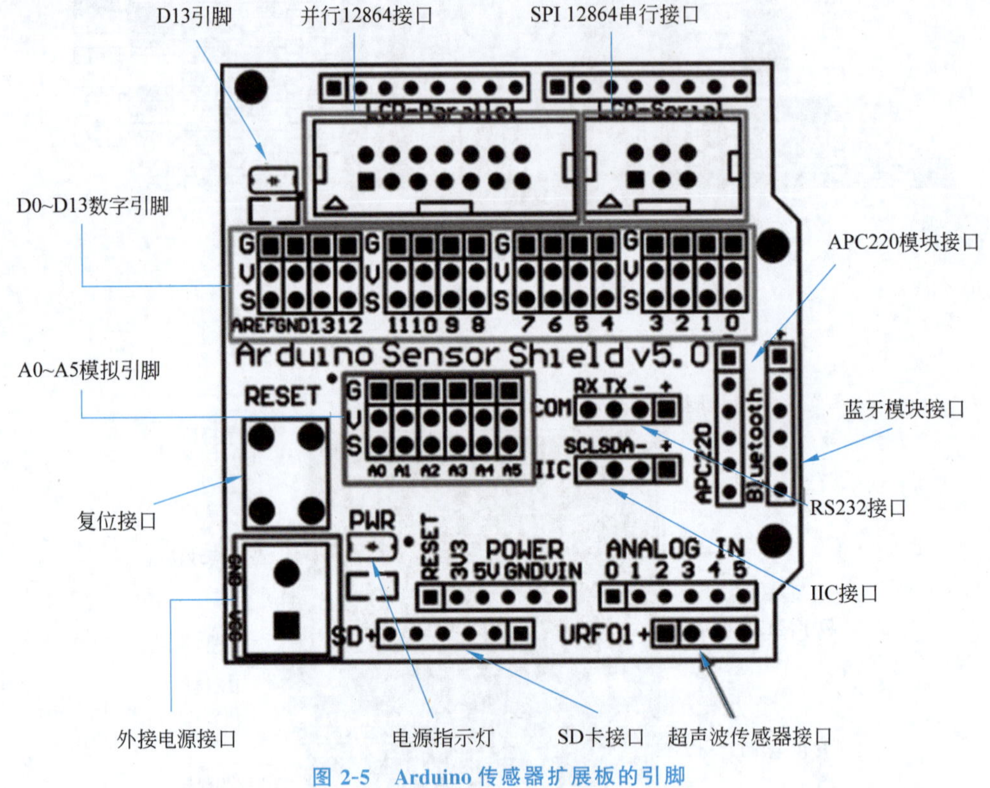

图 2-5 Arduino 传感器扩展板的引脚

将传感器扩展板插入 Arduino UNO R3 控制器组成如图 2-6 所示的智能车。

2.3.3 智能车的传感器

如果机器人只能按照编好的程序指令有一是一、有二是二地行动,会不会显得太"笨"了呢?科学家们早就想办法让机器人具备了更高的智能,让它们能够根据环境的变化做出反应,例如,现在已经有服务机器人可以根据主人家里的温度变化调节空调、暖气,让主人一直处于舒适的环境中;再如,国内外的一些博物馆中已经有导游机器人为人们服务了,它们能

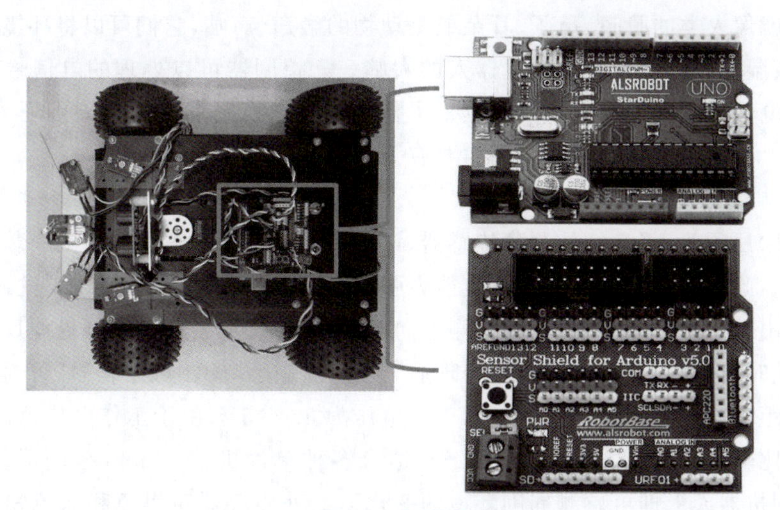

图 2-6 智能车

不知疲倦地带领人们参观，给人们讲解。但是在博物馆中，人来人往，导游机器人怎么能够防止自己撞上其他游客呢？这就需要传感器。众所周知，人类用耳朵聆听世界，用眼睛记录画面，用鼻子细嗅芬芳，用嘴巴品尝世间百味，那机器人有“感觉”吗？它们用什么来感知世界呢？这就是传感器。生活中，其实有很多用到传感器的地方，如走廊里的声光控开关、火灾报警器、孵小鸡的恒温箱、路灯的自动控制、银行门口的自动门等，都用到了传感器，那么什么是传感器呢？在停车过程中，一般会有人指挥司机，当距离车库边线较远时，观测者就会让司机大胆往后退；如果快到了，就会提示司机放慢速度准备停车。该场景中的观测员发挥的就是传感器的作用。

传感器是一种检测装置，能感受到被测量的信息，并将感受到的信息按照一定规律变换成电信号形式的信息输出，以满足信息的传输、处理、存储、显示、记录和控制等要求。传感器一般由敏感元件、转换器件、变换电路以及辅助电源 4 部分组成。敏感元件直接感受被测量，并输出与被测量有确定关系的物理量信号；转换元件将敏感元件输出的物理量信号转换为电信号；变换电路负责对转换元件输出的电信号进行放大调制；转换元件和变换电路一般还需要辅助电源供电，具体如图 2-7 所示。

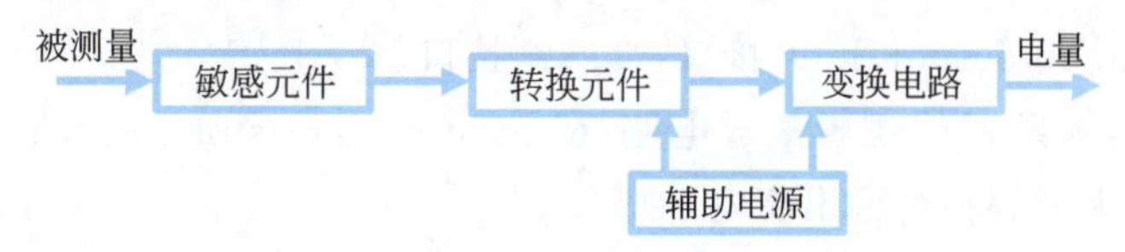

图 2-7 传感器的组成

传感器的应用很广泛，分类也很多，按照被测对象不同，传感器可以分为光传感器、温度传感器、声音传感器、压力传感器等。

按输出信号分类，传感器分为模拟传感器和数字传感器。模拟传感器是将被测量的非电学量转换成模拟电信号，即它发出的是连续信号，通常用电压、电流、电阻等表示被测参数的大小；数字传感器是将被测量的非电学量转换成数字输出信号，通常是将传统的模拟传感器经过加装或改造模数转换器（analog to digital convertor，A/D 转换器），使之输出信号为数字量（或数字编码）的传感器。

传感器就像人类的眼睛、鼻子、耳朵或是动物的触角、声呐，它们可以将环境中的声、光、电、磁、温度、湿度等物理量转换为机器人的大脑——控制器可以处理的电信号。控制器通过读取这些电信号可以很快知道周围发生了什么，随后，控制程序根据周围环境的变化，做出实时响应。智能车上常用的传感器主要有下面几种。

1. 红外测障传感器

图 2-8(b)所示为 Mini 红外测障传感器，该传感器是专为机器人设计的一款距离可调式避障传感器。此传感器对环境光线适应能力强、精度高，它具有一对红外线发射与接收管，发射管发射出一定频率的红外线，当检测方向遇到障碍物(反射面)时，红外线反射回来被接收管接收，此时指示灯亮起，经过电路处理后，信号输出接口输出数字信号，可通过电位器旋钮调节检测距离，有效距离为 3～35cm，工作电压为 3.3～5V，由于工作电压范围宽泛，在电源电压波动比较大的情况下仍能稳定工作，适合多种单片机、Arduino 控制器、BS2 控制器使用，安装到机器人上即可感测周围环境的变化。红外传感器对黑色和深色物体感应不灵敏(检测不到)。

(a) 智能小汽车的红外测障传感器安装位置

(b) Mini红外测障传感器

图 2-8　智能小车的红外测障传感器

1) 红外传感器的规格参数

工作电压：3.3～5V。

工作电流：≥20mA。

工作温度：－10～50℃。

检测距离：3～35cm。

输入/输出(input/output，I/O)接口：3 线制接口(－/＋/S/)。

输出信号：晶体管-晶体逻辑集成电路(transistor transistor logic，TTL)电平(有障碍物时输出低电平，无障碍物时输出高电平)。

调节方式：电阻式调节。

板载指示灯：红色指示灯。

有效角度：35°。

模块尺寸：38mm×25mm。

模块质量：9g。

固定孔：2 个 M3 固定孔。

2) 接口定义

S(反射信号输出)：如果没有检测到物体，则 S 端口保持高电平；若检测到物体，则 S 端口置低。

＋：接外部供电的电源电压(Voltage of the Common Collector，VCC)。

－：接外部供电的GND。

3) 工作原理

红外测障传感器有一对红外信号发射器与红外接收器。红外信号发射器通常是红外发光二极管，可以发射特定频率和一定波长范围的红外信号，接收管接收这种频率的红外信号，当红外信号发射器的检测方向遇到障碍物时，经障碍物反射后，由红外接收电路的光敏接收管接收前方物体反射光，据此判断前方是否有障碍物。红外信号反射回来被接收管接收，经过处理之后，通过数字接口返回到智能车控制系统，智能车即可利用红外返回信号识别周围环境有无物体。红外测障传感器是利用被检测物对光束的遮挡或反射，由同步回路选通电路，从而检测物体的有无。它的用途非常多，一般用于躲避周围障碍物，或者在无须接触的情况下检测各种物体的存在，检测到的结果：有障碍物时值为0，无障碍物时值为1，是一种数字量传感器。在使用过程中注意红外传感器的接线方向。

4) 接插方式

红外避障传感器共有3个引脚，如图2-9所示，分别是GND(－)、VCC(＋)、S。实际应用时，可以将信号输出接口(S)接在Arduino UNO的一个数字引脚，如引脚D2，同时利用数字引脚13自带的指示灯，当避障传感器检测到有障碍物时，输出为低电平，板载指示灯和UNO控制器D13引脚指示灯亮；当避障传感器没有检测到障碍物时，两个指示灯均熄灭。当然也可以将红外传感器接在传感器扩展板上的数字接口2上，与上述是一致的。

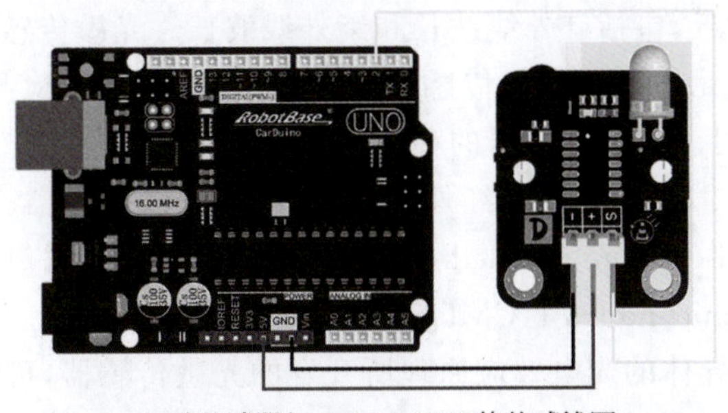

(a) 红外传感器与Arduino UNO的传感线图

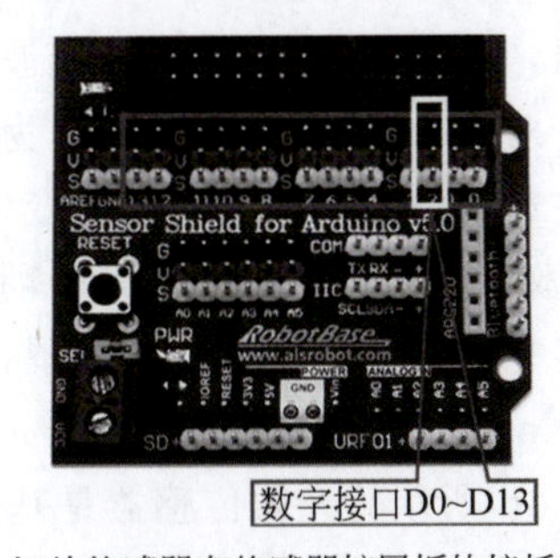

(b) 红外传感器在传感器扩展板的接插引脚

图2-9 实验接线图

实例程序代码如下。

```
int bizhangPin =2;                          //定义避障传感器接口
int ledPin =13;                             //定义 LED 接口
int buttonState =0;
void setup()
{
    pinMode(ledPin, OUTPUT);                //定义 LED 为输出模式
    pinMode(bizhangPin, INPUT);             //定义避障传感器为输入模式
}

void loop()
```

```
{
    buttonState =digitalRead(bizhangPin);      //读取避障传感器的值并赋给 buttonState
    if (buttonState ==LOW)
{
      digitalWrite(ledPin, HIGH);               //前方有障碍物时,LED 亮
    }
    else
{
      digitalWrite(ledPin, LOW);
    }
}
```

2. 光敏传感器

智能小车的光敏传感器如图 2-10 所示,它是用来对环境光线的强度进行检测的一种检测器件。它采用光电元件作为检测元件,把测量的光线变化转变为信号变化,然后借助光电元件进一步将光信号转换成电信号。光敏传感器一般由光源、光学通路和光电元件三部分组成。光电检测方法具有精度高、反应快、非接触等优点,而且可测参数多,传感器的结构简单,形式灵活多样,体积小。近年来,随着光电技术的发展,光敏传感器已成为系列产品,其品种及产量日益增加,可以根据需要选用各种规格产品,在各种轻工自动机上获得广泛地应用。

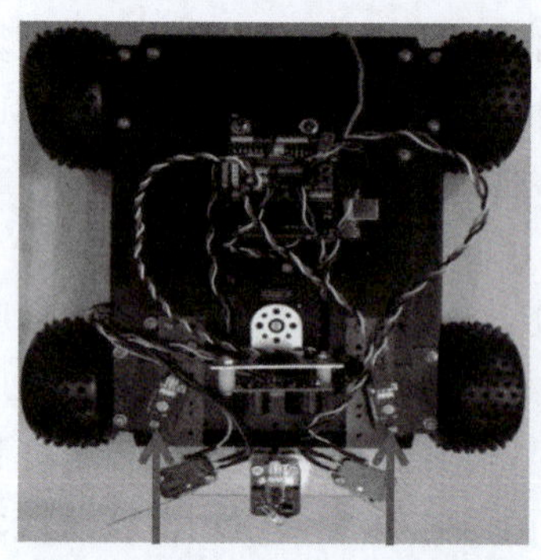

图 2-10 智能小车的光敏传感器

光敏传感器是利用光敏元件将光信号转换为电信号的传感器,它的敏感波长在可见光波长附近,包括红外线波长和紫外线波长。光敏传感器不只局限于对光的探测,它还可以作为探测元件组成其他传感器,对许多非电量进行检测,只要将这些非电量转换为光信号的变化即可。光敏传感器的种类繁多,主要有光电管、光电倍增管、光敏电阻、光敏三极管、光电耦合器、太阳能电池、红外线传感器、紫外线传感器、光纤式光电传感器、色彩传感器、电荷耦合器件(charge coupled device,CCD)和互补金属氧化物半导体(Complementary Metal-Oxide-Semiconductor,CMOS)图像传感器等。

图 2-10 所示的光敏传感器是基于半导体的光电效应原理所开发的光敏传感器,可以用来对周围环境光的强度进行检测,结合各种单片机控制器可以实现光的测量、光的控制和光电转换等功能。此传感器是 3P 插针接口,可以通过 3P 传感器连接线(不区分模拟与数字连接线)与传感器扩展板结合使用,也可以制作光感相关的互动作品。

1) 工作原理

光敏传感器实质是一个光敏电阻,其阻值会随光线强度的变化而发生变化,并且当光照强烈时,阻值变小;光照减弱时,阻值增大;完全遮挡光线时,阻值最大。简单地说,光敏传感器就是利用光敏电阻受光线强度影响而阻值发生变化的原理向微控制器发送光线强度的模拟信号。

2) 编程原理

光敏传感器模块共有 3 个引脚,分别是数据线 S、电源 VCC 和地线 GND。实际应用时,将 S 端接在 Arduino UNO 控制器的一个模拟输入接口上,如图 2-11 所示,通过改变光强的变化来改变阻值,从而改变 S 端的输出电压,再通过 Arduino IDE 软件的串口监视器

进行显示。智能车上的光敏传感器是一种模拟传感器，值的范围为0～1023，光线强弱的不同会输出不同的值，光线越强数值越大，光线越暗数值越小。

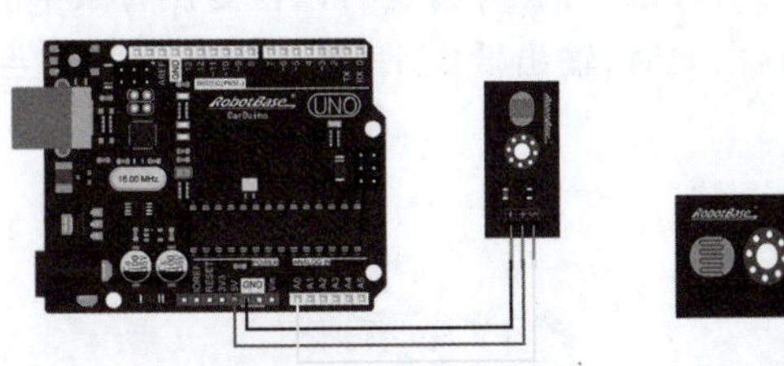

(a) 光敏传感器与Arduino UNO的接线图

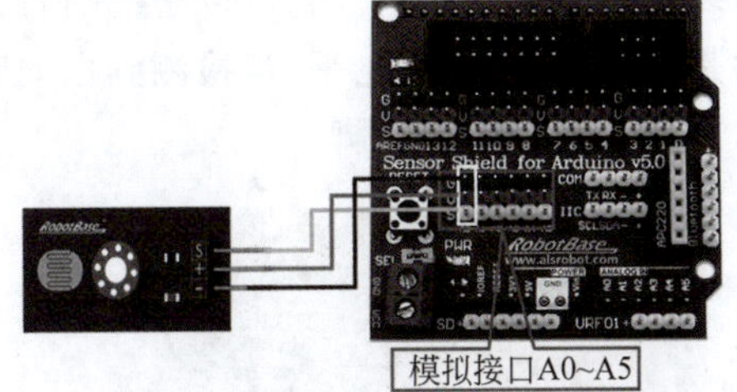

(b) 光敏传感器在传感器扩展板的接插引脚

图 2-11 连接示意图

实例程序代码如下。

```
int sensorPin =A0;                      //定义光敏传感器接口
int value =0;
void setup(){
    Serial.begin(9600);                 //串口波特率为 9600
}
void loop(){
    value =analogRead(A0);              //读取模拟脚 A0 的值
    Serial.print("Light Sensor Value:");
    Serial.println(value);              //串口打印读取的值并换行
    delay(100);                         //延时 100ms
}
```

通过模拟口A0采集光敏传感器的信号，然后通过串口输出到计算机上，可以通过串口调试助手软件或者Arduino自带的串口窗口看到结果。由于Arduino是10位的采样精度，其输出范围值是0～1023，当有光照时，输出值大（即电压高）；当没有光照时，输出值小（即电压低）。程序结果如图2-12所示（由于环境和光照的不同，测试效果也会有差别）。

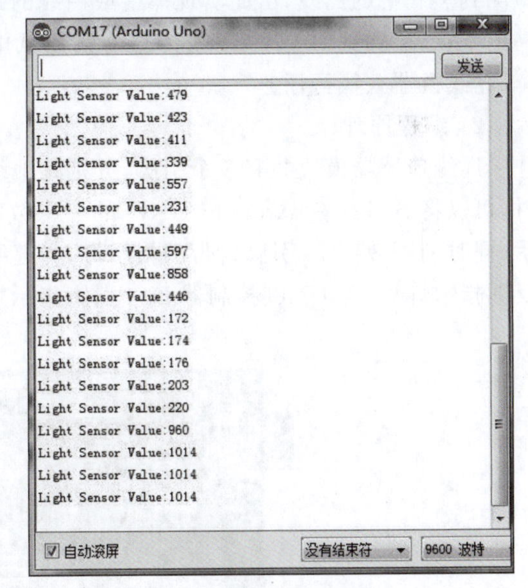

图 2-12 程序结果

3. 触碰传感器

智能小车的触碰传感器如图2-13所示。触碰传感器是使机器人有感知触碰信息能力的传感器。在机器人需要感应的相应位置上安装有若干触碰开关（常开），是一个根据触碰开关是否闭合实现检测触碰功能的电子部件，主要作用是检测外界触碰情况，例如，行进时，用于检测障碍物；走迷宫时，用于检测墙壁等。触碰传感器是一种数字传感器，在触碰到障碍物时，值为1；否则，值为0，接线方法：黑线接GND，红线接5V，第三根线接数字针脚。

4. 红外巡线传感器

智能小车的巡线传感器如图 2-14 所示，巡线传感器以稳定的 TTL 输出信号帮助机器人进行白线或者黑线的跟踪。它可以检测白背景中的黑线，也可以检测黑背景中的白线，当检测到的是黑线时，输出高电平，当检测到白线时，输出低电平，接线方法：黑线接 GND，红线接 5V，第三根线接模拟针脚。

图 2-13　智能小车的触碰传感器

图 2-14　智能小车的巡线传感器

1）工作原理

红外巡线传感器是根据红外发射原理开发的传感器。巡线传感器的发射功率比较小，遇到白色时红外线被反射，遇到黑色时红外线被吸收。它可以检测到白底中的黑线，也可以检测到黑底中的白线，由此实现黑线或白线的跟踪，并且，当检测到黑线时，巡线传感器输出高电平；当检测到白线时，巡线传感器输出低电平。该传感器可以用于光电测试及程控小车、轮式机器人执行任务。

2）编程原理

巡线传感器模块共有 3 个引脚，分别是地线 GND、电源线 VCC 和信号线 S。实际应用时，可以将 S 端接在 Arduino UNO 的一个数字引脚上，如 D2 引脚，接线方法如图 2-15 所示，同时利用数字 13 引脚自带的指示灯，当巡线传感器检测到有反射信号时(白色)时，板载反馈指示灯亮，且 UNO 控制器 D13 引脚指示灯亮；反之(黑色)，两个指示灯均熄灭。

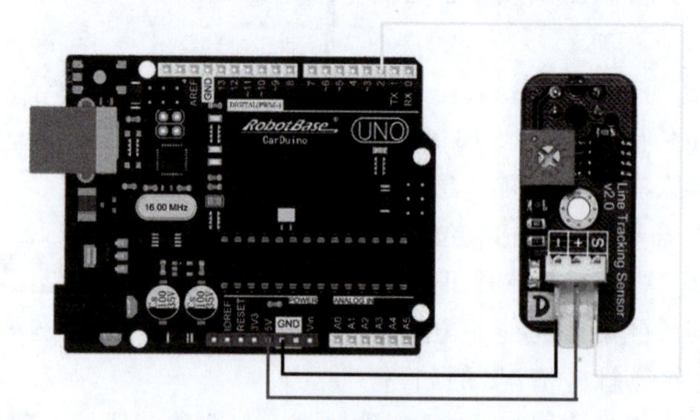

图 2-15　巡线传感器的接线图

实例程序代码如下。

```
int xunxianPin =2;                          //定义巡线传感器接口
int ledPin =13;                             //定义指示灯接口
int buttonState =0;
void setup() {
    pinMode(ledPin, OUTPUT);                //定义指示灯为输出接口
    pinMode(xunxianPin, INPUT);             //定义巡线传感器为输入接口
}
void loop(){
    buttonState =digitalRead(xunxianPin);   //读取巡线传感器的值并赋给 buttonState
    if (buttonState ==LOW)
{
      digitalWrite(ledPin, HIGH);           //当巡线传感器有反射信号时,指示灯亮
    }
    else {
      digitalWrite(ledPin, LOW);
    }
}
```

3）程序效果

在白纸上画一根黑线条(约 1cm 宽)，或用黑色电工胶带粘在白纸上；按图 2-15 接好巡线传感器模块，切勿接错；调节巡线传感器的电位计到适合的距离，将巡线传感器模块的红外探头对准黑线，此时指示灯灭，D13 接口指示灯灭，相应输出端(S)输出 TTL 低电平。同理，巡线传感器模块的红外探头对准白纸，此时指示灯亮，D13 接口指示灯亮，相应输出端(S)输出 TTL 高电平。

5. 超声波传感器

1）工作原理

超声波是指频率高于 20kHz 的机械波，超声波测距的原理是通过测量声波在发射后遇到障碍物反射回来的时间差计算出发射点到障碍物的实际距离。测距公式为

$$L = v(T_2 - T_1)/2$$

式中，L 为测量的距离长度；v 为超声波在空气中的传播速度(在 20℃时为 344m/s)；T_1 为测量距离的起始时间；T_2 为收到回波的时间；速度乘以时间差等于来回的距离，除以 2 可以得到实际的距离。

智能小车超声波传感器是 RB URF02 超声波传感器，如图 2-16(a)所示。超声波传感器主要通过发送超声波，并接收超声波来对某些参数或事项进行检测。发送超声波由发送器部分完成，主要利用振子的振动产生，并向空中辐射超声波；接收超声波由接收器部分完成，主要接收由发送器辐射出的超声波并将其转换为电能输出；除此之外，发送器与接收器的动作都受控制部分控制，如控制发送器发出超声波的脉冲频率、占空比、探测距离等；整体系统的工作也需能量的提供，由电源部分完成。这样，在电源作用下、在控制部分控制下，通过发送器发送超声波与接收器接收超声波便可完成超声波传感器所需完成的功能。引脚图如图 2-16(b)所示，它有两种工作模式：单线模式(只需要一根线接 INPUT)和双线模式(需要一根输入/输出信号线)，大大减少 I/O 口资源。双线模式与原有功能一样，需要一根输入/输出信号线。该超声波传感器侦测距离和精度也有较大提高，可达 1～500cm，在有效探测范围内自动标定，不需要任何人工调整就可以获得障碍物准确的距离。令机器人像蝙蝠

一样通过声呐来感知周围的环境，只需要在单片机 Arduino 微控制器中编写一小段程序，就可以根据障碍物的距离精确控制机器人的电机运行，从而使机器人轻松地避开障碍物，因此该超声波传感器是机器人领域最常用的测距避障模块。在超声波传感器的后背有模式(mode)选择开关，如果选择双线模式时，则需要将其打到 2 模式。

(a) 超声波传感器安装位置

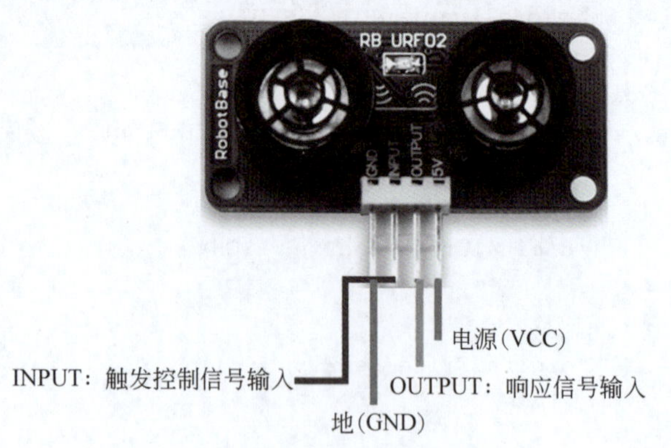

(b) 超声波传感器的引脚

图 2-16　智能小车的超声波传感器

由于超声波探测器具有很强的穿透力，碰到物体会反射并具有多普勒效应，因此超声波探测器在国防、医学、工业等方面有着广泛应用。在医学方面，它主要用于无痛、无害、简便地诊断疾病；在工业方面，它主要用于对金属的无损探伤和超声波测厚。此外，利用超声波的这一特性，还可将其用于对集装箱状态的检测、对液位的监测、实现塑料包装检测的闭环控制等。智能小车能够感应的角度不大于 15°，探测距离是 1～500cm，精度为 0.5cm，接线方法如图 2-17 所示。

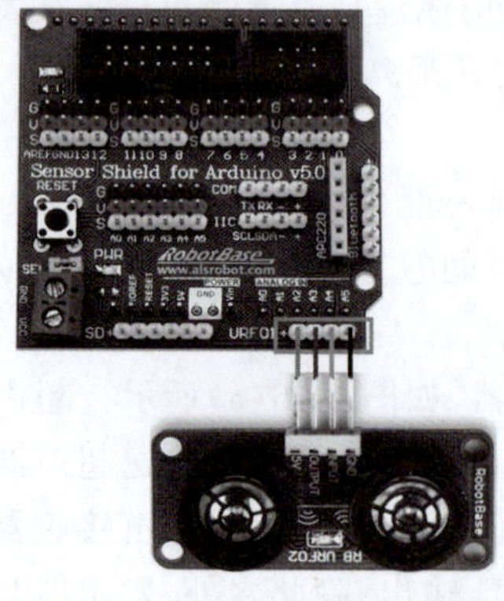

(a) RB URF02超声波传感器与传感器扩展板接线图

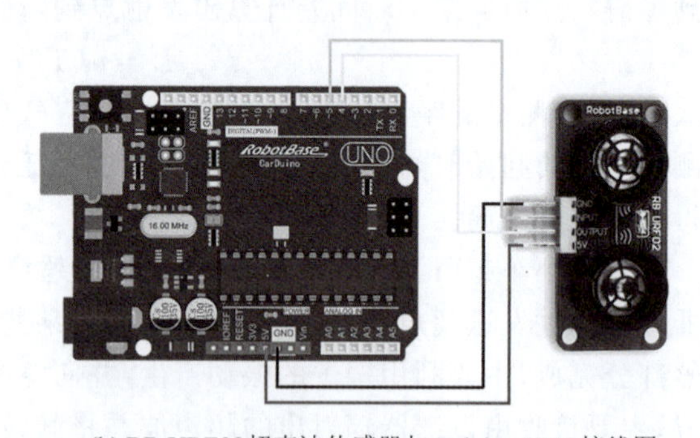

(b) RB URF02超声波传感器与Arduino UNO接线图

图 2-17　RB URF02 超声波传感器的接线方法

2）规格参数

RB URF02 超声波传感器的两种模式中，如果单线模式只需要一根信号线，则规格参数如下。

工作电压 ：5V。

工作电流：<20mA。

工作频率：40kHz。

工作温度范围：−10～70℃。

探测有效距离：1～500cm。

探测分辨率：0.5cm。

探测误差：±0.5%。

灵敏度：大于 1.8m 可以探测到直径 2cm 的物体。

接口类型：TTL(单线模式和双线模式可切换)。

方向性侦测范围：定向式(水平/垂直)65°圆锥。

尺寸大小：46.7mm×25.7mm×19mm。

固定孔尺寸：8.6mm×41.2mm @ M2.9。

质量大小：7g。

3) 接口定义

超声波传感器的引脚定义如下。

OUTPUT：响应信号输入。

INPUT：触发控制信号输入。

+：电源电压(VCC)。

−：地线(GND)。

4) 编程原理

使用 RB URF02 超声波传感器双线模式时，首先拉低触发控制信号输入(input)端口，然后至少给 10μs 的高电平信号来触发模块，在触发后，模块会自动发射 8 个 40kHz 的方波，并自动检测是否有信号返回；如果有信号返回，则通过响应信号输出(output)一个高电平，高电平持续的时间便是超声波从发射到接收的时间。该模块工作时序图如图 2-18 所示，所以测试距离的计算公式为

$$测试距离 = 高电平持续时间 \times 340\text{m/s} \times 0.5$$

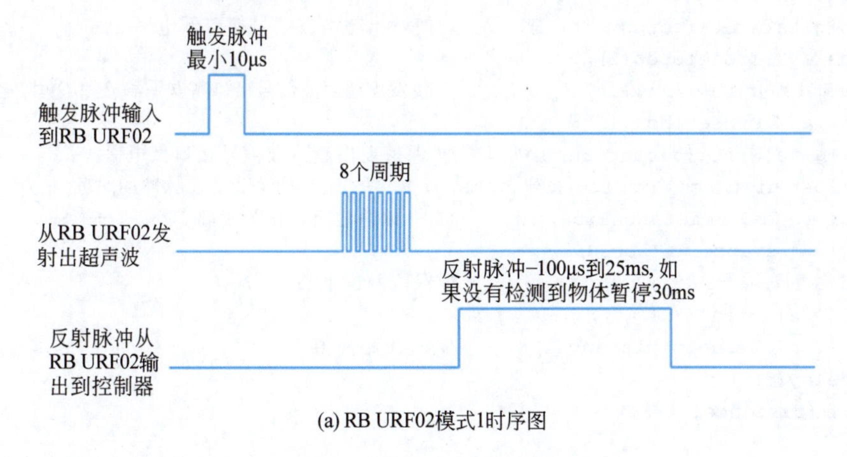

(a) RB URF02模式1时序图

图 2-18　RB URF02 超声波传感器时序图

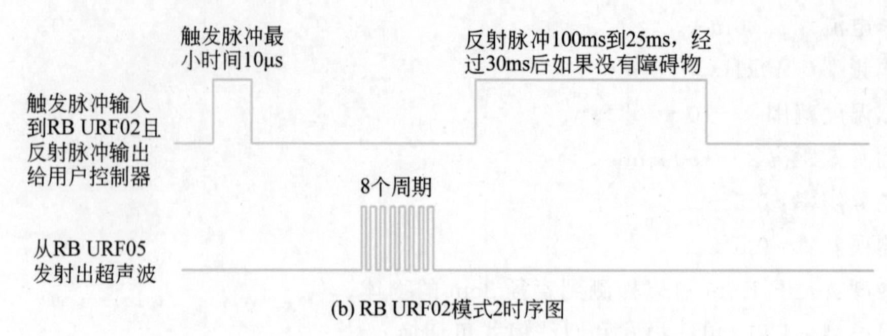

(b) RB URF02模式2时序图

图 2-18 （续）

使用 RB URF02 超声波传感器单线模式时，原理同双线模式，只是通过一个触发控制信号输入端口进行超声波控制器的信号收发。

5）使用方法

INPUT、OUTPUT 端口如图 2-17(b)所示接到控制器的 I/O 接口，数字接口 4 接超声波的 OUTPUT，数字接口 5 接超声波的 INPUT，5V 和 GND 分别接到电源的 5V 和 GND。注意：在使用双线模式时模式选择开关拨到数字 2 侧。

双线模式的实例程序如下。

```
int inputPin =4;                    // 接超声波的 OUTPUT 引脚到数字 D4 脚
int outputPin =5;                   // 接超声波的 INPUT 引脚到数字 D5 脚
int ledpin =13;                     // 定义 ledPin 引脚为 D13 脚
void setup()
{   //初始化串口及引脚的输入、输出模式
    Serial.begin(9600);
    pinMode(ledpin,OUTPUT);
    pinMode(inputPin, INPUT);
    pinMode(outputPin, OUTPUT);
}
void loop()
{
    unsigned int x1,x2;
    digitalWrite(outputPin, LOW);  //使发出超声波信号接口低电平 2μs
    delayMicroseconds(2);
    digitalWrite(outputPin, HIGH);    //使发出超声波信号接口高电平 10μs ,这里是至少 10μs
    delayMicroseconds(10);
    digitalWrite(outputPin, LOW);  // 保持发出超声波信号接口低电平
    float distance1 =pulseIn(inputPin, HIGH);  // 读出接收脉冲的时间
    distance1 =distance1/58;           // 将脉冲时间转化为距离(单位: cm)
    x1 =distance1 * 100.0;
    distance1 =x1 / 100.0;             //保留两位小数
    Serial.print("x1 =");
    Serial.println(distance1);        // 输出距离值
    delay(150);
    if (distance1 >=50)
    {
        digitalWrite(ledpin,HIGH); //如果距离大于 50cm,则指示灯亮起
    }
```

```
    else
        digitalWrite(ledpin,LOW);          //如果距离小于 50cm,则指示灯熄灭
}
```

程序运行结果如图 2-19 所示，打开串口助手可以观察到输出的距离值，如果距离小于 50cm，则数字口 13 的指示灯熄灭；如果距离大于 50cm，则数字口 13 的指示灯亮起，同时串口打印出距离数据。

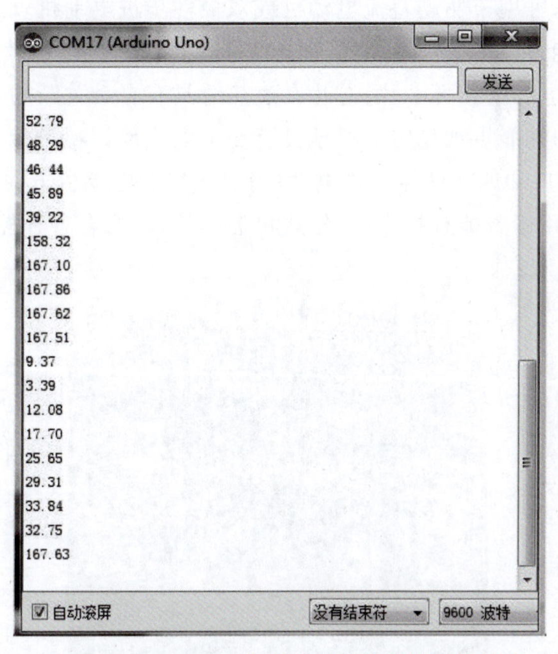

图 2-19　RB URF02 超声波传感器程序运行结果

2.3.4　智能车的驱动器和执行器

智能抽水马桶、全自动洗衣机、自动售卖饮料机等，都是没有移动能力的机器人。但是想想看，会跑的机器人也许能更好地帮助人类。因此，人们制造了一大类可以自由运动的机器人，它们称为移动机器人，而帮助它们移动的机械和电子设备称为驱动器，同样，机器人的驱动器也是五花八门。大多数机器人就像日常生活中常见的各种车辆一样，是用轮子或者履带运动的；也有机器人应用仿生学原理，像人或动物一样用两足、四足或六足的方式运动；还有的机器人可以用螺旋桨产生的推力翱翔在天空，可以像蛟龙一样自由地潜入水下。

机器人的结构中用来实际完成特定任务的装置称为执行器，例如，自动售货机中，把货物取出交给顾客的装置就是执行器。还有一些机器人的执行器更加复杂，看起来更像是人类的手臂。现代工厂中的焊接机器人、喷漆机器人、码垛机器人就都有一只灵活、强壮的手。也许在工厂中做某些技术活儿时，机器人还是不如有经验的人类师傅，但是在做那些高强度、重复性的劳动时，机器人就会全面胜出，它们可以不知疲倦地工作，又快又好地完成任务。现在最先进的机器人已经可以进行复杂的外科手术了。

智能车上的执行器主要是行走的轮子，而驱动轮子的主要是电动机。本章的智能车电动机采用的是直流减速电动机，该电动机是如何转动的呢？举个例子，你手里拿着一节电

池，用导线将电动机和电池两端对接，电动机就转动了；如果你把电池极性反过来，那电动机也反着转了。如果需要电动机既能正转又能反转，难道每次都要把电动机的连线反过来接吗？当然不是，可以通过双 H 桥直流电动机驱动板来实现换向。

本章设计的智能车直流减速电动机采用 LKV－HM3.0 双 H 桥直流电动机驱动板驱动，如图 2-20 所示，它是意法半导体(STMicroelec Tronics，ST)公司的 L298N 典型双 H 桥直流电动机驱动芯片，可用于驱动直流电动机或双极性步进电动机。此驱动板体积小，质量轻，具有强大的驱动能力：2A 的峰值电流和 46V 的峰值电压；外加续流二极管可防止电动机线圈在断电时的反电动势损坏芯片；芯片在过热时具有自动关断的功能，且安装散热片使芯片温度降低，让驱动性能更加稳定。板子设有 2 个电流反馈检测接口、4 个上拉电阻选择端、2 路直流电动机接口和四线两相步进电动机接口、控制电动机方向指示灯、4 个标准固定安装孔。此驱动板适用于智能程控小车、轮式机器人等，可配合各种控制器使用。

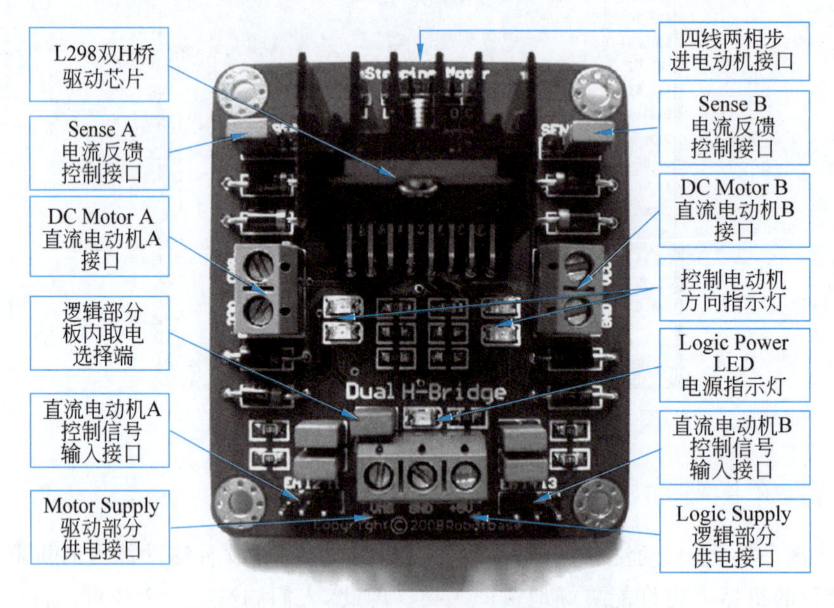

图 2-20 双 H 桥直流电动机驱动板的功能图解

图 2-20 中的左右端子分别为左右两边直流减速电动机接线座，注意电动机接线顺序对应，方向保持一致，4 个电动机方向指示灯方便程序调试。VMS 端为驱动供电输入＋端，输入电压范围：5～46V。当输入电压范围在 5～7V 或者 18～46V 时，需要同时给逻辑部分供电，取下板内取电端跳线帽，＋5V 接线端输入 5V。当输入电压范围在 7～18V 时，逻辑部分可以板内取电，板内取电端需插上跳线帽，GND 为电源地线。4 个上拉电阻选择端，专为 I/O 口驱动能力差的单片机而设计，让驱动板适用性更强。正常使用时可以不必取下跳线帽。如果单片机 I/O 口驱动能力强，如 AVR 单片机，则可以取下跳线帽，节约供电。

图 2-21 所示为电动机控制信号输入接口图，其中 EA，I1，I2 与 EB，I3，I4 为控制信号输入接口，EA 与 EB 分别是左右两路电动机控制接口使能端，高电平有效，可用于 PWM 调速。表 2-1 为电动机控制接口使用真值表，输入信号不同，对应电机状态不同。

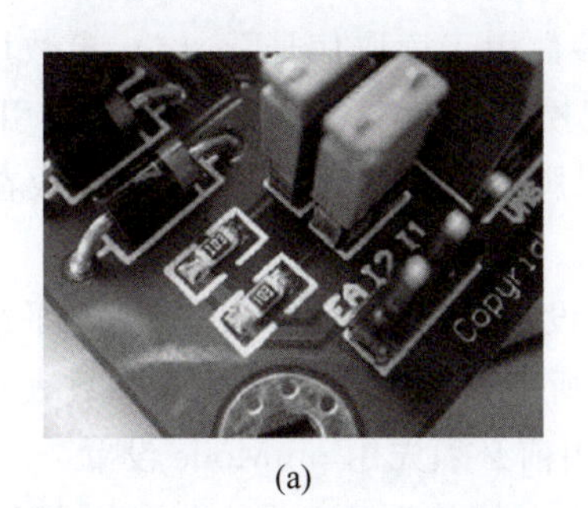

(a)

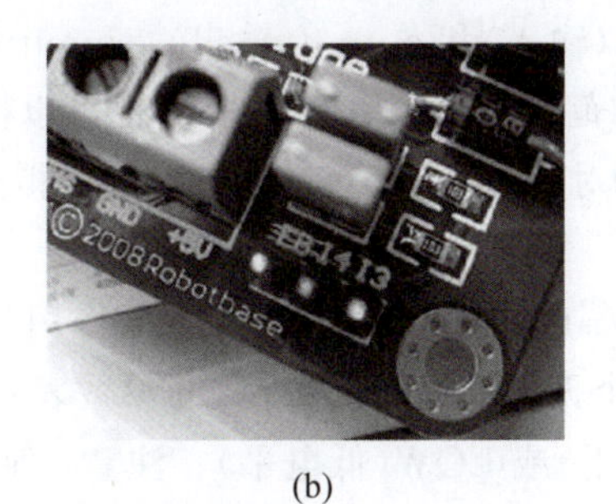

(b)

图 2-21 电动机控制信号输入接口

表 2-1 电动机控制接口使用真值表

EA	EB	I1	I2	I3	I4	A 电动机(图 2-21a)	B 电动机(图 2-21b)	状　态
0	0	×	×	×	×	停止	停止	停止
>0	>0	0	1	1	0	顺时针转	逆时针转	直走
>0	>0	1	0	0	1	逆时针转	顺时针转	后退
>0	>0	0	1	0	1	顺时针转	顺时针转	右转
>0	>0	1	0	1	0	逆时针转	逆时针转	左转

注：EA、I1、I2 连接 A 电动机，EA、EB 为 PWM 调速接口，设置高电平为全速。

2.4 智能车的软件编程

对喜好机器人与机器人技术的人而言，除了希望了解机器人的定义及其构成之外，更有兴趣的是参与机器人的设计与创新。给机器人输入符合逻辑的控制程序，相当于给它的大脑设置了指令系统。

2.4.1 Arduino 软件编程

Arduino 是源自意大利的一个开放源代码的硬件项目平台，该平台包括一块具备简单 I/O 功能的电路板以及一套程序开发环境软件。Arduino 可以用来开发交互产品，例如，它可以读取大量的开关和传感器信号，并且可以控制电灯、电机和其他各式各样的物理设备；Arduino 也可以开发出与计算机相连的周边装置，能在运行时与计算机上的软件进行通信。Arduino 平台的基础就是 AVR 指令集的单片机，AVR 单片机开发有 ICCAVR、CVAVR 等，这些语言都比较专业，需要通过对寄存器进行读写操作，晦涩难懂。Arduino 简化了单片机工作的流程，对 AVR 库进行了二次编译封装，把端口都打包好了，寄存器、地址指针之类的基本不用管，大幅度降低了软件开发难度，适宜非专业爱好者，特别适合学生和一些业余爱好者们使用。本节后续内容均在 Arduino UNO 板上编程。Arduino 常用的函数有如下几部分。

1. 数字 I/O 口的操作函数

pinMode(pin，mode)，pinMode 函数用以配置引脚的输出或输入模式，它是一个无返回值函数。函数有两个参数，pin 和 mode。pin 参数表示要配置的引脚，mode 参数表示设置的参数 input(输入)和 output(输出)。input 参数用于读取信号,output 参数用于输出控制信号。pin 的范围是数字引脚 0～13,也可以把模拟引脚(A0～A5)作为数字引脚使用,此时编号为 14 脚对应模拟引脚 0,19 脚对应模拟引脚 5。pinMode 函数一般会放在 setup 里,先设置再使用。

digitalWrite(pin,value),该函数的作用是设置引脚的输出电压为高电平或低电平。该函数也是一个无返回值的函数。pin 参数表示所要设置的引脚,value 参数表示输出的电压 HIGH(高电平)或 LOW(低电平)。注意:使用前必须先用 pinMode 设置。

digitalRead(pin),该函数在引脚设置为输入的情况下,可以获取引脚的电压情况是 HIGH(高电平)或者 LOW(低电平)。

例程如下。

```
int button=9;                    //设置第 9 脚为按钮输入引脚
int LED=13;                      //设置第 13 脚为 LED 输出引脚,事先连在板上的指示灯
void setup()
{   pinMode(button,INPUT);       //设置为输入
    pinMode(LED,OUTPUT);         //设置为输出
}
void loop()
{   if(digitalRead(button)==LOW)     //如果读取高电平
        digitalWrite(LED,HIGH);      //第 13 脚输出高电平
    else
        digitalWrite(LED,LOW);       //否则输出低电平
}
```

2. 模拟 I/O 接口的操作函数

analogReference(type),该函数用于配置模拟引脚的参考电压。有 3 种类型:DEFAULT 为默认值,参考电压是 5V;INTERNAL 表示低电压模式,使用片内基准电压源 2.56V;EXTERNAL 表示扩展模式,通过 AREF 引脚获取参考电压。注意:若不使用本函数的话,则默认参考电压是 5V。使用 AREF 接参考电压,需要接 1 个 5kΩ 的上拉电阻。

analogRead(pin),用于读取引脚的模拟量电压值,每读取一次需要花 100μs 的时间。参数 pin 表示所要获取模拟量电压值的引脚,返回为 int 型,精度 10 位,返回值为 0～1023。注意:函数参数的 pin 范围是 0～5,对应板上的模拟口是 A0～A5。

analogWrite(pin,value),该函数是通过 PWM 的方式在引脚上输出一个模拟量。主要用于 LED 亮度控制、电机转速控制等方面。Arduino 中的 PWM 的频率大约为 490Hz。UNO 板上支持以下数字引脚(不是模拟输入引脚)作为 PWM 模拟输出:3,5,6,9,10,11。板上带 PWM 输出的都有～号。注意:PWM 输出位数为 8 位,为 0～255。

例程如下。

```
int sensor=A0;                    //A0 引脚读取电位器
int LED=11;                       //第 11 引脚输出 LED
void setup()
{ Serial.begin(9600);
}
void loop()
{   int v;
    v=analogRead(sensor);
    Serial.println(v,DEC);        //可以观察读取的模拟量
```

```
analogWrite(LED,v/4);    //读取的值范围是0～1023,结果除以4才能得到0～255的区间值
  }
```

3. 高级 I/O

Pulseln(pin,state,timeout),该函数用于读取引脚脉冲的时间长度,脉冲可以是 HIGH 或者 LOW,如果脉冲是 HIGH,则函数将先等引脚变为高电平,然后开始计时,直到变为低电平,返回脉冲持续的时间长度,单位为 ms;如果超时没有读到脉冲的话,则返回 0。

例程：做一个按键脉冲计时器,测一下按键的时间,测测谁的反应快,看谁能按出最短的时间。按键接第 3 脚。

```
int button=3;
int count;
void setup()
{pinMode(button,INPUT);
}
void loop()
{ count=pulseIn(button,HIGH);
  if(count!=0)
  { Serial.println(count,DEC);
    count=0;
    }
}
```

4. 时间函数

delay(ms),延时函数,参数是延时的时长,单位是毫秒(ms)。

例程——跑马灯,具体如下。

```
void setup()
{
    pinMode(6,OUTPUT);                    //定义为输出
    pinMode(7,OUTPUT);
    pinMode(8,OUTPUT);
    pinMode(9,OUTPUT);
}
void loop()
{ int i;
for(i=6;i<=9;i++)                         //依次循环四盏灯
    {digitalWrite(i,HIGH);                //点亮指示灯
      delay(1000);                        //持续 1s
      digitalWrite(i,LOW);                //熄灭指示灯
      delay(1000);                        //持续 1s
    }
}
```

delayMicroseconds(μs)。延时函数,参数是延时的时长,单位是微秒(μs),该函数可以产生更短的延时。

millis(),应用该函数,可以获取单片机通电到现在运行的时间长度,单位是毫秒(ms)。系统最长的记录时间为 9h22min,超出则从 0 开始,返回值是 unsigned long 型。该函数适合作为定时器使用,不影响单片机的其他工作(使用 delay 函数期间无法做其他工作)。

micros(),该函数返回开机到现在运行的微秒值。返回值是 unsigned long,70min 溢出。

5. 中断函数

单片机中的中断的相关概念如下。

中断——由于某一随机事件的发生，计算机暂停原程序的运行，转去执行另一程序(随机事件)，处理完毕后又自动返回原程序继续运行。

中断源——引起中断的原因，或能发生中断申请的来源。

主程序——计算机现行运行的程序。

中断服务子程序——处理突发事件的程序。

attachInterrupt(interrput，function，mode)，该函数用于设置外部中断，函数有 3 个参数，分别表示中断源、中断处理函数和触发模式。

中断源可选 0 或者 1，对应 2 号或者 3 号数字引脚。中断处理函数是一段子程序，当中断发生时执行该子程序部分。触发模式有 4 种类型：LOW(低电平触发)、CHANGE(变化时触发)、RISING(低电平变为高电平触发)、FALLING(高电平变为低电平触发)。

例程：数字 D2 接口接按键开关，D4 接口接 LED1(红色)，D5 接口接 LED2(绿色)，LED3 每秒闪烁一次，使用中断 0 来控制 LED1，中断 1 来控制 LED2。按下按键，马上响应中断，由于中断响应速度快，LED3 不受影响，继续闪烁，比查询的效率要高。

尝试 4 个参数，例程 1 试验 LOW 和 CHANGE 参数，例程 2 试验 RISING 和 FALLING 参数。

```
volatile int state1=LOW, state2=LOW;
int LED1=4;
int LED2=5;
int LED3=13;                                           //使用板载的 LED 灯
void setup()
{ pinMode(LED1,OUTPUT);
  pinMode(LED2,OUTPUT);
  pinMode(LED3,OUTPUT);
  attachInterrupt(0,LED1_Change,LOW);                  //低电平触发
  attachInterrupt(1,LED2_Change,CHANGE);               //任意电平变化触发
}
void loop()
{ digitalWrite(LED3,HIGH);
  delay(500);
  digitalWrite(LED3,LOW);
  delay(500);
}
void LED1_Change()
{ state1=!state1;
  digitalWrite(LED1,state1);
  delay(100);
}
void LED2_Change()
{ state2=!state2;
  digitalWrite(LED2,state2);
  delay(100);
}
volatile int state1=LOW,state2=LOW;
int LED1=4;
int LED2=5;
```

```
int LED3=13;
void setup()
{ pinMode(LED1,OUTPUT);
  pinMode(LED2,OUTPUT);
  pinMode(LED3,OUTPUT);
  attachInterrupt(0,LED1_Change,RISING);            //电平上升沿触发
  attachInterrupt(1,LED2_Change,FALLING);           //电平下降沿触发
}
void loop()
{ digitalWrite(LED3,HIGH);
  delay(500);
  digitalWrite(LED3,LOW);
  delay(500);
}
void LED1_Change()
{ state1=!state1;
  digitalWrite(LED1,state1);
  delay(100);
}
void LED2_Change()
{ state2=!state2;
  digitalWrite(LED2,state2);
delay(100);
}
```

detachInterrupt(interrput),该函数用于取消中断,参数 interrupt 表示所要取消的中断源。

6. 串口通信函数

串行接口(serial interface)是指数据一位位按顺序传送,其特点是通信线路简单,只要一对传输线就可以实现双向通信。串口的出现是在 1980 年前后,数据传输率是 115～230Kb/s。串口出现的初期是为了实现连接计算机外设,初期串口一般用来连接鼠标和外置 Modem,以及老式摄像头和写字板等设备。由于串口(COM 口)不支持热插拔及传输速率较低,目前部分新主板和大部分便携计算机已开始取消该接口,目前串口多用于工控和测量设备及部分通信设备中,例如,各种传感器采集装置,GPS 信号采集装置,多个单片机通信系统,门禁刷卡系统的数据传输,机械手控制、操纵面板控制电机等,广泛应用于低速数据传输的工程。

Arduino 软件中的串口函数常用的有下面几种。

1) Serial.begin()

该函数用于设置串口的波特率。一般的波特率有 9600b/s、19 200b/s、57 600b/s、115 200b/s 等。波特率是指每秒传输的比特数,除以 8 可以得到每秒传输的字节数。示范:Serial.begin(57600)。

2) Serial.available()

该函数用来判断串口是否收到数据,函数的返回值为 int 型,不带参数。

3) Serial.read()

将串口数据读入。该函数不带参数,函数的返回值为串口数据,int 型。

4) Serial.print()

该函数往串口发数据,可以发变量,也可以发字符串。

例句 1:Serial.print("today is good")。

例句 2：Serial.print(x,DEC)：以 10 进制发送 x。

例句 3：Serial.print(x,HEX)：以 16 进制发送变量 x。

5) Serial.println()

该函数与 Serial.print()类似，只是多了换行功能。

7. 数学库

Arduino 软件中的常用数学运算函数如下。

min(x,y)：求两者较小值。

max(x,y)：求两者较大值。

abs(x)：求绝对值。

sin(rad)：求正弦值。

cos(rad)：求余弦值。

tan(rad)：求正切值。

random(small,big)：求两者之间的随机数。

2.4.2 Arduino 软件编程实例

1. 按键开关的例程

按键开关模块和数字 13 接口自带的 LED 搭建简单电路，制作按键提示灯。利用数字 13 接口自带的 LED，将按键开关接入数字 3 接口，若按键开关感应到有按键信号，则 LED 亮；反之，则 LED 灭。例程如下。

```
int Led=13;                          //定义 LED 接口
int buttonpin=3;                     //定义按键开关接口
int val;                             //定义数字变量 val
void setup()
{
    pinMode(Led,OUTPUT);             //定义 LED 为输出接口
    pinMode(buttonpin,INPUT);        //定义按键开关为输入接口
}
void loop()
{
    val=digitalRead(buttonpin);      //将数字接口 3 的值读取并赋给 val
    if(val==HIGH)                    //当按键开关传感器检测到有信号时,LED 闪烁
        {
            digitalWrite(Led,HIGH)
        }
    else
      {
          digitalWrite(Led,LOW)
      }
}
```

2. 光敏传感器的例程

光敏传感器实质是一个光敏电阻，根据光的照射强度不同而改变其自身的阻值。编程原理是将光敏电阻的 S 端接在一个模拟输入接口，光强的变化会改变阻值，从而改变 S 端的输出电压，将 S 端的电压读出，使用串口输出到计算机显示结果。因为 AVR 是 10 位的采样精度，输出值为 0～1023，当光照强烈的时候，则输出值减小；当光照减弱的时候，则输出值增加；当完全遮挡光线，则输出值最大。

例程如下。

```
int sensorPin =2;
int value =0;
void setup()
{
    Serial.begin(9600); //串口波特率为 9600b/s
}
void loop()
{
    value =analogRead(sensorPin); //读取模拟 2 端口
    Serial.println(value, DEC); //十进制数显示结果并且换行
    delay(50);//延时 50ms
}
```

3. 魔术光杯(一对)的例程

水银开关多加了一个独立的 LED,两个 LED 可以组成魔术光杯。原理是将魔术光杯的其中一个模块 S 脚接数字引脚 7,LED 控制接数字引脚 5(PWM 功能);另一个模块 S 脚接数字引脚 4,LED 控制接数字引脚 6。

现象:当一个水银开关倾倒时,一个灯会越来越暗,另一个灯会越来越亮,像心电感应一样。程序如下。

```
int LedPinA =5;
int LedPinB =6;
int ButtonPinA =7;
int ButtonPinB =4;
int buttonStateA =0;
int buttonStateB =0;
int brightness =0;
void setup()
{
    pinMode(LedPinA, OUTPUT);
    pinMode(LedPinB, OUTPUT);
    pinMode(ButtonPinA, INPUT);
    pinMode(ButtonPinB, INPUT);
}
void loop()
{
      buttonStateA =digitalRead(ButtonPinA);          //读取 A 模块
      if (buttonStateA ==HIGH && brightness !=255)
        {   //当 A 模块检测到信号,且亮度不是最大时,亮度值增加
            brightness ++;
        }
        buttonStateB =digitalRead(ButtonPinB);
    if (buttonStateB ==HIGH && brightness !=0)
    {  //当 B 模块检测到信号,且亮度不是最小时,亮度值减小
      brightness --;
    }
        analogWrite(LedPinA, brightness);             // A 渐暗
        analogWrite(LedPinB, 255 -brightness);        // B 渐亮
        delay(25);
}//两者相加的和为 255,亮度是此消彼长的关系
```

4. 双色共阴 LED 模块的例程

发光颜色:绿色+红色(左边头大一点的)、黄色+红色(右边头小一点的),该功能广泛

应用于电子词典、PDA、MP3、耳机、数码相机、VCD、DVD、汽车音响、通信、计算机、充电器、功放、仪器仪表、礼品、电子玩具及移动电话等诸多领域。

编程原理是通过模拟端口控制 LED 的亮度，0～255 表示从 0～5V。将 2 种颜色的灯混合，让其值总和为 255，则可以看到从红色过渡到绿色的现象，中间颜色是混合成的黄色。程序如下。

```
int redpin =11;                      // 选择红灯引脚
int greenpin =10;                    // 选择绿灯引脚
int val;
void setup( )
{   pinMode(redpin, OUTPUT);
    pinMode(greenpin, OUTPUT);
}
void loop()
{
for(val=255; val>0; val--)
    {   analogWrite(redpin, val);
        analogWrite(greenpin, 255-val);
        delay(15);
    }
for(val=0; val<255; val++)
    {   analogWrite(redpin, val);
        analogWrite(greenpin, 255-val);
        delay(15);
    }
}
```

2.4.3 智能车 Arduino 软件综合编程实例——超声波避障小车

由舵机带动超声波传感器转动，分别检测前方、左边和右边 3 个方向是否有障碍物。若前方障碍物大于 25cm，则前进；若前方有障碍物，则转动；在检测左右的障碍物时，哪边的空间大，则往哪边转动。示范例程如下。

```
#include <Servo.h>                   //包含舵机的库函数
int IN4=8;                           // 定义数字第 8 脚接右边的 MOTOR 方向控制位 IN4
int IN3=9;                           //定义数字第 9 脚接右边的 MOTOR 方向控制位 IN3
int IN2=10;                          // 定义数字第 10 脚接左边的 MOTOR 方向控制位 IN2
int IN1=11;                          // 定义数字第 11 脚接左边的 MOTOR 方向控制位 IN1
int MotorA=5;                        // PWMA 引脚定义为数字 5 脚
int MotorB=6;                        // PWMB 引脚定义为数字 6 脚
int Lspeed=100;                      //此处可以改速度,尽量让车子走直线
int Rspeed=100;                      //此处可以改速度,尽量让车子走直线
int inputPin =13;                    // 定义超声波信号 ECHO 接收脚
int outputPin =12;                   // 定义超声波信号发射 TRIG 脚
float Fdistance =0;                  // 前方障碍物的距离
float Rdistance =0;                  // 右边障碍物的距离
float Ldistance =0;                  // 左边障碍物的距离
int directionn =0;                   // 前=8,后=2,左=4,右=6
Servo myservo;                       // 创建 Servo 的对象
int delay_time =250;                 // 舵机转向后稳定的时间
int Fgo =8;                          // 定义前进的数值
int Rgo =6;                          // 定义右转的数值
```

```
int Lgo =4;                                    // 定义左转的数值
int Bgo =2;                                    // 定义倒车的数值
void setup()
{
    Serial.begin(9600);                        // 定义串口输出的波特率
    pinMode(IN4,OUTPUT);                       // 定义为输出,下同
    pinMode(IN3,OUTPUT);
    pinMode(IN2,OUTPUT);
    pinMode(IN1,OUTPUT);
    pinMode(MotorA,OUTPUT);
    pinMode(MotorB,OUTPUT);
    pinMode(inputPin, INPUT);                  // 定义超声波输入引脚
    pinMode(outputPin, OUTPUT);                // 定义超声波输出引脚
    myservo.attach(4);                         // 定义舵机输出为第 4 脚(PPM 信号)
}
```

前进的代码如下。

```
void advance(int a)                            // 前进
    {
        digitalWrite(IN2,LOW);
        digitalWrite(IN1,HIGH);
        analogWrite(MotorB,Rspeed+30);
        digitalWrite(IN4,LOW);
        digitalWrite(IN3,HIGH);
        analogWrite(MotorA,Lspeed+30);
        delay(a * 100);                        //前进的时间可以通过和参数相乘得出
    }
```

右转(单轮模式)的代码如下。

```
void right(int b)                              //右转(单轮模式)
    {
        digitalWrite(IN2,HIGH);                //右轮向后面转
        digitalWrite(IN1,LOW);
          analogWrite(MotorB,Rspeed);
        digitalWrite(IN4,HIGH);                //左轮不动
        digitalWrite(IN3,HIGH);
        analogWrite(MotorA,Lspeed);
        delay(b * 100);                        //前进的时间可以通过和参数相乘得出
    }
```

左转(单轮模式)的代码如下。

```
void left(int c)                               //左转单轮模式
    {
       digitalWrite(IN2,HIGH);                 //右边的电机停转
       digitalWrite(IN1,HIGH);
       analogWrite(MotorB,Rspeed);
       digitalWrite(IN4,HIGH);                 //左边的电机后退
       digitalWrite(IN3,LOW);
       analogWrite(MotorA,Lspeed);
       delay(c * 100);
    }
```

右转(双轮模式)的代码如下。

```
void turnR(int d)                              //右转(双轮模式)
    {
```

```
        digitalWrite(IN2,HIGH);              //右轮后退
        digitalWrite(IN1,LOW);
        analogWrite(MotorB,Rspeed);
        digitalWrite(IN4,LOW);
        digitalWrite(IN3,HIGH);              //左轮前进
        analogWrite(MotorA,Lspeed);
        delay(d * 100);
    }
```

左转(双轮模式)的代码如下。

```
void turnL(int e)                            //左转(双轮模式)
    {
        digitalWrite(IN2,LOW);
        digitalWrite(IN1,HIGH);              //使右轮前进
        analogWrite(MotorB,Rspeed);
        digitalWrite(IN4,HIGH);              //使左轮后退
        digitalWrite(IN3,LOW);
        analogWrite(MotorA,Lspeed);
        delay(e * 100);
    }
```

停止的代码如下。

```
void stopp(int f)                             //停止
    {
        digitalWrite(IN2,HIGH);
        digitalWrite(IN1,HIGH);
        analogWrite(MotorB,Rspeed);
        digitalWrite(IN4,HIGH);
        digitalWrite(IN3,HIGH);
        analogWrite(MotorA,Lspeed);
        delay(f * 100);
    }
```

后退的代码如下。

```
void back(int g)                                  //后退
    {
        digitalWrite(IN2,HIGH);                   //右轮后退
        digitalWrite(IN1,LOW);
        analogWrite(MotorB,Rspeed+30);
        digitalWrite(IN4,HIGH);                   //左轮后退
        digitalWrite(IN3,LOW);
        analogWrite(MotorA,Lspeed+30);
        delay(g * 100);
    }
void detection()                                  //测量3个角度(5,90,177)
    {   delay_time =250;                          // 舵机转向后的稳定时间
    ask_pin_F();                                  // 读取前方的距离

    if(Fdistance <10)                             // 假如前方距离小于10cm
    {   stopp(1);                                 // 停止 0.1s
        back(2);                                  // 后退 0.2s
    }
    if(Fdistance <25)                             // 假如前方距离小于25cm
    {   stopp(1);                                 // 停止 0.1s
        ask_pin_L();                              // 读取左边的距离
```

```
        delay(delay_time);                          // 等待舵机稳定
        ask_pin_R();                                // 读取右边的距离
        delay(delay_time);                          // 等待舵机稳定

        if(Ldistance >Rdistance)                    //假如左边的距离大于右边的距离
           {  directionn =Lgo;                      //向左边转
           }

        if(Ldistance <=Rdistance)                   //假如右边距离大于或等于左边的距离
           {    directionn =Rgo;                    //向右边走
           }

        if (Ldistance <10 && Rdistance <10)         //假如左边距离和右边距离都小于 10cm
           {    directionn =Bgo;                    //向后退
           }
        }
        else                                        //假如前方大于 25cm
        {    directionn =Fgo;                       //向前走
        }

    }
```

超声波向前方探测的代码如下。

```
void ask_pin_F()                                    // 量出前方距离
    {
        myservo.write(90);                          //舵机指向中间
        delay(delay_time);                          //舵机稳定时间
        Fdistance =Sonar();                         // 读取距离值
        Serial.print("F distance:");                //用串口输出距离值
        Serial.println(Fdistance);                  //显示距离
    }
```

超声波向左探测的代码如下。

```
void ask_pin_L()                                    // 量出左边的距离
    {
        myservo.write(177);                         //舵机转向 177°,左边
        delay(delay_time);
        Ldistance =Sonar();                         // 读出距离值
        Serial.print("L distance:");                //输出距离
        Serial.println(Ldistance);

    }
```

超声波向右探测的代码如下。

```
void ask_pin_R()                                    // 量出右边距离
    {
        myservo.write(5);                           //舵机转向右边 5°
        delay(delay_time);
        Rdistance =Sonar();                         // 读出相差时间
        Serial.print("R distance:");                //输出距离
        Serial.println(Rdistance);
    }
```

超声波探测函数的代码如下。

```
float Sonar()
{ float m;
      digitalWrite(outputPin, LOW);   //让超声波 TRIG引脚维持低电平 2μs
      delayMicroseconds(2);
      digitalWrite(outputPin, HIGH);  //让超声波 TRIG引脚维持 10μs 的高电平
      delayMicroseconds(10);
      digitalWrite(outputPin, LOW);   //保持超声波低电平
      m=pulseIn(inputPin, HIGH);      //读取时间差
      m=m/58;                         //将时间转为距离值(单位: cm)
      return m;                       //返回距离值
}
void loop()
{
    myservo.write(90);                //每次主函数循环,先让舵机回中
    detection();                      //测量 3 个角度的距离值,判断往哪个方向走

  if(directionn ==Bgo)                //假如方向为 2,则倒车
  {
     back(8);                         //倒车
     turnL(1);                        //微向左转,防止卡死
     Serial.print(" Reverse ");       //显示后退
  }
  if(directionn ==Rgo)                //假如方向为 6,右转
  {
     back(2);
     turnR(4);                        //右转,调整该时间可以获得不同的转弯效果
     Serial.print(" Right ");         //显示左转
  }
  if(directionn ==Lgo)                //假如方向为 4,则左转
  {
     back(2);
     turnL(4);                        // 左转,调整该时间可以得到不同的转弯效果
     Serial.print(" Left ");          //显示右转
  }
  if(directionn ==Fgo)                //假如方向为 9,则前进
  {
     advance(1);                      //正常前进
     Serial.print(" Advance ");       //显示方向前进
     Serial.print("  ");
  }
}
```

2.4.4 ArduBlock 模块化编程

2.4.1 节介绍了 Arduino 软件的代码编程方式,除了这些编程方式之外,还有一种更加简单、方便的编程方法,那就是图形模块化编程方式,这种方法对于初学者来说更加方便,上手更快。ArduBlock 软件是 Arduino 官方编程环境的第三方软件,目前必须依附在 Arduino 软件下运行,区别于 Arduino 文本式编程环境,ArduBlock 软件是以图形化积木搭建的方式编程,这样的方式会使编程的可视化和交互性加强,编程门槛降低,即使没有编程

经验的人也可以尝试给 Arduino 控制器编写程序。

首先打开 Arduino 软件,选择“工具”→ArduBlock 命令,就可以启动模块化编程窗口,如图 2-22 所示。

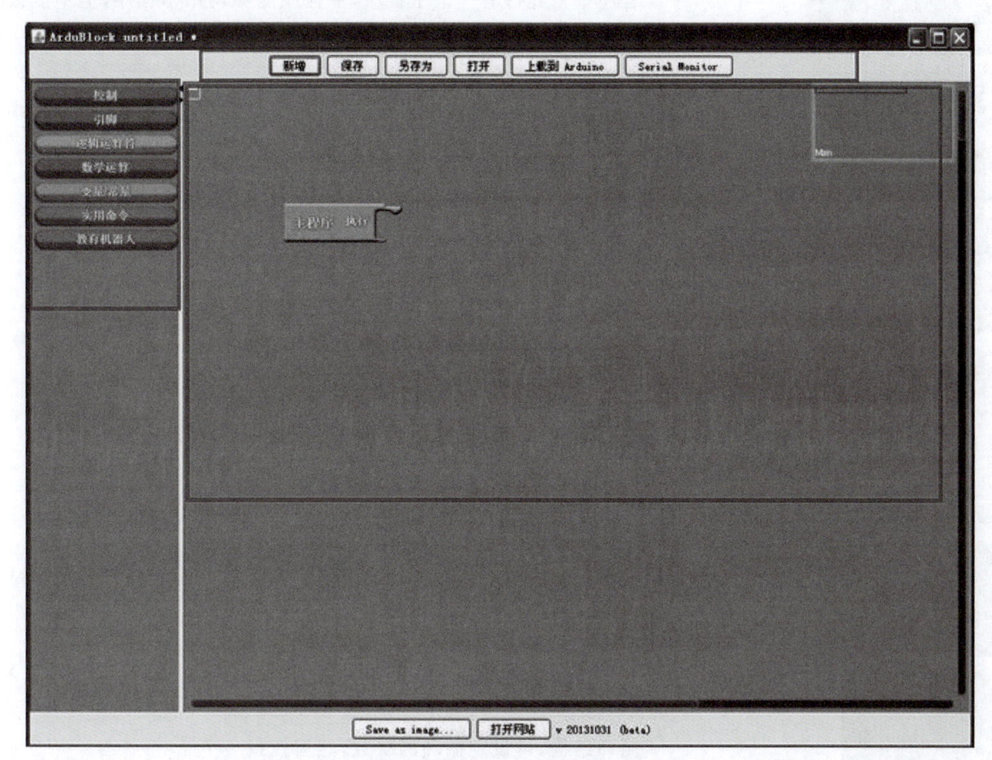

图 2-22 模块化编程窗口

启动 ArduBlock 软件之后,如图 2-22 所示,会发现它的窗口主要分为三部分:工具区(上),模块区(左),编程区(右)。其中,工具区主要包括新增、保存、打开、下载等功能,模块区主要集成了经常用到的模块命令,编程区则是搭建模块编写程序的区域。下面分别介绍这三个区域。需要特别说明,Arduino 软件版本很多,不同版本的窗口会有一些区别,但是常用的命令基本每个版本都有,所以大家在学习软件过程中要多加练习。

工具区包括“新增”“保存”“另存为”“打开”“上载到 Arduino”“Serial Monitor”按钮,“新增”按钮就是新建,“保存”“另存为”“打开”按钮也都是其他软件的常用工具,这里就不做介绍了。单击“上载到 Arduino”按钮,Arduino IDE 软件将生成代码,并自动上载到 Arduino 板上,在上载到 Arduino 板上之前,要查看一下端口号和板卡型号是否正确。在单击“上载到 Arduino”按钮之后,可以打开 Arduino IDE 软件查看程序是否上载成功。单击“Serial Monitor”按钮则是打开串口监视器,串口监视器只有在计算机中有 Arduino 端口时才能打开。

模块区包含了所有的模块。模块区的函数库共分为七部分:控制、引脚、逻辑运算符、数学运算、变量/常量、实用命令、教育机器人。

1. 控制

控制中的各个模块都是一些最基本的编程语句,各模块释义如表 2-2 所示。

表 2-2　控制模块的函数

模　　块	解释说明
主程序 执行	程序中只允许有一个主程序，主程序能够调用子程序，但不能被子程序调用
程序 设定 循环	这里的程序也是主程序，但不同于上一个的是，这里的“设定”和“循环”分别表示 IDE 中的 setup 和 loop 两个函数
如果 条件满足 执行	选择结构，如果条件满足……，则执行……
如果/否则 条件满足 执行 否则执行	选择结构，如果条件满足……，则执行……；否则执行……
当 条件满足 执行	循环结构，当条件满足……，则执行……，直到条件不满足时跳出循环
重复 变量 次数 执行	循环结构，可设定循环的次数，然后执行……
退出循环	强制退出循环
子程序 执行	编写子程序
子程序	调用子程序

2. 引脚

引脚中的各个模块是针对 Arduino 板的引脚（也称针脚）所设计的，主要是数字针脚和模拟针脚，也包括一些常见的针脚，如舵机、超声波等。引脚中各模块释义如表 2-3 所示。

表 2-3　引脚模块的函数

模　　块	解释说明
数字针脚 #	读取数字针脚值（取值为 0 或 1）
模拟针脚 #	读取模拟针脚值（取值为 0～1023）

续表

模　　块	解释说明
设定针脚数字值 #	设定一般数字针脚值(0 或 1)
设定针脚模拟值 #	设定支持 PWM 的数字针脚值(0～255),以 UNO 为例,支持 PWM 的数字针脚有 3,5,6,9,10,11
伺服 针脚# 角度	设定舵机(又称伺服电机)的针脚和角度,Arduino 中能够连接舵机的针脚只有 9 和 10
360度舵机 针脚# 角度	专门针对 360°的舵机,设定其针脚和角度
超声波 trigger # echo #	设定超声波传感器的 trig 和 echo 的针脚,trig 为发射端,echo 为接收端
Dht11温度 针脚# Dht11湿度 针脚#	读取 Dht11 温度和湿度的值
音 针脚# 频率	设定蜂鸣器的引脚和频率
音 针脚# 频率 毫秒	设定蜂鸣器的引脚、频率和持续时间
无音 针脚#	设定蜂鸣器为无声

3. 逻辑运算符

逻辑运算符主要包括常见的“且”“或”“非”,还包括比较运算符,如数字值、模拟值和字符的各种比较。逻辑运算符中各模块释义如表 2-4 所示。

4. 数学运算

数学运算主要是指 Arduino 中常用的基本运算,包括四则运算、三角函数、函数映射等。数学运算中各模块释义如表 2-5 所示。

5. 变量/常量

变量/常量主要包括数字变量、模拟变量、字符变量、字符串变量及它们对应的各种常量。变量/常量中各模块释义如表 2-6 所示。

表 2-4　逻辑运算符模块的函数

模　　块	解释说明
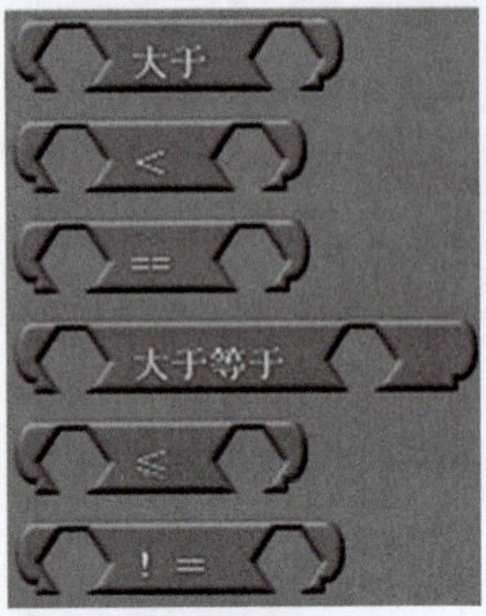 大于 < == 大于等于 ≤ ! =	模拟值和实数的比较，比较的两个值为模拟类型或实数类型，包括大于、小于、等于、大于或等于、小于或等于、不等于
 == !=	数字值的比较，比较的两个值为数字类型，包括等于、不等于
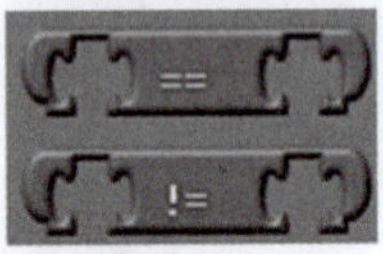 == !=	字符的比较，比较的两个值为字符类型，包括等于、不等于
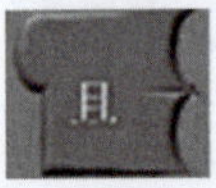 且	逻辑运算符，也称“与”，上下两个语句都为真时整体(复合语句)为真，否则为假
 或者	逻辑运算符，上下两个语句都为假时整体为假，否则为真
 非	逻辑运算符，表示对后面语句的否定
 字符串相等	比较字符串是否相等，比较的两个值为字符串类型
 字符串为空	判断字符串是否为空

表 2-5　数学运算模块的函数

模　　块	解释说明
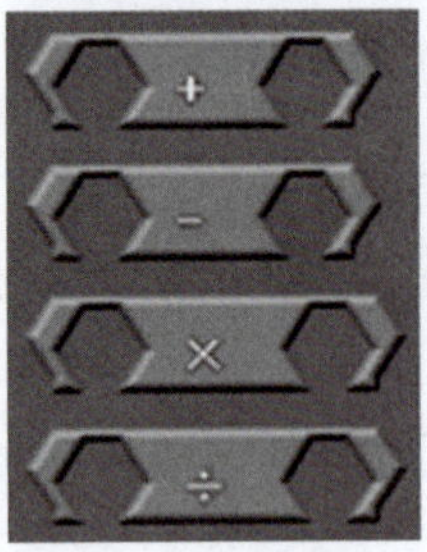 + - × ÷	四则运算，包括加、减、乘、除，要求符号两边均为模拟值

续表

模 块	解释说明
 取模运算（取余）	取模运算，又称取余或求余，要求符号两边均为模拟值
 绝对值	求绝对值
 乘幂 底数 指数	乘幂运算，又称乘方运算
 平方根	求平方根
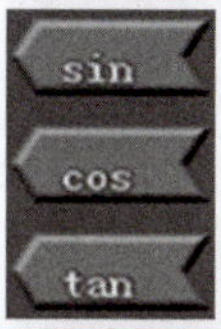 sin cos tan	三角函数，包括正弦、余弦、正切
 随机数 最小值 最大值	求随机数，随机数的范围在“最小值”和“最大值”之间
 映射 数值 从 到	映射，将一个数值（变量或常量）从一个范围映射到另一个范围

表 2-6 变量/常量模块的函数

模 块	解释说明
 1	模拟常量
 给模拟量赋值 变量 数值	给模拟变量赋值
 模拟变量名	设定模拟变量（名），如果没有赋值，则默认值为 0
 设置数字变量 变量 数值	给数字变量赋值
 数字变量名	设定数字变量（名），如果没有赋值，则默认值为 false
 低（数字） 高（数字）	数字常量，高低电平值

续表

模　　块	解释说明
 真 假	数字常量,真假值
 实数变量名	设定实数变量(名),如果没有赋值,则默认值为 0.0
 设置实数变量 变量 数值	给实数变量赋值
 3.1415927	实数常量,圆周率
 设置char变量 变量 char	给字符变量赋值
 A	设定字符变量(名)
 字符串变量名	设定字符串变量(名)
字符串	字符串常量

6. 实用命令

实用命令是指经常用到的一些命令,包括延迟、串口监视器的操作、红外遥控的操作等。实用命令中各模块释义如表 2-7 所示。

表 2-7　实用命令的函数

模　　块	解释说明
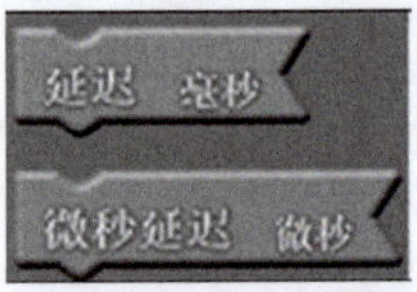 延迟 毫秒 微秒延迟 微秒	延迟函数,单位是 ms 或 μs
 上电运行时间	记录 Arduino 上电后到当前为止运行的时间
 读取串口	读取串口的值
 串口打印加回车	通过串口打印并换行
 和模拟量结合	将字符串和模拟量结合,即将模拟量转换为字符串形式
 和数字量结合	将字符串和数字量结合,即将数字量转换为字符串形式

续表

模　　块	解释说明
设置红外遥控接收端口	设定红外接收头的针脚
获取红外遥控指令	获取红外遥控的指令
读取I2C 设备地址 寄存器地址	读取 IIC，需要设备地址和寄存器地址
读取I2C是否正确	判断是否正确读取 IIC

此外，ArduBlock 窗口中的编程区是程序编写的舞台，可以通过拖动右边和下边的滚动条来查看编程区。启动 ArduBlock 软件后，编程区会默认放入一个主程序模块，因为主程序有且只能有一个，所以不能再继续添加主程序模块，如果再添加主程序模块，则下载程序时会提示“循环块重复”。另外，除子程序执行模块外，所有模块都必须放在主程序内部。当搭建模块编写程序时，注意把具有相同缺口的模块搭在一起，成功时会发出“咔”的一声。还可以对模块进行克隆或添加注释语句，只要选中该模块，右击就可以实现对该模块的克隆和添加注释操作。其中子程序执行模块还有另外一个功能就是创建引用，即单击之后会自动弹出调用该子程序的模块。图 2-23 是用图形化编程的方式编写一个“让 LED 灯闪烁”的程序。

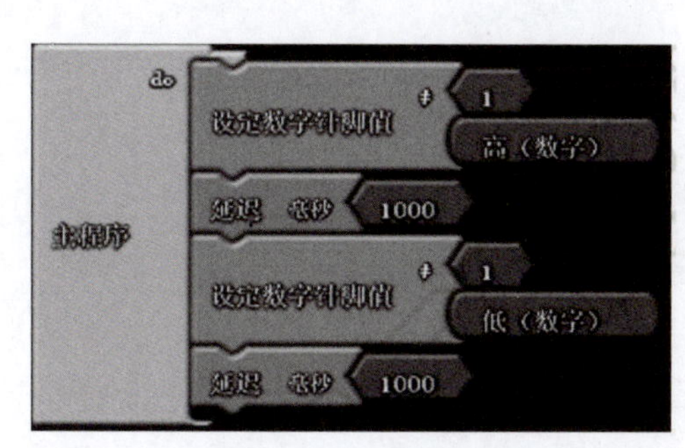

图 2-23　LED 灯闪烁的程序

2.5　本章小结

本章以智能车为例介绍了移动机器人的应用和实践，详述了 Arduino 控制器、传感器扩展板的各个接口以及各类传感器、驱动器、执行器的工作原理和使用方法。通过 Auduino 软件编程实例和 ArduBlock 模块化编程，介绍了如何通过软件编程控制智能车的运行，为设计制作智能车奠定理论基础和实践参考。

2.6 思考题与习题

1. 避障挑战编程题：编写一个程序，使智能车在遇到障碍物时能够自动停止，并在障碍物移除后继续前进。要求使用 Arduino 控制器和红外或超声波传感器来实现。

2. 自动巡线编程题：设计一个程序，使智能车能够沿着一条预设的路线行驶，路线由黑线和白色地面组成。需要使用巡线传感器来检测线路，并调整车辆的运行方向以始终跟随线路。

3. 思政拓展思考题

随着科技的发展，智能车等移动机器人在逐步走入我们的日常生活，讨论智能车所带来的便利与挑战，并思考如何在普及智能车的同时保障交通安全，处理好人与机器的互动关系。

第 3 章

水中机器人基础及实践

海洋孕育了生命、连通了世界、促进了发展，对人类社会生存和发展具有重要意义。地球上海洋接近 90%的面积是超过 1000m 的深海。深海蕴藏着丰富的油气、矿产、生物等战略资源。深海更是认识海洋，解决生命起源、地球演化、气候变化等重大科学问题的前沿领域。地球上深度超过 6500m 的区域是深渊区域，最深的马里亚纳海沟“挑战者深渊”的深度接近 11 000m。深渊被认为是驱动地球系统地质、生命、环境演化的关键一环，而由于研究技术手段的限制，人类对深渊的了解还十分有限。随着计算机、通信、能源技术的不断发展，水下机器人正在成为人类探索海洋、认识海洋和开发海洋最重要的技术装备之一。

近年来，水下机器人在海洋科学研究、深海资源勘查、海洋工程及战略高技术等领域得到了广泛应用。通常，水下机器人可分为自主水下机器人(Autonomous Underwater Vehicle，AUV)和遥控水下机器人(Remotely Operated Vehicle，ROV)。

AUV 自带能源，可以自主航行，能够执行大范围探测任务，但作业时间、数据实时性、作业能力有限。ROV 依靠脐带电缆提供动力，水下作业时间长，能够实现数据实时传输，作业能力较强，但作业范围有限。近年来发展的混合式水下机器人——自主遥控水下机器人(Autonomous & Remotely Operated Vehicle，ARV)结合了 AUV 和 ROV 的优点，自带能源，通过光纤微缆实现数据实时传输，既可实现较大范围的探测，又可实现水下定点精细观测及轻作业，是信息型 AUV 向作业型 AUV 发展过程中出现的新型水下机器人。

“十一五”以来，我国重点部署了 4500 米级、6000 米级和 11 000 米级深海技术装备的研制，并积极开展应用，取得了一批有影响力的成果。在“十四五”规划中，我国要在深海、极地等前沿领域实施一批具有前瞻性、战略性的国家重大科技项目。其中，深海探测、海洋资源开发利用等已成为新兴战略性领域。

3.1 水中机器人的国内外发展现状

3.1.1 国外水中机器人发展现状

国外水下机器人研究已有近 70 年的历史。以美国为代表的西方发达国家，先后研发了 ROV、AUV、ARV，以及水下滑翔机等多种不同类型的水下机器人，主要用于深海资源勘查、海洋科学考察和军事应用等领域。目前全球有上百家 ROV 制造商，正在使用的 ROV 数以千计，而且还在继续增长。其中，美国、加拿大、英国、法国和日本等发达国家在 ROV 领域处于领先地位，占据了绝大部分的商用市场份额。

国外水下机器人技术的发展主要是以美国、日本及欧洲发达国家为代表，他们的技术达到了目前全世界水下机器人研究的较高水平。其中著名的研究机构有美国麻省理工学院实验室(MIT sea grant's AUV)、日本东京大学机器人应用实验室(Underwater Robotics Application Laboratory,URA)等。美国是比较早发展水下机器人技术的国家,目前他们的研究应用于海洋开发、军事作战、海底探查等各个领域。美国麻省理工学院于1994年研究开发Odyssey水下机器人,长2.15m、直径0.59m、排水量140kg,能够完成两个科学任务:标注海冰图,能够帮助研究北冰洋的海冰机制;在海底逡巡检测大洋山脊火山喷发现状。美国的新罕布什尔州自主水下系统研发所与俄罗斯远东科学院水下技术研究所一起联合开发的太阳能自主水下机器人,是一艘具有超过一年续航力的太阳能自主水下机器人。美国夏威夷大学研制的全方位的智能导航(Omni-Directional Intelligent Navigator,ODIN)是一个以球形模型出现的水下机器人,采用Motorola 68030中央处理器,在陆地上以图形工作站监视水下机器人的姿态和位置,观测海底地貌。

日本智能机器人研究重点集中在无人有缆潜水器的研制上。无人有缆潜水器的工作方式是由水面母船上的工作人员,通过连接潜水器的脐带提供动力,操纵或控制潜水器,通过声呐、水下电视等专用设备进行观察,还能通过水下机械手进行水下作业。这种无人有缆潜水器可以应用在海底遥控作业、海底遥测和海水传动技术等方面。日本研制的R2D4水下机器人长4.4m、宽1.08m、高0.81m,最大可潜至海底4000m深度,主要用于深海和热带海区相关矿藏的探查,同时自主收集数据,用于探测海底火山喷涌状态、沉船、海底矿产资源和海底生物等。此外,以东京大学生产技术研究所的浦環教授领导的实验室课题组先后开发了包括Twin-Burger1、Twin-Burger2、PIEROA150、PIEROA250、Tri-Dog1、Tantan等多个型号的观察型智能水下机器人,在水下机器人虚拟仿真方面做出了许多突破性的工作。

此外,在欧洲,英国自1998年以来开始研究水下机器人,以确定军用可能性和工程上需要克服的技术难点。已经开发成功的"AUTOSUB-1"AUV是一部用于研究海洋海流、温度等科学要素的水下机器人,也具有相当大的军事应用前景。法国国家海洋开发中心于1980年建造了"逆戟鲸"号无人无缆潜水器,该潜水器最大潜水深度可达到6000m。"逆戟鲸"号潜水器先后进行过130多次深潜作业,成功完成了太平洋和地中海海底电缆事故调查、太平洋海底锰结核调查、海底峡谷调查、洋中脊调查等重大课题任务。此外,法国国家海洋开发中心也建造"埃里特"声学遥控潜水器,主要应用于海底油机设备安装、水下钻井机检查、油管敷设、锚缆加固等复杂作业。值得一提的是,"埃里特"声学遥控潜水器的智能程度总体要比"逆戟鲸"号高。

3.1.2 国内水中机器人发展现状

中国智能水下机器人技术研究开始于20世纪80年代中期,主要的研究机构包括中国科学院沈阳自动化所和哈尔滨工程大学等。中国科学院沈阳自动化所蒋新松院士领导设计了"海人一号"遥控式水下机器人试验样机,之后"863计划"的自动化领域开展了潜深1000m的"探索者"号智能水下机器人的论证和研究工作,做出了非常有意义的探索性研究。中国科学院沈阳自动化所与俄罗斯合作共同开发了观察型、预编程控制的CR-01无缆水下机器人,工作水深为6000m。该机器人成功完成太平洋深海考察工作,已经达到实用水平。为适应国际海底区域资源调查,特别是深海海底锰结核调查的需要,研究所和俄罗斯专家们研制成功了新型CR-02系列深水机器人,可勘测海底地形地貌,同时测量海底浅地层剖面和各种海洋科学要素。

在水下机器人研制方面，与国外水下机器人发展历史相比，国内水下机器人技术研究起步比较晚，在探测技术、工艺水平、综合显控、综合导航与定位等技术上存在差距，致使国产水下机器人在实际应用方面受到限制；机动性、抗流能力及作业能力稍显不足，因此，随着我国海洋开发事业的蓬勃发展和综合国力的提高，开发研制适合我国实际使用需要的水下机器人变得十分必要和紧迫。

3.2 初识水中机器人的硬件

以乐智水中机器人（见图 3-1）为例，了解水中机器人的基础知识。乐智水中机器人具有硬件模块化的特点，不同的模块可以实现不同的功能，便于研究再开发。整体采用先进的烤漆工艺做到滴水不漏，配有标准的电源、通信总线接口。

乐智水中机器人的头舱主要有水下拍照、水下摄像、水面 WiFi 通信、舱内温湿度监测的功能。摄像头用于实现水下拍照、水下摄像的功能，周围有 8 个指示灯用于补充光线，避免因光线原因造成图像不清晰等状况。集成板上有 WiFi 通信模块，在集成板中闪烁蓝光，以实现无线通信的目的。旁边有相关温度、湿度传感器，主要用于检测头舱温湿度状态，避免因温度、湿度过高造成接触不良等问题。

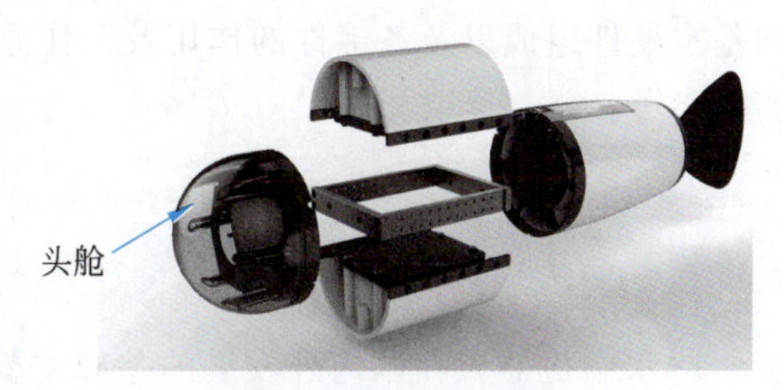

图 3-1 乐智水中机器人

螺旋桨推进舱如图 3-2(a)所示，其功能主要有双防水电机独立推进、螺旋桨推进方向可控、转速可调、转速可反馈、编程实现丰富的运动模式。螺旋桨推进舱主要由两个独立防水电机、两个舵机及集成板组成。防水电机主要作用是为水中机器人提供动力，也就是被人们所熟悉的螺旋桨。两个舵机在这一部位，用于控制螺旋桨的仰俯角，以实现在水中的多种动作。集成板与主控板相连，实现电机转速控制反馈、舵机角度控制反馈，最终实现控制水中机器人运动的目的。

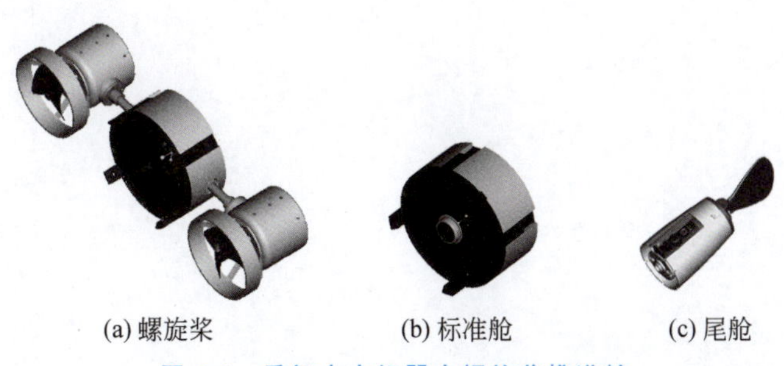

(a) 螺旋桨　(b) 标准舱　(c) 尾舱

图 3-2 乐智水中机器人螺旋桨推进舱

标准舱如图 3-2(b)所示，主要有标准的防水功能舱段调整内部配重片，实现浮力、姿态调节，与尾舱配合，可作为备用电源舱段。标准舱主要由配重片和集成板两部分组成，配重片用于调节浮力及水中机器人的位姿。集成板的作用是与其他模块连接进行通信。同时标准舱可以用于添加一些所需传感器，以便于让水中机器人实时地感应周围环境的变化，从而做出一定的反应。

尾舱如图 3-2(c)所示，尾舱主要由仿生推进装置、动力电源提供装置、内部实现温湿度环境监测装置组成。尾舱主要由主控板，树莓派，温度、湿度传感器，电池，尾部舵机组成。一般，水中机器人的主控板用于控制执行烧录的程序代码，以此实现人们想要的功能。树莓派用于图像的传输，将摄像头中得到的图像，处理并通过头舱的 WiFi 通信模块传输给控制端，从而达到实时传输图像的效果。相关温度、湿度传感器，主要用于检测尾舱温湿度状态，避免因温度、湿度过高造成的接触问题，从而造成不必要的损失。电池为水中机器人持续提供电能以维持水中机器人的正常运行。尾舱上部有多项指示灯，用于显示电量。尾部舵机通过控制舵机角度的变化，实现仿真推进。

3.3 本章小结

本章概述了国内外水中机器人的发展现状，以乐智水中机器人为例详述了水中机器人的基本硬件组成以及各部件的作用及工作原理，为设计制作水中机器人提供了理论基础和实践参考。

3.4 思考题与习题

1. 水中机器人在国内外发展的差异主要体现在哪些方面？
2. 国内水中机器人发展面临哪些主要挑战和机遇？
3. 推进系统如何影响水中机器人的操控性和效率？
4. 水中机器人在环境监测中的应用有哪些优势和局限？
5.未来水中机器人技术发展的主要趋势是什么？
6. 思政拓展思考题

水中机器人作为海洋探索和水下作业的重要工具，其发展现状能够反映一个国家的海洋科技实力。请讨论我国在推动水中机器人发展过程中面临的机遇与挑战，并探讨如何通过科技创新加强我国海洋强国建设。

第4章

空中机器人基础及应用

4.1 无人机概述

无人机(Unmanned Aerial Vehicle,UAV),即无人驾驶飞机,它是指由动力驱动、不搭载操作人员的一种空中飞行器,属于空中机器人。它是一种依靠空气动力为飞行器提供升力,能够自主或遥控飞行,能携带多种任务设备、执行多种任务,可一次性或多次重复使用的无人驾驶航空器。

由于无人机在完成相应任务时需要与任务载荷、测控与信息传输系统、起飞(发射)与回收系统、地面保障系统等配合工作,因此,无人机与以上各类装置和设备组成的完整系统称为无人机系统。无人机系统可由单个无人机构成,也可以由多个同型号的无人机或多型号多个无人机共同构成。

目前,在临近空间(20～100km空域)飞行的飞行器,例如,平流层飞艇、高空气球和太阳能无人机等也被列为无人机的范围。从广义的角度看,无人机可以在无人驾驶的条件下完成各种复杂的空中飞行任务和各种负载任务,因此,无人机也可以看作"空中机器人"。

4.2 无人机的发展历史

无人机的发展,大致经历了三个阶段:20世纪20—60年代,无人机主要作为靶机使用,是无人机发展的起步阶段;20世纪60—80年代,无人侦察机及电子战类无人机在战场上崭露头角,无人机开始进入实用阶段;从20世纪90年代起,无人机在现代高技术局部战争中得到了全面的应用,无人机在民用领域也得到了迅猛发展。目前,无人机正处在一个迅速崛起和蓬勃发展的阶段。

1903年,美国的莱特兄弟(Wright Brothers)制造出第一架依靠自身动力进行载人飞行的飞机"飞行者一号",取得了试飞成功,为全世界的飞机发展做出了重大的贡献,如图4-1所示。自从飞机发明后,逐渐成为人类现代文明不可缺少的交通工具,它深刻地改变和影响了人们的生活,并开启了人们征服蓝天的历史。

1910年,来自俄亥俄州的年轻军事工程师查尔斯·科特林(Charles Kettering)在莱特兄弟取得成功的鼓舞下,建议使用没有人驾驶的飞行器,即用钟表机械装置控制飞机,使其在预定地点抛掉机翼并像炸弹一样落向敌人。在美国陆军的支持和资助下,他制成并试验了几个模型,取名为"科特林空中鱼雷""科特林虫子"。就这样,人类开启了空中机器人发明

图 4-1　莱特兄弟发明的飞机(图片来源于百度)

创造的新篇章。

无人机的发展历史最早可以追溯到 1917 年,当时英国皇家航空研究院初步将空气动力学、轻型发动机和无线电三者结合起来,研制出世界上第一架无人驾驶飞机。同年 12 月,美国发明家埃尔默·斯佩里(Elmer Sperry)使用他自己发明的陀螺仪和美国西部电气公司开发的无线电控制系统,成功地完成了为美国海军研制的“航空鱼雷”的首飞。受这次成功试飞的鼓舞,美国陆军航空队也采纳了查尔斯·科特林的方案,研制出了“自由鹰”式“航空鱼雷”飞机。

1933 年,英国研制出了第一架可复用无人驾驶飞行器——“蜂王”。使用三架修复后的“小仙后”双翼机进行试验,从海船上对其进行无线电遥控,其中两架失事,但第三架试飞成功,使英国成为第一个成功研制并试飞无线电遥控靶机的国家。

德国科学家领先时代数十年。实际上直到 20 世纪 80 年代末,世界上每一种研制成功的无人机都是以德国的 V-1 巡航导弹或“福克-沃尔夫”(Fw-189)飞机的构造思想为基础的。德国的 V-1 巡航导弹如图 4-2 所示。

图 4-2　德国 V-1 巡航导弹

第二次世界大战期间,美国海军首先将无人机作为空中武器使用。1944 年,美国海军为了对德国潜艇基地进行打击,使用了由 B-17 轰炸机改装的遥控舰载机。

美国特里达因·瑞安公司生产的“火蜂”系列无人机是当时设计独一无二、产量很大的无人机。1948—1995 年,该系列无人机产生多种变型:无人靶机(亚声速和超声速),无人侦察机,无人电子对抗机,无人攻击机,多用途无人机等。美国空军、陆军和海军多年来一直在使用以 BQM-34A“火蜂”靶机为原型研制的多型无人机。

4.3 无人机的应用分类

无人机的应用领域非常广泛，它们的尺寸、质量、性能及任务等方面差异也都非常大。由于无人机的多样性，无人机有多种分类方法。无人机按用途分类，可分为军用无人机与民用无人机两大类。

根据不同的军事用途和作战任务，军用无人机可分为无人侦察机/监视机、无人战斗机、通信中继无人机、电子干扰无人机和电子诱饵/欺骗无人机等类型。

1. 无人侦察机/监视机

无人侦察机/监视机是指借助机上的电子侦察设备，以获取目标信息为目的的无人机。它们通常采用的设备有光学照相机、微光（红外）摄像机、电视摄像机、红外线行扫描仪、前视红外装置、热成像仪、CCD 成像系统、激光指示器、激光测距仪、自动跟踪器和合成孔径雷达等。

2. 无人战斗机

无人战斗机是指可携带小型和大威力的精确制导武器、激光武器或反辐射导弹，执行空战或对地攻击任务的无人机。美国的 MQ-9"死神"无人战斗机，是一种极具杀伤力的新型无人作战飞机。除了攻击外，它还可以执行情报、监视和侦察等任务。

3. 通信中继无人机

作为空中中继平台，通信中继无人机可以增加信息的传输距离，即利用无人机向其他军用机或陆、海军飞机传送图像等信号，这些无人机一般都安装了超高频或甚高频的无线电通信设备。

4. 电子干扰无人机

电子干扰是指利用有源或无源电子干扰设备，通过辐射电磁波或释放铝箔条和金属干扰丝，破坏敌方通信系统，干扰敌方电子设备，使其效能低下，甚至完全失效。目前，很多无人电子干扰机采用的是无源干扰方式，其基本的干扰设备包括铝箔条投放器、曳光弹投放器和雷达回波增强设备等。

5. 电子诱饵/欺骗无人机

电子诱饵/欺骗无人机是一种无源欺骗性干扰无人机。通过飞机上携带的干扰设备来增强地面雷达的反射回波，模拟真实目标，并通过飞机的速度和外形等方面来模拟战斗机或轰炸机的运动姿态，诱使敌方雷达或地面防空武器开机或开火，从而暴露地面雷达或地面防空武器的位置，消耗敌方的火力，然后再通过其他武器装备对敌方的雷达或地面防空武器进行精确打击。

在民用领域方面，由于无人机具有成本相对较低、无人员伤亡风险、生存能力强、机动性能好、使用方便等优势，因此得到了广泛应用。其主要应用市场包括航空拍摄、航空摄影、地质地貌测绘、森林防火、地震调查、核辐射探测、边境巡逻、应急救灾、农作物估产、农田信息监测、管道巡查、高压输电线路巡查、野生动物保护、科研实验、海事侦察、鱼情监控、环境监测、大气取样、增雨、资源勘探、禁毒、反恐、警用侦查巡逻、治安监控、消防侦查、通信中继、城市规划、数字化城市建设等多个领域。表 4-1 所示为民用无人机的分类。

表 4-1 民用无人机的分类

飞机类型	用途说明
农用无人机	农业喷洒、农业施肥，农业土地监测，人工降雨等
探测、监测类无人机	灾害监测，环境监测，森林防护，输油管、仓库和道路的状态监视，火灾和水灾破坏区域的确定及监测，地震等自然灾害的后果调查，高位地区监测/取样，野生动物监视，污染监视等
城管、治安管理无人机	城市规划、市内监察/维持治安，毒品禁止与监控，应急反应/搜索与营救，沿海监视，公路交通监控等
科学探测无人机	气象探测、地质勘测、大地测量、地图测绘、地球资源勘探、石油和矿藏的勘定与鉴定、长久耐力地质科学/大气研究、陆地表面、海洋研究等
通信、中继无人机	电信、卫星中继、新闻广播、灾情援助、体育运动等

无人机按飞行平台构型分类可以分为固定翼无人机、无人直升机、多旋翼无人机、无人飞艇和伞翼无人机等。

按照无人机的质量及外形尺寸的大小分类，无人机可以分为微型无人机、小型无人机、中型无人机和大型无人机。大型无人机质量一般大于500kg；中型无人机的质量一般为200～500kg；轻型无人机的质量一般为100～200kg；小型无人机的质量一般为1～100kg；微型无人机的质量一般小于1kg。表4-2所示为按大小分类的无人机的质量和尺寸数据。

表 4-2 无人机的质量及外形尺寸分类

分类	说明
大型(重型)无人机	通常是指质量大于800kg(或500kg)，翼展在十几米的无人机
中型无人机	通常是指质量在200～800kg(或500kg)，翼展在10m以内的无人机
轻型无人机	通常是指质量在100～200kg，或只有几十千克重的无人机
小型无人机	通常是指质量是几十千克的无人机
微型无人机	通常是指质量在几十克至几百克，单一最大外形尺寸在15cm左右或更小的无人机

无人机按速度分类可分为低速无人机、亚声速无人机、跨声速无人机、超声速无人机和高超声速无人机。低速无人机速度一般小于 $Ma\,0.4$（Ma 为马赫数），亚声速无人机速度一般在 $Ma\,0.4\sim0.85$，跨声速无人机速度一般在 $Ma\,0.85\sim1.3$，超声速无人机速度一般在 $Ma\,1.3\sim5$，高超声速无人机速度一般大于 $Ma\,5$。

无人机按航程(或活动半径)分类，可分为超近程无人机、近程无人机、短程无人机、中程无人机和远程无人机。超近程无人机活动半径为5～15km，近程无人机活动半径为15～50km，短程无人机活动半径为50～200km，中程无人机活动半径为200～800km，远程无人机活动半径大于800km。

无人机按实用升限分类可分为超低空无人机、低空无人机、中空无人机、高空无人机和超高空无人机。超低空无人机实用升限一般为0～100m，低空无人机实用升限一般为100～1000m，中空无人机实用升限一般为1000～7000m，高空无人机实用升限一般为7000～20 000m，超高空无人机实用升限一般大于20 000m。

4.4 无人机的发展趋势

随着无人机系统的发展，无人机从无人航空器扩展到临近空间无人飞行器，进而又扩展到太空无人飞行器；无人机系统的任务从单一的侦察监视扩展到信息对抗、通信中继等方面，目前又进一步扩展到精确打击、制空作战等领域；无人机系统的技术也进一步向自主控制、高生存力、高可靠性、互通互联等方向发展。就目前无人机的发展趋势来看，无人机的发展方向主要体现在以下几方面。

1. 高空长航时方向

在未来战争中，长航时无人机，特别是高空长航时无人机将成为侦察卫星和有人驾驶战略侦察飞机的重要补充和增强手段。一些国家已将其作为一个环节列入"军用卫星、载人飞船、预警机、战略导弹、长航时无人机"这一防卫作战大系统，实施战略侦察，成为获取战略情报的重要手段之一。

2. 隐身化方向

隐身战斗机的技术已日见成熟，隐身技术应用到无人机上也是大势所趋。美军早先研制出的"暗星"隐身无人机，就是一种高空长航时战术无人机。

3. 精确打击、制空作战

21 世纪将出现能够深入战区纵深，在高度危险战场环境中执行攻击任务的无人作战飞机。这种飞机能执行现有轰炸机、战斗机、武装直升机和巡航导弹的任务，将成为一种新型的精确打击武器系统。

4. 微小型化、智能化

由于微小型无人机操作简便灵活，具有较强的机动性能和低空飞行优势，随着全球反恐和特种作战任务的需要，各国对微小型无人机的发展也十分重视。而且，随着电子技术和控制技术的发展，将来的无人机应该能按预先设定的程序半自主地完成任务，甚至从头至尾完全自主地完成任务。

5. 临近空间领域

临近空间无人机在特定区域的持续侦察监视、通信中继、导航、电子战、导弹防御、空间对抗等方面有着独特的优势，是陆、海、空装备的重要补充力量，已经成为世界武器装备发展的焦点领域。

6. 组网编队飞行

无人机的脆弱性和载荷能力的局限性，随着无人机应用的不断扩展和使用要求的不断提高逐渐凸显，多无人机组网协作执行任务将是一个很好的发展途径。

7. 多领域、多样化方向

无人机除了在军事领域的广泛应用外，近年来在民用领域的应用也呈现了井喷态势，无人机的种类也随着其应用领域的扩展朝着多样化的方向发展。相信在不久的将来，会有更多、更完善的无人机在社会的各个领域发挥它们独特的作用。

4.5 无人机的硬件组成

一般来说，无人机由飞行器机架、飞行控制系统、推进系统、遥控器、遥控信号接收器和云台相机六大部件构成。

1. 飞行器机架

飞行器机架的大小，取决于桨翼的尺寸及电机的体积：桨翼越长，电机越大，机架大小便会随之而增加。机架一般采用轻物料制造为主，以减轻无人机的负载量。

2. 飞行控制系统

飞行控制系统(flight control system)简称飞控，一般会内置控制器、陀螺仪、加速度计和气压计等传感器。无人机是依靠这些传感器来稳定机体，再配合 GPS 及气压计数据，便可以把无人机锁定在指定的位置及高度。

图 4-3 Bird Drone 的飞控系统

飞控系统就像无人机的心脏，它总控着所有外围硬件的运作、无人机的飞行状态和与地面站通信等核心任务。Bird Drone 的飞控系统如图 4-3 所示，主要包含了惯性传感器单元(MPU6500 和 LSM303D)、烧录仿真单元、高度位置信息传感器单元(MS5611(气压计)和 U-Blox(GPS))、通信单元(蓝牙 2.4G)与各类预留接口等。

3. 推进系统

无人机的推进系统(propulsion system)主要由桨翼和电机组成。当桨翼旋转时，便可以产生反作用力来带动机体飞行。系统内设有电调控制器(electronic speed control，ESC)，用于调节马达的转速。

4. 遥控器

遥控器是指 remote controller 或 ground station，让航拍玩家通过远程控制技术来操控无人机的飞行动作，适用于多旋翼、固定翼、滑翔机和直升机等，每个开关和操作杆对应一个数据通道，如图 4-4 所示。

5. 遥控信号接收器

遥控信号接收器的主要作用是让飞行器接收由遥控器发出的遥控指令信号。4 轴无人机起码要有 4 条频道用于传送信号，以便分别控制前后左右 4 组旋轴和电机。

6. 云台相机

目前无人机所用的航拍相机，除无人机厂商预设于飞行器上的相机外，有部分机型容许用户自行装配第三方相机，例如，GoPro Hero 4 运动相机或 Canon EOS 5D 系列单眼相机，近年来，也有厂商提倡采用 M4/3 无反单眼(如 Panasonic LUMIX GH4)作航拍用途。

航拍相机主要通过云台装设于飞行器之上。云台是整个航拍系统中最重要的部件，航拍视频的画面是否稳定取决于云台的性能。云台一般会内置两组电机如图 4-5 所示，分别负责云台的上下摆动和左右摇动，让架设在云台上的摄像机可以维持旋转轴不变，令航拍画面不会因飞行器振动而晃动起来。

常见无人机可分为固定翼、直升机和多旋翼，以下是这三种机型的主要硬件组成。

4.5.1 固定翼无人机

固定翼无人机的优点是续航时间最长、飞行效率最高、载荷最大，但其缺点是起飞时必须助跑，降落时必须滑行。固定翼无人机大多数都由机翼、机身、尾翼、起落装置和动力装置

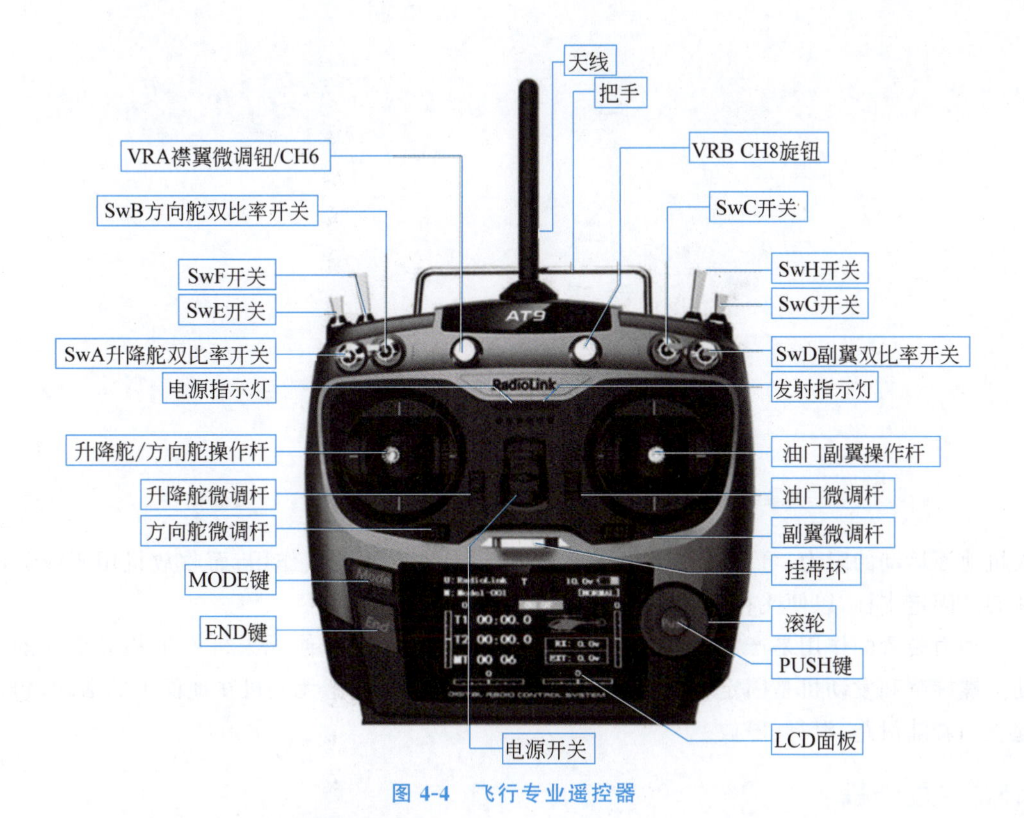

图 4-4　飞行专业遥控器

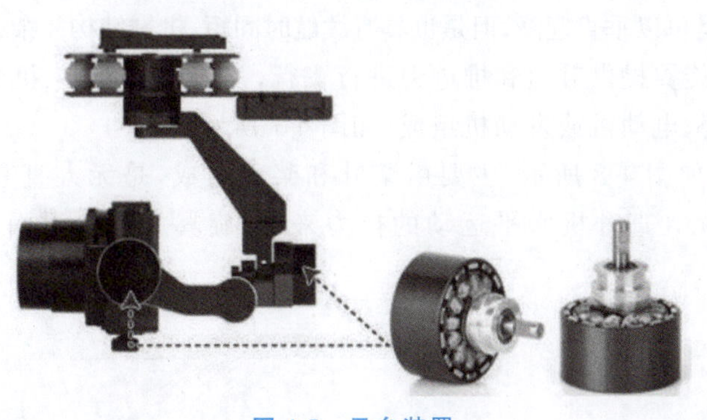

图 4-5　云台装置

5 部分组成,其基本结构如图 4-6 所示。

机翼(由主翼及副翼两部分组成)是模型飞机在飞行时产生升力的装置,并能保持模型飞机飞行时的横侧安定,可以控制飞机做出横滚等动作。

机身是装载、安装飞机的基础。

尾翼包括水平尾翼(由水平安定面及升降舵两部分组成)和垂直尾翼(由垂尾安定面及方向舵两部分组成)两部分。水平尾翼可以保持模型飞机飞行时的俯仰安定,垂直尾翼可以保持模型飞机飞行时的方向安定。水平尾翼上的升降舵能控制模型飞机的升降,垂直尾翼上的方向舵可以控制飞机的飞行方向。

起落装置由支柱、减振器、机轮和收放机构组成。其中支柱起支撑作用并作为机轮的安装基础;减振器起到吸收着陆和滑跑冲击能量的作用;机轮与地面接触支持无人机,减少无

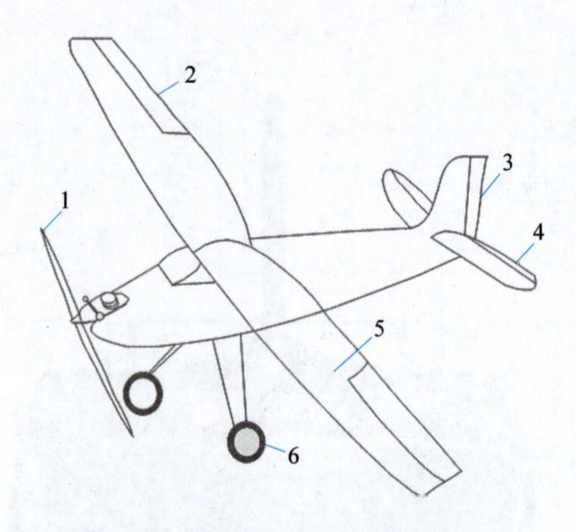

图 4-6　固定翼无人机主要硬件组成

1—螺旋桨；2—副翼；3—垂直尾翼；4—水平尾翼；5—机翼；6—起落架

人机地面运动的阻力，可以吸收一部分撞击动能，有一定的减振作用；而收放机用于收放起落架及固定支柱，以便飞行时减少阻力。

动力装置的作用是产生拉力（螺旋桨式）或推力（喷气式）使无人机产生相对空气的运动。螺旋桨和发动机是固定翼飞机产生飞行动力的装置，支撑无人机在地面上的活动，包括起飞和着陆滑跑、滑行、停放。

4.5.2　直升机

直升机的优点是可以垂直起降，但是也具有续航时间短、机械结构复杂、维护成本高等缺点。

无人直升机由旋翼提供升力和推进力进行飞行，一般由主旋翼、机身、尾桨、起落装置、操纵系统、动力系统、电动机或发动机组成，如图 4-7 所示。

直升机主旋翼如图 4-8 所示，主要由桨叶和桨毂组成，是无人直升机最关键的部位，既产生升力，又是无人直升机水平运动的拉力来源，旋翼旋转的平面既是升力面也是操纵面。

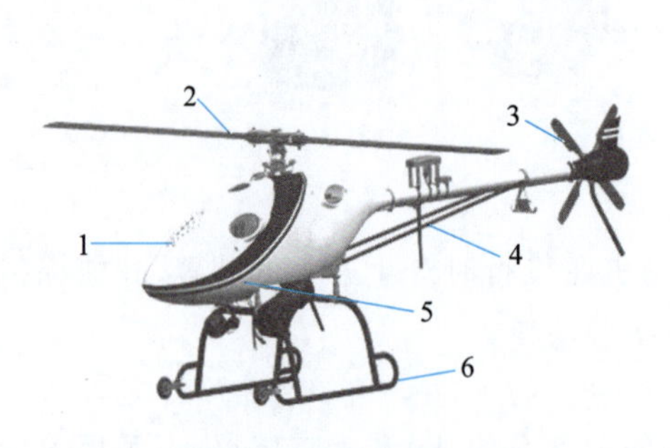

图 4-7　直升机组成

1—机身；2—主旋翼；3—尾旋翼；4—操纵系统；5—动力系统；6—起落架

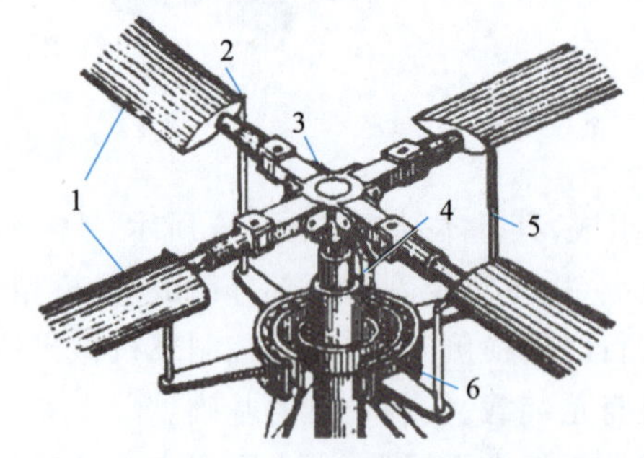

图 4-8　直升机主旋翼组成

1—桨叶；2—桨叶摇臂；3—桨毂；4—拨杆；5—变距拉杆；6—外环

旋翼的结构形式指的是桨叶与桨毂的连接方式，常见的有 4 类，分别是全铰式旋翼、半铰式旋翼、无铰式旋翼、无轴承式旋翼，如图 4-9 和图 4-10 所示。

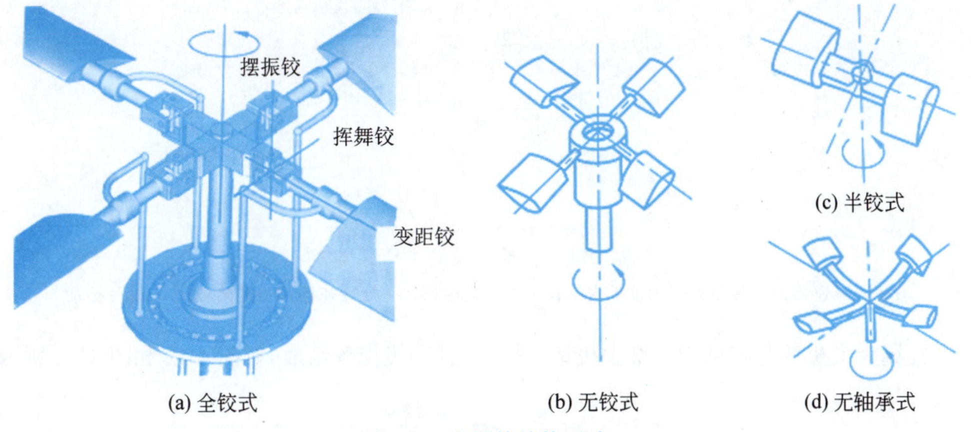

图 4-9 旋翼的结构形式

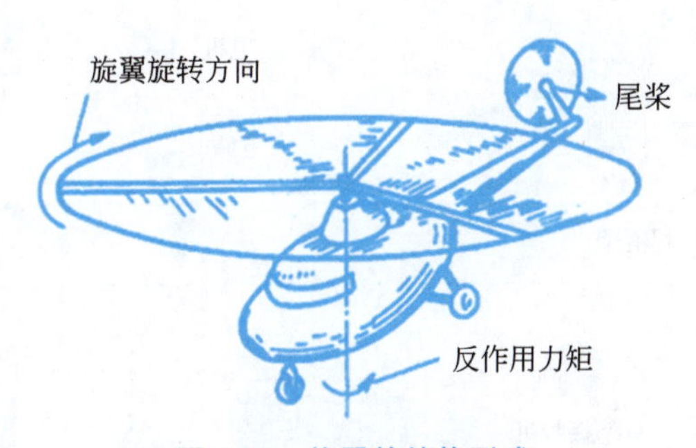

图 4-10 旋翼的结构形式

无人直升机机身与固定翼无人机机身结构和功能类似，主要功能是装载燃料、货物和设备等，同时作为安装基础将各部分连成一个整体。机身具有承载和传力的作用，承受各种装载的载荷，还承受各类动载荷。

尾桨的主要作用是产生一个侧向的拉力/推力，通过力臂形成偏转力矩，平衡主旋翼的反扭矩并且控制航向，相当于直升机的垂直安定面，可以改善直升机的航向稳定性，提供一部分升力等。尾桨分为推式尾桨和拉式尾桨，尾桨的拉力方向指向直升机对称面的，为推式尾桨；从对称面向外指的，为拉式尾桨。

起落装置用于地面停放时支撑重量和着陆时吸收撞击能量的部件。结构形式有轮式、滑橇式和浮筒式。

操纵系统是用来控制无人直升机飞行的系统，由自动倾斜器、座舱操纵机构和操纵线系等组成。无人直升机的垂直、俯仰、滚转和偏航 4 种运动形式，分别对应于操纵系统的总距操纵、纵向操纵、横向操纵和航向操纵。

在无人直升机中，发动机提供的动力要经过传动系统才能到达主旋翼和尾桨，从而使主旋翼旋转产生升力，尾旋翼旋转平衡扭矩。传动系统的主要部件如图 4-11 所示，主要由主减速器、传动轴、尾减速器和中间减速器组成。

4.5.3 多旋翼无人机

多旋翼无人机能够垂直起降，具有机械结构简单、易维护的优点，但缺点是载重小和续航时间短。

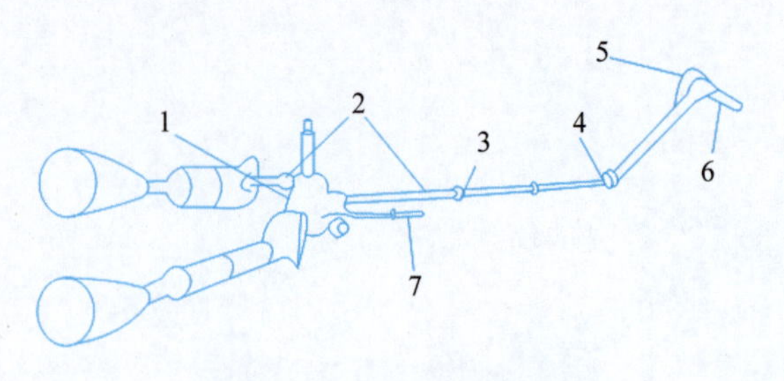

图 4-11 传动系统的主要部件

1—主减速器；2—传动轴；3—轴承支座；4—中间减速器；5—尾减速器；6—尾桨轴；7—附件传动

多旋翼无人机的基本结构一般由机架、动力装置和飞控等组成，如图 4-12 和图 4-13 所示。

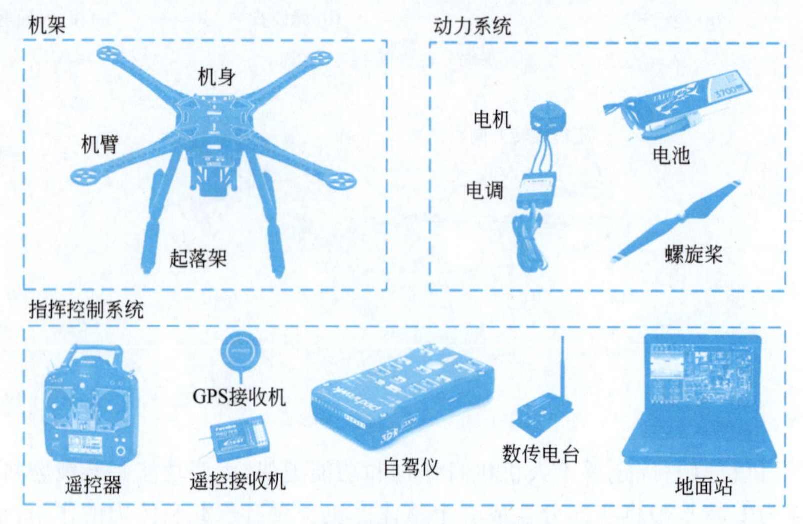

图 4-12 多旋翼无人机的硬件组成

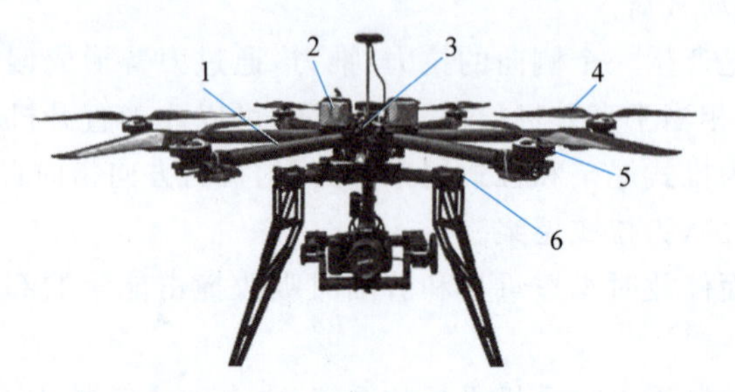

图 4-13 多旋翼无人机结构组成

1—电调；2—电池；3—飞控；4—桨叶；5—电机；6—机架

1. 机架

机架是多旋翼无人机的机身，也是其他结构的安装基础，起承载作用。根据旋翼轴数的不同，可分为三轴机架、四轴机架等。根据发动机个数不同可分为三旋翼机架、四旋翼机架等。轴数和旋翼数一般情况下是相等的，但也有特殊情况，比如三轴六旋翼机架。机架的材质有塑料、玻璃纤维、碳纤维、铝合金/钢。塑料材质价格比较低廉，比较适合初学者；相比塑料机架，玻璃纤维机架强度高、质量轻、价格贵，中心板多用玻璃纤维，机臂多用管型；相比玻璃纤维机架，碳纤维机架强度更高、价格更贵；而铝合金/钢机架更适合爱好者个人制作。常见的机架布局有X形、I形、V形、Y形和IY形等如图4-14所示。

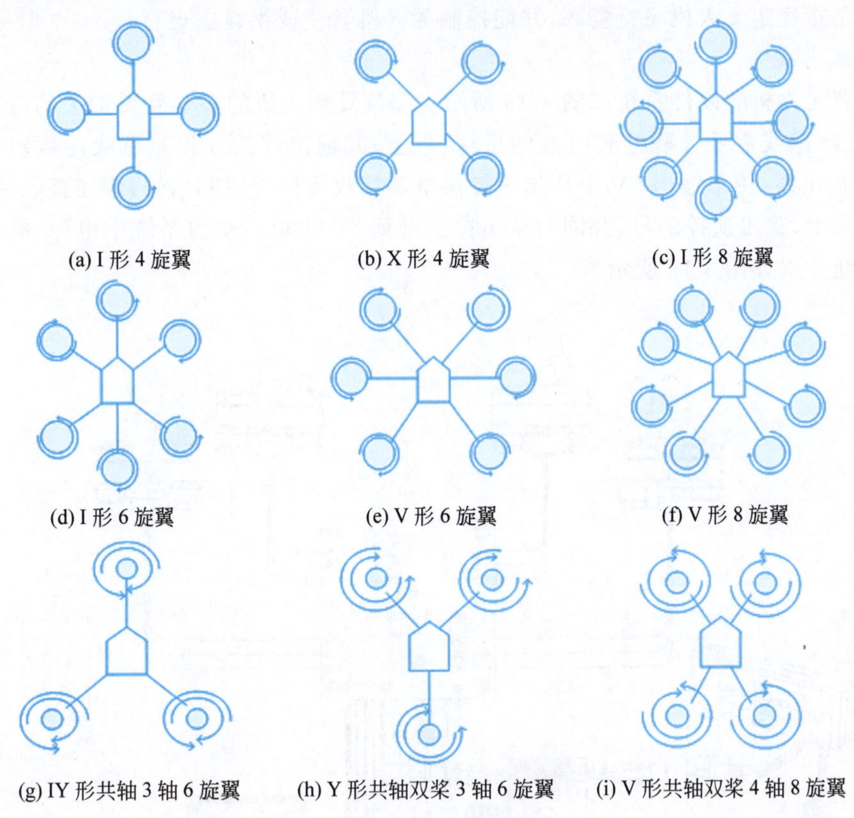

(a) I形4旋翼　(b) X形4旋翼　(c) I形8旋翼

(d) I形6旋翼　(e) V形6旋翼　(f) V形8旋翼

(g) IY形共轴3轴6旋翼　(h) Y形共轴双桨3轴6旋翼　(i) V形共轴双桨4轴8旋翼

图4-14　机架布局

机架轴距是机架最重要的数据指标，它是指对角线两个电机或者桨叶中心的距离，单位为毫米(mm)，如图4-15所示为四轴250，表示对角线电机中心的距离为250mm。

图4-15　四轴250

2. 动力装置

1）电池

电池主要为无人机提供能量，无人机多采用锂聚合物电池。

2）电调

电子调速器(简称电调)。它的主要功能是将飞控板的控制信号进行功率放大，并向各开关管送去能使其饱和导通和可靠关断的驱动信号，以控制电动机的转速；将电源电压转换为5V，为飞控板、遥控接收机供电；将直流电源转换为三相电源，为无刷电机供电。

3）电机

电机带动桨叶旋转使多旋翼无人机产生升力，通过对各电机转速的控制，可使多旋翼无人机完成飞行活动。

4）螺旋桨

螺旋桨旋转产生拉力或推力使无人机完成飞行活动。

3. 飞控

飞控是指稳定无人机飞行姿态,并能控制无人机自主或半自主飞行。

4. 接线方式

多旋翼无人机的硬件系统如图 4-16 所示。多旋翼无人机的多个旋翼轴上的电调,其输入端的红线、黑线需要并联接到电池的正、负极上;其输出端的 3 根黑色线连接到电机;其 BEC 信号输出线,用于输出 5V 电压给飞控供电和接收飞控的控制信号;遥控接收机连接在飞行控制器上,输出遥控信号,并同时从飞控上得到 5V 供电。动力系统中电池、电调、电机之间的接线方式如图 4-17 所示。

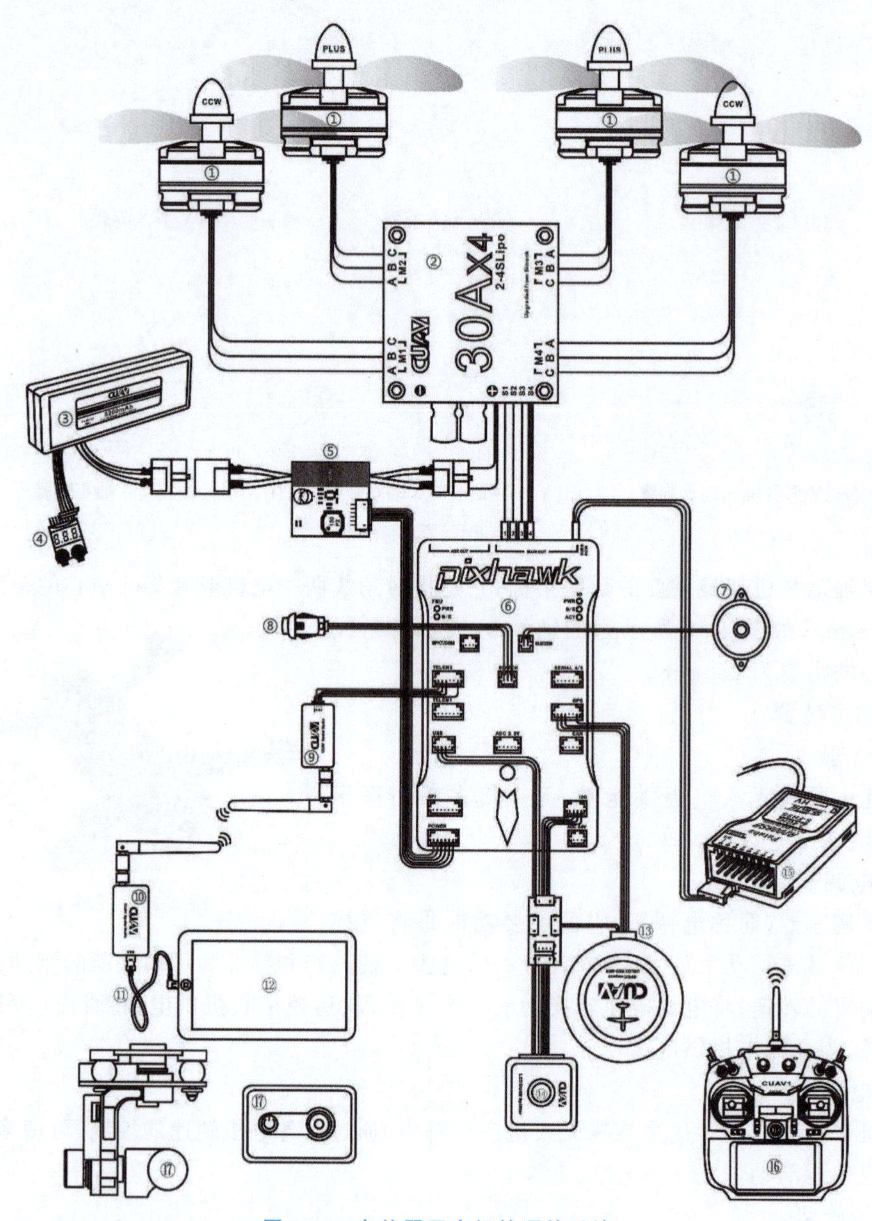

图 4-16　多旋翼无人机的硬件系统

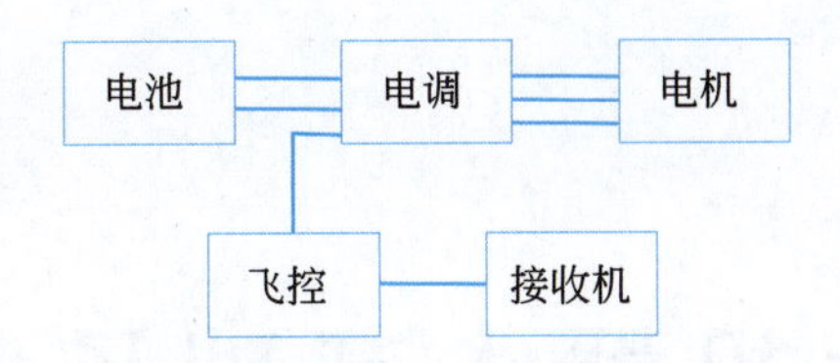

图 4-17 动力系统中电池、电调、电机之间的接线方式

4.6 本章小结

本章介绍了无人机的发展历史、应用分类、未来发展趋势等，重点介绍了固定翼无人机、直升机和多旋翼无人机的硬件组成及工作原理，同时对三种无人机的特点、优缺点以及应用场景进行了对比分析，为设计制作空中机器人奠定了理论基础，提供了实践参考。

4.7 思考题与习题

1. 无人机的发展历史中有哪些重大的技术突破？
2. 无人机在民用和军用领域主要有哪些应用？
3. 目前无人机技术的主要趋势是什么？
4. 固定翼无人机与多旋翼无人机在设计和功能上有什么区别？
5. 未来无人机技术发展可能面临哪些挑战？
6. 思政拓展思考题

无人机技术的快速发展正在改变我们的生活和工作方式。讨论无人机在提升社会生产效率、改善人们生活以及在灾害救援中的作用。同时，思考无人机使用中可能出现的伦理和法律问题，并探讨如何制定相应的管理规范。

第 5 章

仿生机器人基础及实践

5.1 仿生机器人概述

5.1.1 仿生机器学简介

仿生机械是模仿生物的形态、结构和控制原理，设计制造出功能更集中、效率更高并具有生物特征的机械。仿生机械学研究的主要领域有生物力学、控制体和机器人。生物力学研究生命的力学现象和规律，包括生物体材料力学、生物体机械力学和生物体流体力学；控制体是根据从生物了解到的知识建造的用人脑控制的工程技术系统，如机电假手等；机器人则是用计算机控制的工程技术系统。仿生机械学是以力学或机械学作为基础，综合生物学、医学以及工程学的一门边缘学科，它既把工程技术应用于医学、生物学，又把医学、生物学的知识应用于工程技术。它包含着对生物现象进行力学研究，对生物的运动、动作进行工程分析，并把这些成果根据社会的要求付之实用化。

早在 15 世纪，意大利的达·芬奇认为人类可以模仿鸟类飞行，并绘制了扑翼机图。到 19 世纪，各种自然科学有了较大的发展，人们利用空气动力学原理，制成了几种不同类型的单翼机和双翼滑翔机。1903 年，美国莱特兄弟发明了飞机。然而，在很长一段时间内，人们对于生物与机器之间到底有什么共同之处还缺乏认识，因而只限于形体上的模仿。直到 20 世纪中叶，由于原子能的利用，航天、海洋的开发和军事技术的需要，迫切要求机械装置应具有一定适应性和高度可靠性。而以往的各种机械装置远远不能满足要求，迫切需要寻找一条全新的技术发展途径和设计理论。随着近代生物学的发展，人们发现生物在能量转换、控制调节、信息处理、辨别方位、导航和探测等方面有着以往技术所不可比拟的长处。同时在自然科学中又出现了“控制论”理论。它是研究机器和生物体中控制和通信的科学，奠定了机器与生物可以类比的理论基础。1960 年 9 月在美国召开了第一届仿生学讨论会，会上提出了“生物原型是新技术的关键”的论题，从而确立了仿生学学科，以后又形成许多仿生学的分支学科。1960 年由美国机械工程学会主办，召开了生物力学学术讨论会。1970 年日本召开了第一届生物机构讨论会，确立了生物力学和生物机构学两个学科，在这个基础上形成了仿生机械学。

仿生机械学研究的主要领域有生物力学、控制体和机器人，生物力学研究生命的力学现象和规律，控制体和机器人是根据从生物了解到的知识建造的工程技术系统。其中用人脑控制的称为控制体，如机电假手、装具等；用计算机控制的称为机器人。仿生机械学的主要研究课题有拟人型机械手、步行机、假肢，以及模拟鸟类、鱼类等生物的各种机械。

那么,人类可以参考生物的哪些方面呢?

首先,可以将生物形态用于工程结构的设计中。自然界中巧妙的薄壳结构具有各种不同形状的弯曲表面,不仅外形美观,还能够承受相当大的压力。在建筑工程上,人们已广泛采用这种结构,如大楼的圆形屋顶、模仿贝类制造的商场顶盖等。动物界中,辛勤的蜜蜂被称为昆虫世界中的建筑工程师。它们用蜂蜡建筑极为规则的等边六角形蜂巢,无论从美观还是实用角度来考虑,都是十分完美的。它们不仅以最少的材料获得最大的利用空间,而且还以单薄的结构获得了最大的强度。在蜂巢的启发下,人们仿制出了建筑上用的蜂窝结构材料,具有质量轻、强度和刚度大、绝热和隔声性能良好的优点。同时这一结构的应用,已远远超出建筑界,它已应用于飞机的机翼、宇宙航天的火箭,甚至人类日常的现代化生活家具中。

其次,可以模仿生物形态与运动。现代的各种交通工具,如汽车、飞机、舰船等,均需要一定的工作条件,若在崇山峻岭或沼泽中则无法工作。但自然界中各种各样的动物,在长期残酷的生存斗争中,它们的运动器官、体形都进化得特别适合在某种恶劣环境下运动,并有着惊人的速度。

那么,仿生机械与机器人技术有什么关系呢?首先,仿生机器人是仿生机械学中的一个最为典型的应用实例,其发展现状基本上代表了仿生机械学的发展水平。日本和美国在仿生机器人的研究领域起步早,发展快,取得了较好的成果。例如,日本东京大学在1972年研究出世界上第一个蛇形机器人,速度可达40cm/s;日本本田于1996年研制出世界上第一台仿人步行机器人,可行走、转弯、上下楼梯和跨越一定高度的障碍;美国卡内基-梅隆大学1999年研制的仿袋鼠机器人采用纤维合成物作为弓腿,被动跳跃时的能量仅损失20%~30%,最大奔跑速度超过1m/s。

我国对仿生机器人的研究始于20世纪90年代,经过十多年的研究,在仿生机器人方面也取得了很多成果,研制出了相关的机器人样机,而且有些仿生机器人在某些方面达到了国外先进水平。例如,北京理工大学于2002年研制出拟人机器人,具有自律性,可实现独立行走和太极拳等表演功能;北京航空航天大学和中国科学院自动化所于2004年研制出我国第一条可用于实际用途的仿生机器鱼,其身长1.23m,采用GPS导航,其最高时速可达1.5m/s,能在水下持续工作2~3h;南京航空航天大学2004年研制出我国第一架能在空中悬浮飞行的空中仿生机器人——扑翼飞行器;哈尔滨工业大学于2001年研制的仿生多指灵巧手具有12个自由度和96个传感器,可完成战场探雷、排雷及检修核工业设备等危险作业。

5.1.2 仿生机器人的研究内容

仿生机器人的研究方向主要有以下几点:运动机理仿生、控制机理仿生、信息感知仿生、能量代谢仿生及材料合成仿生。

运动仿生是仿生机器人研发的前提,而进行运动仿生的关键在于对运动机理的建模。在具体研究过程中,应首先根据研究对象的具体技术需求,有选择地研究某些生物的结构和运动机理,借助高速摄像机或录像等设备,结合解剖学、生理学和力学等学科相关知识,建立所需运动的生物模型;在此基础上进行数学分析和抽象,提取出内部的关联函数,建立仿生数学模型;最后利用各种机械、电子、化学等方法与手段,根据抽象出的数学模型加工出仿生的软件、硬件模型。

生物原型是仿生机器人的研究基础，软硬件模型则是仿生机器人的研究目的，而数学模型则是两者之间必不可少的桥梁。只有借助于数学模型才能从本质上深刻地认识生物的运动机理，从而不仅模仿自然界中已经存在的双足、四足、六足及多足行走方式，同时还可以创造出自然界中所不存在的一足、三足等行走模式，以及足式和轮式配合运动等。目前，比较常见的运动仿生形式有以下几种。

1）无肢生物爬行仿生

无肢运动是一种不同于传统的轮式或有足行走的独特的运动方式。目前所实现的无肢运动主要是仿蛇机器人，具有结构合理、控制灵活、性能可靠、可扩展性强等优点。美国的蛇形机器人代表了当今世界的先进水平。

2）双足生物行走仿生

双足型行走是步行方式中自动化程度较高、较为复杂的动态系统。世界上第一台双足步行机器人是日本在1971年试制的Wap3，最大步幅为15mm，周期为45s。但直到1996年日本本田技研工业株式会社才制造出世界上第一台仿人步行机器人P2。1997年本田推出了P3，2000年又推出了ASIMO，索尼公司也相继推出机器人SDR23和SDR24。

3）四足等多足生物行走仿生

与双足步行机器人相比，四足、六足等多足机器人静态稳定性好，又容易实现动态步行，因而特别受到包括中国在内的近20多个国家学者的青睐。日本Tmsuk公司开发的四足机器人首次实现了可移动重心的行走方式。

4）跳跃运动仿生

跳跃运动主要是模仿袋鼠和青蛙。美国卡内-基梅隆大学的仿袋鼠弓腿跳跃机器人，质量为2.5kg，腿长为25cm，腿重0.75kg，采用单向玻璃纤维合成物作为弓腿，被动跳跃时能量损耗只有20%～30%，最高奔跑速度略高于1m/s。日本塔米亚公司开发了一种袋鼠机器人，全长18cm，低速时借助前后腿步行，高速时借助后退和尾部保持平衡，可以通过改变尾部转向。明尼苏达大学的微型机器人可以跳跃、滚动，可以登楼梯，可以跳过小的障碍，两个独立的轮子可以帮助机器人在需要时滚动到一定的位置。美国太空总署和加州理工大学研制的机械青蛙约1.3kg，有一条腿，装有弹弓，一跃达1.8m，可以自行前进及修正路线，适合执行行星、彗星及小行星的探测任务。

5）地下生物运动仿生

江西南方冶金学院模仿蚯蚓研制了气动潜地机器人，由冲击钻头和一系列充气气囊环构成，潜行深度10m，速度5m/min，配以先进的无线测控系统，具有较好的柔软性和导向性，能在大部分土壤里潜行，但还不能穿越坚硬的岩石。

6）水中生物运动仿生

海洋动物的推进方式具有高效率、低噪声、高速度、高机动性等优点，成为人们研制新型高速、低噪声、机动灵活和柔体潜水器的模仿对象。突出的代表有美国麻省理工学院的机器金枪鱼和日本的鱼形机器人。机器金枪鱼由振动的金属箔驱动外壳的变形，模仿金枪鱼摆动推进。继金枪鱼之后，他们还研制出了机器梭子鱼和一种涡流控制的无人驾驶水下机器人。日本东海大学的机器鱼利用人工前鳍来实现前进及转弯等相关动作，相对于机器金枪鱼而言摆动较小。北京航空航天大学的机器鱼质量为800g，在水中最大速度为0.6m/s，能耗效率为70%～90%。

7）空中生物运动仿生

目前对飞行运动进行仿生研究的国家主要是美国，剑桥大学和多伦多大学也在开展相关工作研究。加州大学伯克利分校制造了机器人苍蝇，翼展3cm，质量300mg，依靠3套不同的复杂机械装置进行拍打翅膀、旋转操作，振翅200次/s。佐治亚理工学院（Georgia Institute of Technology）与剑桥大学合作研制了类似飞蛾的昆虫机器人，体宽1cm，振翅30次/s，靠化学"肌肉"驱动。

对仿生机器人的第二个研究方向：控制机理仿生。

控制仿生是仿生机器人研发的基础。要适应复杂多变的工作环境，仿生机器人必须具备强大的导航、定位、控制等能力。要解决复杂的任务，完成自身的协调、完善以及进化，仿生机器人必须具备精确的、开放的系统控制能力。如何设计核心控制模块与网络以完成自适应、群控制、类进化等这一系列问题，已经成为仿生机器人研发过程中的首要难题。

自主控制系统主要用于未知环境中，系统的有限人为介入或根本无人介入操作的情景，它应该具有与人类类似的感知功能和完善的信息结构，以便能处理知识学习，并能与基于知识的控制系统进行通信。嵌套式分组控制系统有助于知识的组织，基于知识的感知与控制的实现。

对仿生机器人的第三个研究方向：信息感知仿生。

感知仿生是仿生机器人研发的核心。为了适应未知的工作环境，代替人完成危险、单调和困难的工作任务，机器人必须具备包括视觉、听觉、嗅觉、接近觉、触觉、力觉等多种感觉在内的强大感知能力。单纯地感测信号并不复杂，重要的是理解信号所包含的有价值的信息。因此，必须全面运用各时域、频域的分析方法和智能处理工具，充分融合各传感器的信息，相互补充，才能从复杂的环境噪声中迅速地提取出所关心的正确的敏感信息，并克服信息冗余与冲突，提高反应的迅速性和确保决策的科学性。

仿生系统需要的最重要的感觉能力可分为以下几类。

（1）简单的触觉：可以确定工作对象是否存在。

（2）复合触觉：能够确定工作对象是否存在，以及它的尺寸和形状。

（3）简单的力觉：沿一个方向测量力。

（4）复合力觉：沿一个以上的方向测量力。

（5）接近觉：工作对象的非接触检测。

（6）简单视觉：孔、边、摄角等的检测。

（7）复合的视觉：识别工作对象的形状等。

对仿生机器人的第四个研究方向：能量代谢仿生。

能量仿生是仿生机器人研发的关键。生物的能量转换效率最高可达100%，肌肉把化学能转变为机械能的效率接近50%，这远远超过目前各种工程机械，肌肉还可自我维护、长期使用。因此，要缩短能量转换过程，提高能量转换效率，建立易于维护的代谢系统，就必须重新回到生物原型，研究模仿生物直接把化学能转换成机械能的能量转换过程。

对仿生机器人的第五个研究方向：材料合成仿生。

材料仿生是仿生机器人研发的重要部分。许多仿生材料具有无机材料所不可比拟的特性，如良好的生物相容性和力学相容性，并且生物合成材料时技能高超、方法简单。所以研究仿生材料的目的，一方面在于学习生物的合成材料方法，生产出高性能的材料；另一方面是制造有机元器件。因此仿生机器人的建立与最终实现并不仅依赖于机、电、液、光等无机元器件，还应结合和利用仿生材料所制造的有机元器件。

5.1.3 仿生机器人实例

1. 仿生机器蟹

仿生机器蟹的外形和功能以三疣梭子为生物原型，共有 8 只步行足，每只步行足有 3 个驱动关节，共有 24 个驱动关节，由 24 台伺服电机驱动，形成 24 个自由度。仿生机器蟹模拟海蟹的多种步态，能够实现灵活地前行、侧行、左右转弯、后退等 14 个动作。步行足配有 16 只力传感器来感知外部环境，检测足尖落地和步行足是否碰到障碍物等信息，为步行足的路径规划提供信息。系统的硬件构架采用嵌入式结构，以 ARM 系统、DSP 芯片作为仿生机器蟹的核心控制器，用于完成复杂运动的规划和协调任务的运算。系统采用红外线遥感、力传感器、视觉传感器等，运用多传感器信息融合技术实时辨别外界环境，使机器蟹具有较高的智能性，能够实现在沙滩、平地、草地等环境中前行、后退、左右侧行及任意位置、任意角度、任意方向的转弯等。机器蟹利用红外线遥感技术，具有一定的越障能力和爬坡能力。

2. 仿生机器鱼

水下机器人由于其所处的特殊环境，在机构设计上比陆地机器人难度要大很多。在水下深度控制、深水压力、线路绝缘处理及防漏、驱动、周围模糊环境的识别等诸多方面的设计均需考虑，以往的水下机器人采用的都是鱼雷状的外形，用涡轮机驱动，具有坚硬的外壳以抵抗水压。由于传统的操纵与推进装置的体积大、质量大、效率低、噪声大和机动性差等问题，一直限制了微小型无人水下探测器和自主式水下机器人的发展。鱼类在水下的运行速度很快，金枪鱼速度可达 105km/h，而人类最快的潜艇速度只有 84km/h，所以鱼的综合能力是人类目前所使用的传统推进和控制装置所无法比拟的，鱼类的推进方式已成为人们研制新型高速、低噪声、机动灵活的柔体潜水器模仿的对象。仿鱼推进器效率可达 70%～90%，比螺旋桨推进器高得多，有效地解决了噪声问题。

中国第一条可以用于实际应用的仿生机器鱼已于 2004 年研制成功。技术人员可通过一个手掌大小的遥控器和一台计算机，对身长 1.23m、通体色泽亮黑、外形逼真的机器鱼发出各种指令。水中的机器鱼自由灵活地穿波逐浪，载沉载浮。

3. 仿生机器雨燕

一种模拟雨燕似的机器鸟——机器雨燕进行首次飞行后，证实其可变形的羽毛翅膀的飞翔能力不同凡响，它能像普通雨燕那样改变翅膀的形状，高速灵活地飞行。

机器雨燕翼展达 51cm，质量不超过 80g，携带 3 个微型摄像机，可以让它成为翱翔天空的空中间谍。此外，其电子马达可以驱动它跟随真鸟群飞行 20min，在不打扰野鸟的情况下对野鸟进行科学观察；或盘旋在人群或车辆上方，为政府和司法部门执行 1h 的对地侦察。

4. 仿生机器壁虎

仿生机器壁虎“神行者”作为一种体积小、行动灵活的新型智能机器人，有可能在不久的将来广泛应用于搜索、救援、反恐，以及科学实验和科学考察。机器壁虎能在各种建筑物的墙面、地下和墙缝中垂直上下迅速攀爬，或者在天花板上倒挂行走，对光滑的玻璃、粗糙或者有粉尘的墙面及各种金属材料表面都能够适应，能够自动辨别障碍物并规避绕行，动作灵活逼真。其灵活性和运动速度可媲美自然界的壁虎。

5. 仿生快速穿越沙地机器人

对于大多数车辆而言，一旦陷入沙地便无计可施，只有等待救援。美国科学家利用仿生学研制出一种机器人，它通过模仿沙漠动物的移动技巧，可以快速安全地穿越松散的地形。

穿越松散沙地时，机动车高速行驶的后果往往是陷入"沙沼"无法自拔，其主要原因在于车辆的质量使得松散的沙地在轮胎下方塌陷。美国宇航局火星探测器等也受到同样的问题困扰：如果它们的"肢体"在结构松软的表面前进得过快，则探测器便有下陷的危险；而慢速行驶则会使它们在穿越这种地带时浪费太多时间。

佐治亚理工学院科学家丹尼尔领导的研究小组找到了一个折中的方法。他们注意到，沙漠中生活的蜥蜴和蟑螂等动物在穿越沙漠时有独特的方式：它们的四肢在与沙地接触过程中运动非常缓慢，而在四肢腾空至再次触地之前的运动则非常迅速。这使得这些动物能够在松散的沙漠中安全快速前行。

6. 仿生机器蛇

仿生机器蛇是一种新型的仿生物机器人，与传统的轮式或两足步行机器人不同的是，它实现了像蛇一样的"无肢运动"，是机器人运动方式的一个突破。它具有结构合理、控制灵活、性能可靠、可扩展性强等优点。在许多领域具有广泛应用前景，如在有辐射、有粉尘、有毒及战场环境下，执行侦察任务；在地震、塌方及火灾后的废墟中寻找伤员；在狭小和危险条件下探测和疏通管道；为人们在实验室里研究数学、力学、控制理论和人工智能等提供实验平台。

以色列的一款"机器蛇"长约 2m，其外观和动作与真蛇别无二致，因此方便用来进行军事伪装。它通过穿越洞穴、隧道、裂缝和建筑物秘密到达目的，同时发送图片和声音给士兵，士兵通过一台由计算机控制的装置接收其发回的信息。其次，"机器蛇"还可以用于携带爆炸物到指定地点。

中国研制的一条长 1.2m、直径 0.06m、重 1.8kg 的机器蛇，能像蛇一样扭动身躯在地上或草丛中自主地运行，可前进、后退、转弯和加速，其最快运动速度可达 20m/min。头部是机器蛇的控制中心，安装有视频监视器，在其运动过程中可将前方景象实时传输到后方的计算机中，科研人员根据实时传输的图像观察运动前方的情景，向机器蛇发出各种遥控指令。这条机器蛇披上"蛇皮"外衣后，还能像蛇一样在水中游泳。

7. 大狗机器人

波士顿动力工程公司在仿生机器人方面的表现令人瞩目，大狗机器人的出世至今震撼人心。大狗机器人长 1m，高 70cm，重量 75kg，从外形上看，它基本上相当于一条真正的大狗。四条腿完全模仿动物的四肢设计，内部安装特制的减振装置。该机器人的内部安装有一台计算机，可根据环境的变化调整行进姿态。大量的传感器则能够保障操作人员实时地跟踪大狗机器人的位置并监测其系统状况。

5.2 仿生机器人套装的硬件组成

仿生机器人套装如图 5-1 所示，是一组可以制作出仿生机器人的套件，它不仅能够做出各种机器人模型（见图 5-2），而且能够设计机器人动作，使机器人拥有生命。利用仿生套装搭建的机器人可以从传感器及关节读取多种信息，并利用这些信息实现全自主运动。例如，可以制作一个机器狗，让它在听见一次拍手声时站起来，听见两次拍手声时坐下；或者制作一个机器人，当人靠近它时，它就鞠躬；还可以做一个机器人，可以躲避障碍物或者踢球；也可以通过遥控装置控制机器人。只要利用提供的软件，即使没有机器人知识背景的人也可以很容易地编程控制以上的各种机器人。仿生套装的结构基础是可六面空间扩展的H-M24 智能电机 H-S100 集成传感器，使用简单的连接件可以在 H-M24、H-S100 和H-CON101 之间实现快速连接，连接过程安全、方便。

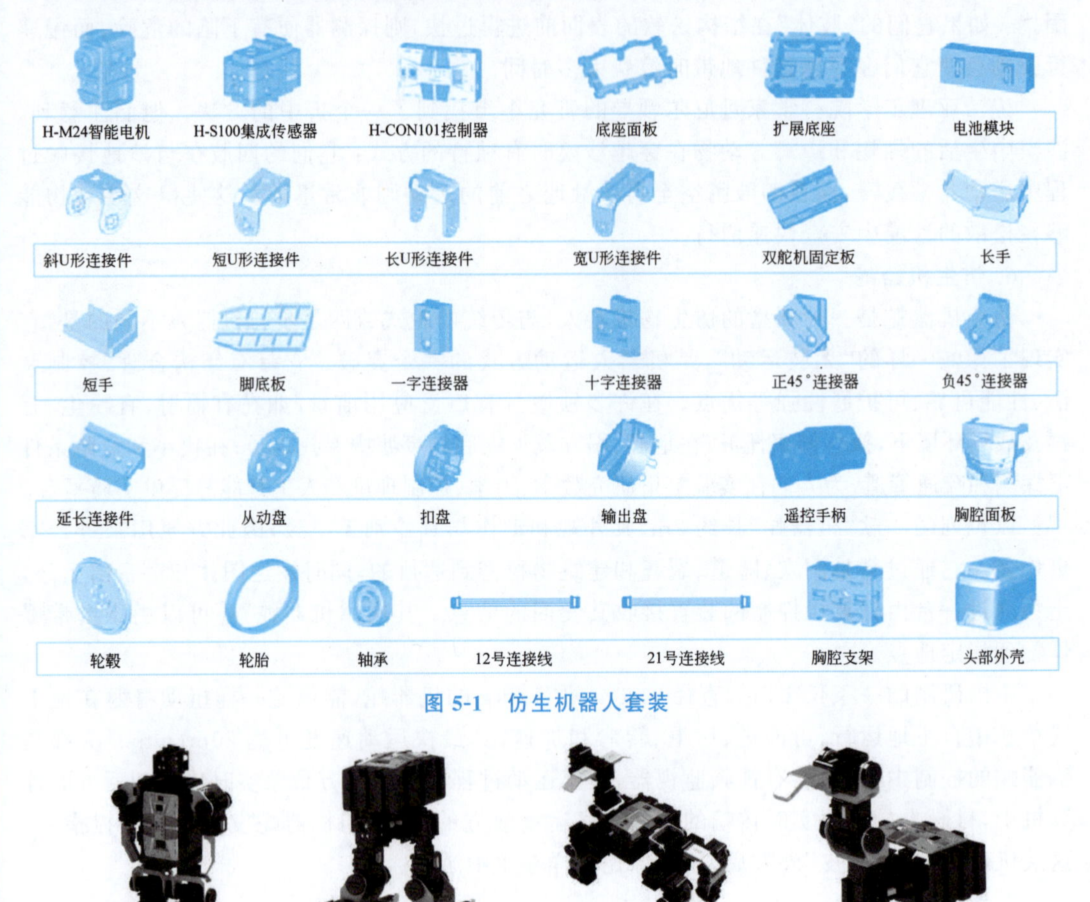

图 5-1　仿生机器人套装

图 5-2　仿生机器人套装制作实例

5.2.1　H-CON101 控制器

H-CON101 控制器控制面板如图 5-3 所示，它是仿生套装的控制设备，充当着机器人的大脑。它可以同时控制 255 个 H-M24 智能电机模块和 H-S100。H-CON101 控制器上带有 4 个按键，并集成了蓝牙、陀螺仪等模块，可以实现任意蓝牙设备与控制器的连接通信，还可以实现控制器三维任意方向倾角的检测。

1. 供电

供电套装内配有电源模块、电源适配器。控制器可以通过电源模块或电源适配器两种方式供电；打开电源开关，“P”指示灯会亮起。

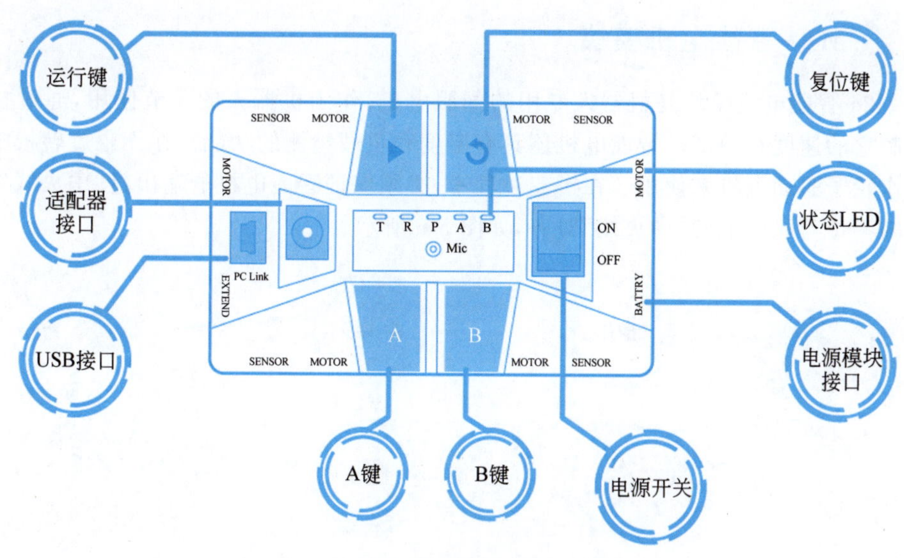

图 5-3　H-CON101 控制器控制面板

2. 通信

为了与计算机通信,需要通过 USB 数据线连接控制器的 USB 接口和计算机的 USB 接口,如图 5-4 所示。

图 5-4　H-CON101 控制器控制面板

3. 程序选择和运行

H-CON101 控制器可存储两套独立的 VJC 程序。在 VJC 编程界面中可以选择程序的下载位置,下载完成后,可以通过 H-CON101 控制器上的 A 键或 B 键选择要运行的程序,然后按运行键,程序即会启动。

4. 中止动作

想要停止正在执行的动作时,可以按复位键使机器人重新回到待机状态或者将电源开关拨向 OFF 关闭机器人电源。

5. A 键、B 键

在开始运行程序前作为选择程序 A 或者 B 使用,程序运行后作为机器人命令输入设备,即通常所说的按钮功能。

6. I/O 接口

为了可以扩展传感器和执行器,H-CON101 提供了 4 路 I/O 接口(即控制器上标记为 SENSOR 的接口),不但可以扩展传感器,而且可以提供数字输出功能。注意:当前套装内的集成传感器模块通信协议与智能电机一致,需要连接在 MOTOR 端口。

5.2.2 H-M24 智能电机模块

H-M24 智能电机模块是机器人专用的伺服电机，作为机器人的关节使用，通过控制器可以控制它的速度和角度。智能电机还具有温度和负载检测的功能。在无限旋转模式下还可以当作轮子驱动电机来使用。在搭建过程中，必须保证智能电机的输出盘“中央线”，即智能电机的零位与壳体上的“中央线”对齐，如图 5-5 所示。

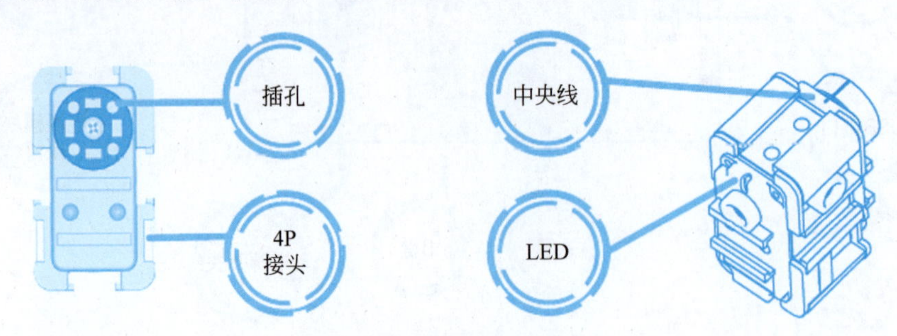

图 5-5 H-M24 智能电机

1. 智能电机的 ID 号

ID 是多个 H-M24 与 H-CON101 连接时，为了区分不同的智能电机，而给定的编号。必须保证 H-CON101 连接的所有智能电机都具有不同的 ID，控制器才能控制相应 ID 的智能电机转动。可以自主也可以通过在线检测终端更改智能电机的 ID 号，所有电机都可以串联起来并与控制器连接，如图 5-6 所示。

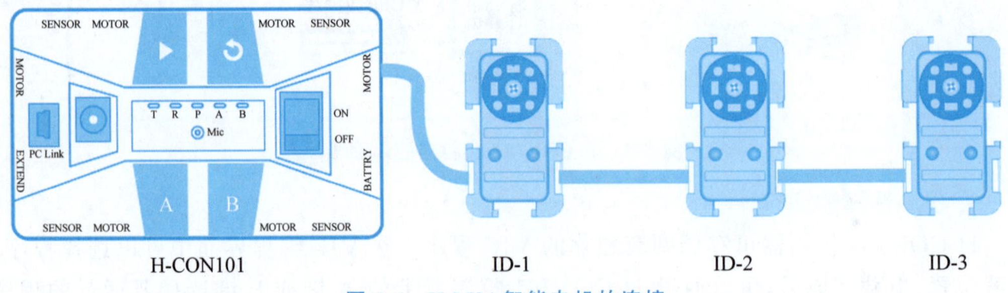

图 5-6 H-M24 智能电机的连接

2. 智能电机的关节模式

当把智能电机用作关节时，它的旋转范围为－150°～150°，通过控制器可以控制智能电机的转动速度（移动速度）和角度（目标位置）。为控制位置设定了 0～1023 的数字值。如图 5-7 所示，数字值 0 对应的角度是－150°，数字值 512 对应的角度是 0°，数字值 1023 对应的角度是 150°。

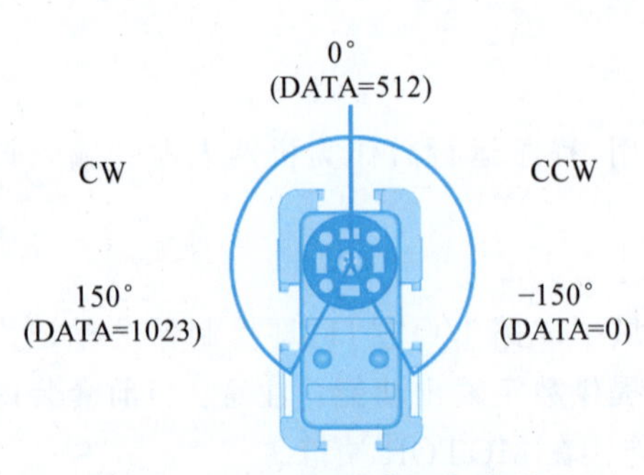

图 5-7 H-M24 智能电机角度说明

3. 智能电机的轮子模式

当把智能电机用作轮子驱动电机时，它可以连续旋转，还可以设定转动速度大小。速度值的范围是－1023～1023，0 为电机停止，－1023 对应顺时针最大速度，1023 对应逆时针最大速度。

5.2.3 H-S100 集成传感器

H-S100 集成传感器模块如图 5-8 所示，充当机器人的眼睛和耳朵。它具有距离检测、亮度检测、障碍检测、光照检测、声音检测等功能，还带有红外线遥控接收器，并可以作为机器人的发声器使用。H-S100 在与智能电机是相同的搭建结构。集成传感器默认的 ID 是 100，允许的 ID 范围是 100～120。

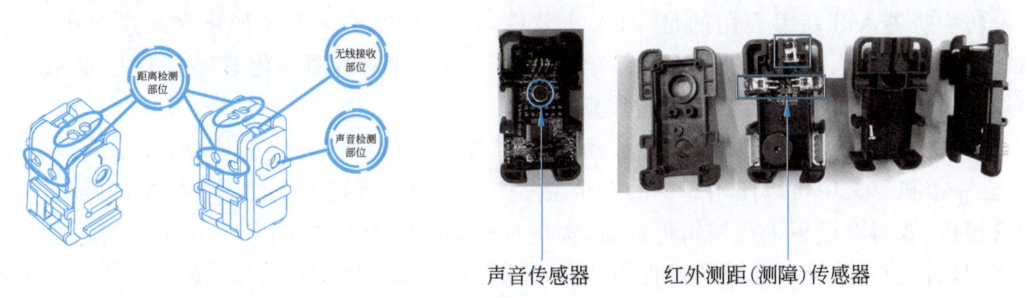

图 5-8　H-S100 集成传感器模块

5.2.4 仿生机器人套件

仿生机器人套件包含的器件如图 5-9 所示，套件的连接件包括结构件、导线、轮子等。利用连接件可以不借助螺丝钉和螺母直接连接控制器模块、H-M24 智能电机模块和 H-S100 集成传感器模块。

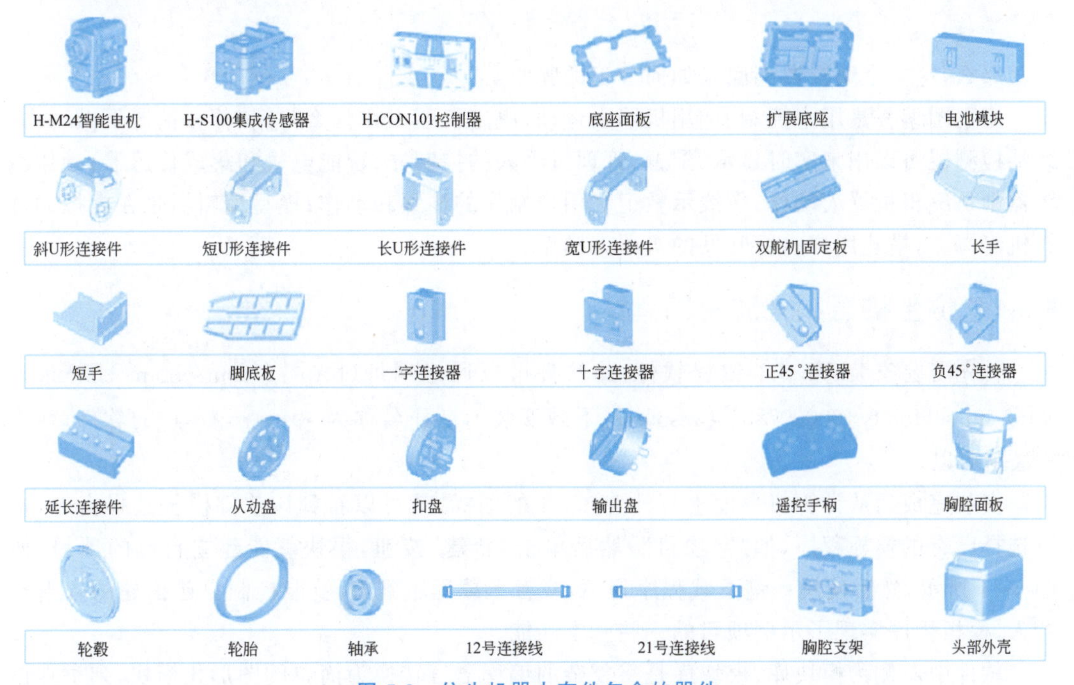

图 5-9　仿生机器人套件包含的器件

5.3 仿生机器人套装软件编程

仿生机器人套装提供的软件是基于模板程序的，可以在已有的模板程序基础上，适当地修改就可以实现复杂控制算法的编写，不仅如此，高级用户利用软件的扩展功能，还可以编写出属于自己的机器人程序。

仿生机器人套装编程用的是 VJC5.1 软件，VJC，中文全名为图形化交互式 C 语言，支持标准流程图式图形化编程和标准 C 语言编程。初学者通过图形化编程上手快，高级用户可以利用 C 语言开发出复杂的机器人算法。

VJC5.1 软件包含流程图编辑器、动作编辑器、模型编辑器、终端检测器，如图 5-10 所示，在一个机器人中可以使用其中的一个或多个编辑器实现机器人的编程控制，也可以使用原有模板，或者对模板进行编辑再创新，实现对机器人的控制。实际上，仿生机器人程序框架编程软件使用的是以流程图编程为核心，分别调用终端检测器、动作编辑器及模型编辑器的模式，使关节式机器人动作更加灵活，控制更加智能，二次开发更加方便。

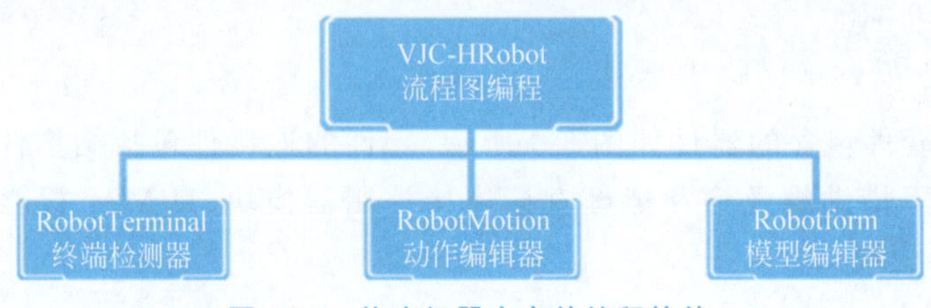

图 5-10　仿生机器人套件编程软件

那么，这 4 个编辑器到底是如何分工的呢？

流程图编程是用来控制、调用机器人运动，决定机器人在什么时间、什么情况下做动作；终端检测器可以用来实时显示、配置、管理机器人的控制器、智能电机和集成传感器；动作编辑器则是编辑机器人动作，在线示教记忆用户制作的步骤和动作；模型编辑器是在虚拟的计算机终端上，搭建用户自行开发的机器人模型。

5.3.1 仿生机器人之流程图程序

首先需要安装 VJC5.1 编程软件，此软件可以通过网址（https://coursehome.zhihuishu.com/courseHome/1000007851#resourse）下载安装。打开名称为 VJC SetupV5.1.0.21.EXE 的软件，双击安装就可以。

安装完成后从计算机桌面上打开 VJC5.1 的图标，就可以看到该软件模板选择窗口，可以选择已有的模板程序，如“空项目”，然后单击“新建”按钮，很快就能建立自己的项目，如图 5-11 所示，然后使用一键下载程序到 A，或者下载程序到 B，就能控制自己搭建的人形机器人，模板程序实现了示例项目的一些基本功能。

软件中左侧为模块库，模块库是将复杂的编程语言转换为简单的图形化模块，列举在该库中，方便拖动调用。流程图编程的模块分为 5 类：控制器模块库、智能电机模块库、集成传感器模块库、控制模块库和程序模块库。

控制器模块库是针对控制器本身及 I/O 接口进行检测设置的模块库。具体如下。

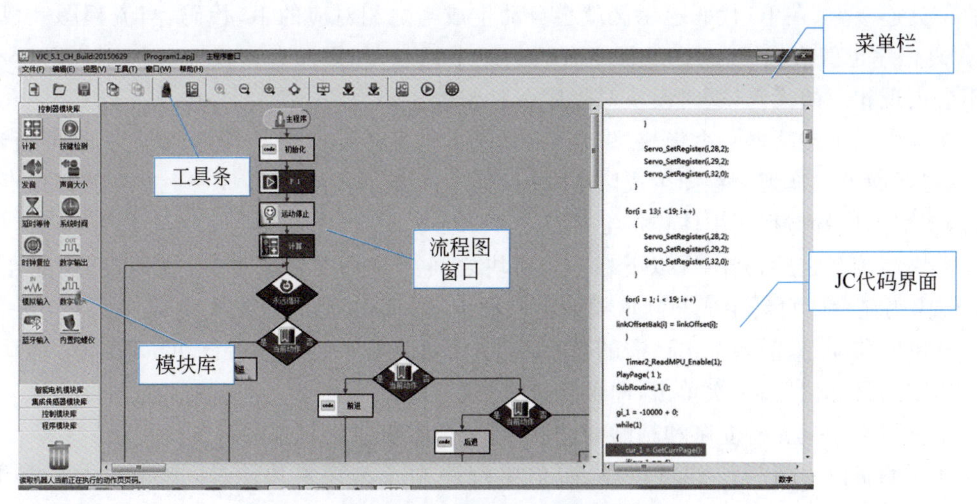

图 5-11　VJC5.1 编程窗口

计算：用来定义变量或进行加减乘除运算，不对应执行器实物。

按键检测：用来读取控制器上的按键状态信息，控制器有运行键、A 键、B 键可以使用，使用该模块相当于将控制器上可用的按键当成一个按钮来使用。

发音：用于指定控制器发音的时间，单位为 s。

声音大小检测：用来读取控制器声音输入值，该值范围为 1～255，拍手动作的参考阈值为 230，一般用于声音传感器的数值采集。

延时等待：可以设定控制器保持前一个状态的时间，单位为 s。

系统时间：读取控制器内系统计时器的当前时间，返回值以 s 为单位。当前时间减去开始计时时间为代码执行时间，常用于时间精确控制，经常和时钟复位同时使用。

时钟复位：将系统时间清零，即重新开始计时。

数字输出：对应控制器 I/O 接口的数字输出功能，所有开关型的执行器都可以使用该模块控制。参数中"输出通道编号"对应 I/O 接口号，"接通"对应 I/O 接口输出高电平，表示有电；"断开"对应 I/O 接口输出低电平，表示没电。

模拟输入：读取控制器对应 I/O 接口的模拟输入值。

数字输入：读取控制器对应 I/O 接口的数字输入值。

蓝牙输入：用于检测手柄按键状态，作为机器人控制条件。

内置陀螺仪：用于检测机器人姿态的信息，$X/Y/Z$ 轴角速度，即机器人角速度矢量在对应轴上的矢量分解；$X/Y/Z$ 轴加速度即机器人加速度矢量在对应轴上的矢量分解；$X/Y/Z$ 轴角度即机器人角度矢量在对应轴上的矢量分解。

通过单击可以让该模块跟随鼠标，再次单击放下该模块。通过双击可以打开该模块的编辑窗口，从而对该模块的参数进行编辑设置。通过右击某一模块可以弹出菜单，从模块库选择一个函数的图标，把它移入流程图生成区，程序就新增了一个模块，要使这个模块在程序中变为有效，就需要将模块连接到主程序中。

在 VJC 中需要将模块连接在一起，因为用 VJC 编写程序时，要在模块库中选择需要的模块，将它拖动到流程图生成区，并且将此模块与主程序连接上，才能在程序中发挥作用。

模块一旦连接上，在JC代码显示区就会自动生成与之相对应的JC代码，当流程图完成后，JC代码程序也就形成了，这也是程序有效的一个标志；如果没有连接上，则JC代码显示区就不会出现相应的代码，这时模块对程序不起作用。

在程序的末端新增一个模块，先在模块库中，单击需要增加的模块，该模块就可随光标移动，将新增模块拖到流程图生成区中，放在程序末端，光标的顶点放在上方模块的红点处，单击，新增模块就与程序主体连接上了。

模块连接上之后，会出现以下标志：模块之间由箭头连接起来；上方模块的“红点”消失；JC代码显示区自动生成与新增模块对应的JC语言代码。

模块的移动，只需要单击所需的模块，这个模块就处于“拿起”状态，可以随鼠标移动，将模块移动到目标位置，再次单击，即可将模块“放下”。

流程图程序是支持复制和粘贴的，其中还分为本窗口内复制和跨窗口复制。

程序编辑区中的模块均可以删除，但主程序和子程序模块除外，删除的方法有下面几种。

(1) 通过垃圾箱删除。将要删除的部分从程序主体中“拿起”，再将其拖动到垃圾箱处，鼠标在垃圾箱上单击一下，此部分就会自动消失。另外，从模块库中取出的模块在没有“放下”之前，可以通过右击取消。

(2) 右击删除。

用一个具体实例演示具体的编程方法。

需要提前准备以下工作：需要控制器一个、数据线一根，使用数据线连接计算机和控制器。

需要实现的任务：将控制器的“运行键”按下，控制器报警发声。

首先，打开VJC5.1新建一个“空的项目”，然后需要根据任务分析需要的函数模块，需要按下运行键，所以从控制器模块库里拖动一个“按键检测”的按钮，连接在编辑区的“主程序”上，双击弹出属性框，选择“播放”命令，单击“检测完成后进行条件判断”按钮，变量一等于1，则表示按下该播放键是接通状态时，让控制器做什么。在条件满足时，在左侧“是”端拖动一个“发音”图标，就表示按下播放键需要控制器发声。这个程序基本就完成了。但是存在一个问题，机器人内部执行一条语句时是按照顺序执行，如果遇到条件语句时，则满足哪边的条件就运行哪边的语句；如果遇到循环时，则要循环执行循环体内部的语句。重新观察之前的程序发现，当没有加入循环时，程序在开始运行一次之后就执行完了，这样有时是看不到结果的，所以为了随时按下播放键就能让控制器报警，需要加上循环语句，从左侧控制模块库中找到“永远循环”图标，把它拖动到主程序下面，然后把按键检测这部分函数放入“永远循环”内，这样下载下来就能实现所需要的功能了。具体程序如图5-12所示。

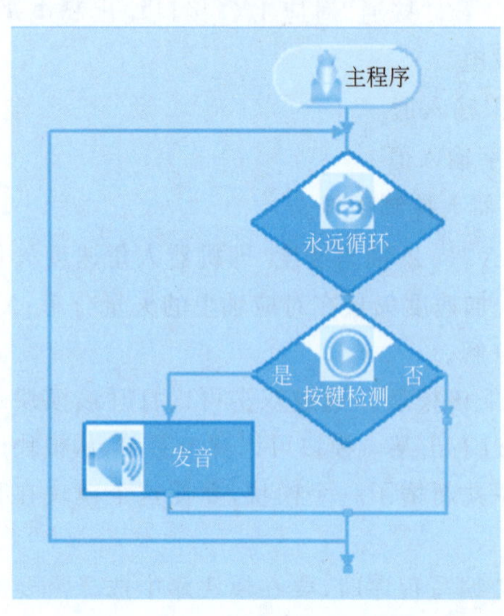

图5-12 按键控制声音的程序

初期版本的VJC代码是C语言的一个子集，通常称为JC语言，发展到VJC已经是标准的C语言格式，所以对C语言比较精通的同学可以直接使用C语言作为控制器的开发语言，只要打开就可以编写程序了。

智能电机模块库是仿生机器人常用的执行器模块库，包含了仿生机器人主要部分的执行，如智能电机的控制、动作页的执行等。

搜索电机：可以通过智能电机ID号对已连接智能电机进行查询。当对应智能电机存在时返回1，否则返回0。

设置电机：用于设置智能电机的属性，完成对单个智能电机或全部智能电机的操作，可以设置电机LED灯的亮灭、转动模式、转动速度、目标位置等信息。

读取电机：完成对单个智能电机当前状态的读取，可以读取单个电机的当前位置、速度、温度、负载、LED灯的状态等信息。

执行动作：用于播放指定的、由动作编辑器创建的动作页。

当前动作：用于检测机器人正在执行的动作页页码，数据范围为1～127。

运动状态：用于检测机器人是否在执行动作页，正在执行返回1，否则返回0。

退出动作：用于退出正在播放的动作页。控制器将执行完本页及后续“退出页”标识的动作页后，停止执行。

停止动作：用于停止当前正在播放的动作页，机器人将停留在当前页的状态下。

注意：当智能电机ID号设置为254时，控制器将对全部智能电机进行同样设置操作。

接着，通过一个实例来具体理解如何控制电机。

通过编程实现以下任务：用控制器上面的按键A和B控制电机的位置：当按下A键时，1号电机转动到0°；当按下B键时，1号电机转动到150°。依次反复。

同样，打开VJC5.1新建一个空的项目，需要根据任务，分析需要的函数模块，很明显需要添加“循环模块”，单击“永远循环”按钮，连接在程序编辑区的“主程序”上；从题目中分析：需要按下A键，所以从控制器模块库里拖动一个“按键检测”按钮，双击弹出属性框，单击A键按钮，变量一等于1，在条件满足时在左侧“是”端拖动一个“设置电机”按钮，双击该按钮，填入智能电机ID为1，选择“属性”里的“目标位置”，下方输入512；再次拖动一个“按键检测”按钮，接入前一个“按键检测”函数的“否”端，双击弹出属性框，单击“B键”按钮，变量一等于1，在条件满足时在“是”端拖动一个“设置电机”按钮，双击该按钮，填入智能电机ID为1，选择“属性”里的“目标位置”，下方输入“1023”。这个程序基本就完成了，如图5-13所示。当然，这个程序流程如果仔细研究还是有漏洞的，请思考，这个程序漏洞在哪里？

集成传感器模块库的函数是仿生机器人常用的传感器控制模块库，包含了所有的传感器功能。下面是各个模块的功能。

障碍检测：用于检测三个方向的障碍物存在状态，这个状态是基于阈值来确定的，左侧检测到为1，中间检测到为2，右侧检测到为4。

光照检测：用于检测三个方向的光照亮度状态，同样基于阈值来确定，左侧检测到为1，中间检测到为2，右侧检测到为4。

距离检测：用于检测左侧、中间或者右侧的距离值大小。

亮度检测：用于检测左侧、中间或者右侧的亮度值大小。

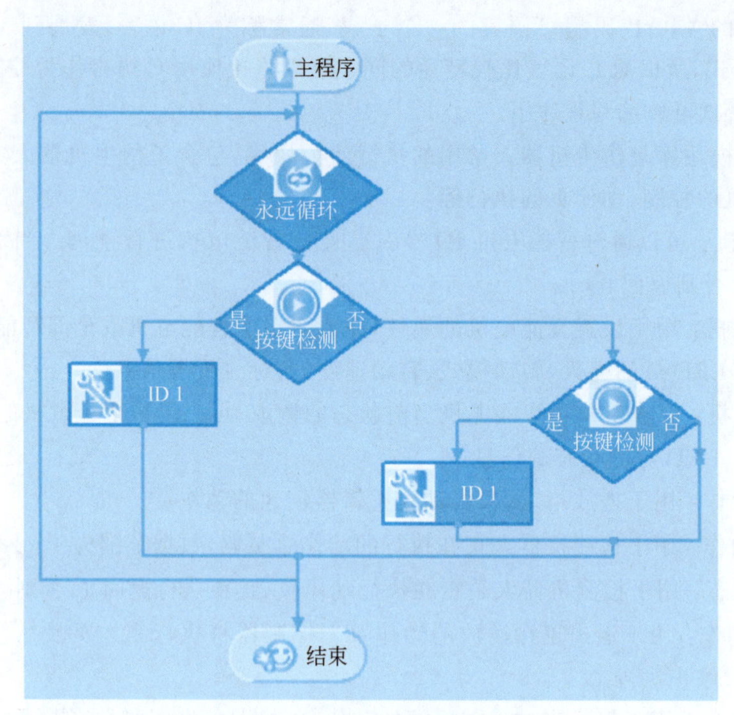

图 5-13　按键控制电机的转动

声音检测：读取集成传感器声音大小和拍手次数，其中声音大小在 0～255 范围内。

蜂鸣器：通过设置蜂鸣器的音符和蜂鸣时间，发出相应的音符。

红外发送：设置在红外通信中要发送的无线数据。

红外接收：读取红外通信中接收到的无线数据。

在程序中，读取各端口传感器的返回值一般有两种用途：储存和判断，其中用于判断的情况居多。在 VJC 中提供了 while 语句、if...else...语句、for 语句三种判断方式的流程图模块，它们都在控制模块库中。如果要做判断，则必须有比较的对象和比较参考值。比较的对象一般是传感器的返回值，或者是更新后的变量值，所以在传感器模块库中所有具备读取功能的模块都可以直接转换成条件判断模块。

实例：需要完成的任务是使用集成传感器模块库中的测距模块作为判断条件，当测距距离大于 120 时，设置 1 号智能电机模块 LED 参数为接通，否则为断开。

同样，打开 VJC5.1 新建一个空的项目，需要根据任务，分析需要的函数模块，很明显需要添加 “永远循环”，连接在程序编辑区的“主程序”上。从题目中分析：添加“距离检测”，双击弹出属性框，选择“中间传感器”命令，再选择“距离变量—大于 120”命令，在条件满足时，在“是”端拖动一个“设置电机”按钮，双击该按钮，填入智能电机 ID 为 1，选择“属性”里的 LED，下方选择“接通”命令；“距离检测”右侧“否”端拖动一个“设置电机”按钮，双击该按钮，填入智能电机 ID 为 1，选择“属性”里的 LED，下方选择“断开”命令。

此外，控制模块库中有下面 5 个函数。

多次循环：多次执行同一组指令，参数代表在循环体内的指令执行的次数，与 C 语言中的 for 语句相同。

永远循环：永远执行循环体内的同一组指令，与 C 语言中的 while(1)语句相同。

条件循环：当设定的判断条件成立，就重复执行循环体，一旦条件不成立，就退出循环，与 C 语言中的 while(条件)语句相同。

条件判断：根据条件在两组指令中选择一组执行，如果满足条件，则执行左边“是”的指令；如果不满足条件，则执行右边“否”的指令，可以对任何全局变量和传感器变量进行条件判断，与 C 语言中的 if(条件)...else...语句相同。

Break 退出循环：跳出当前循环，与 C 语言中的 break 语句相同。

在上述中提到的“条件”，它是一个表达式，两侧可以是运算式、变量或数值，中间使用 ＝＝、！＝、＞、＜、＞＝、＜＝等符号连接，该语句只有两种返回值 0 和 1，当返回值为 0 时表示条件不成立，当返回值为 1 时表示条件成立。在设置条件循环和条件判断时，还会看到“条件一”“条件二”按钮，一般情况下只使用“条件一”按钮。单击“条件二”按钮并选择“有效”命令后，会在外观上和“条件一”按钮基本一致，但是多了“有效”和“条件逻辑关系”两项命令。

(1) 只有选择了“有效”命令，“条件二”才生效。

(2) 条件逻辑关系表示“条件二”“条件一”的逻辑关系，包含与、或、非三种运算关系。与或非运算的两侧依旧可以是表达式或数值，计算结果下。

“条件一”与“条件二”：仅当两个条件都成立时结果为 1，其他情况结果为 0。

“条件一”或“条件二”：只要有一个条件成立时结果为 1，都不成立时结果为 0。

“条件一”非“条件二”：仅当两个条件返回值不同时结果为 1，其他情况结果为 0。

在进行较大程序的编写时，有时候总会有几条指令重复出现，此时可以将其定义为子程序，程序模块库就是满足这一需求。

新建子程序：把需要重复使用的一组模块新建为“子程序”，便于在主程序中调用，已达到精简程序的目的，定义子程序的名称及作者名。

子程序返回：结束一个子程序，此模块在子程序编辑窗口中出现，只能在子程序中使用。

结束模块：用于给主程序加一个结束标志，该模块产生 JC 代码 return，结束模块后不能再连接其他模块。

Code 自定义：提供自定义功能，利用该模块直接用 JC 代码进行编写程序，嵌套在 VJC 程序中。

变量百宝箱虽然不是模块库里面的模块，但是大部分模块里都集成了变量存储、判断的功能，VJC 把这些变量都装在变量百宝箱里，它自动对变量进行管理、创建、赋值、引用、回收。有了变量百宝箱，就可以方便地使用变量。黄色变量代表该变量里已经存放了数值，白色变量代表该变量还是空的。变量百宝箱的每个变量就是一个抽屉，存放数值和读取数值都需要变量百宝箱分配的“钥匙”。

5.3.2 仿生机器人之在线检测

在线检测可以方便地在线显示机器人上控制器、智能电机、集成传感器三者的数据信息。

首先打开 Robot Terminal 在线检测软件窗口，选择 VJC 5.1 工程界面中“在线检测”切换按钮，如图 5-11 所示。要想计算机能够识别检测机器人硬件，首先需要用 USB 数据线连接机器人和计算机，打开控制器电源，到此，机器人硬件连接完成。然后单击“在线检测”界面右侧的连接按钮，当连接成功后，按钮变为断开灰色状态，如图 5-14 所示。如果连接不成功，那么可能的原因一般有如下三种。

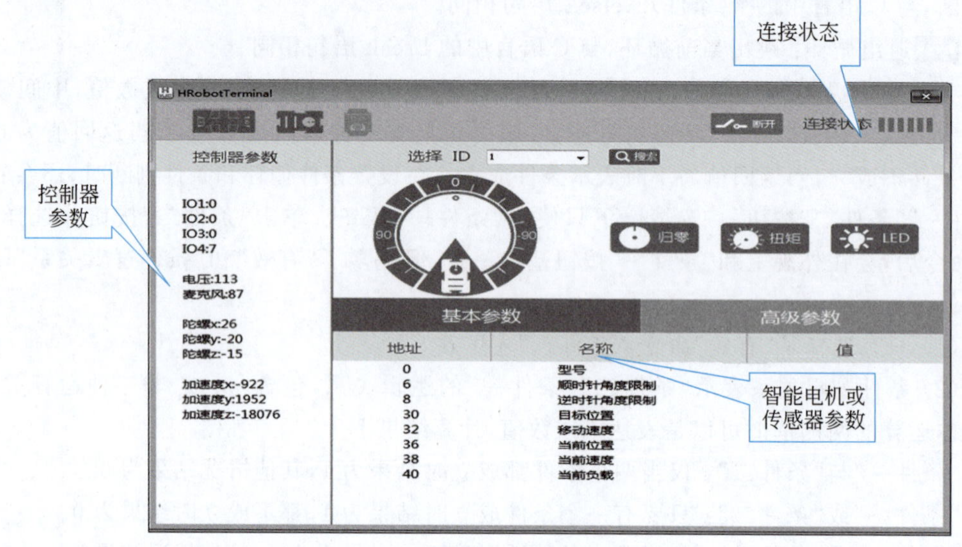

图 5-14　Robot Terminal 在线检测软件界面

（1）控制器电源没有打开。

（2）控制器没有通过数据线连接计算机。

（3）数据接口可能被占用，动作编辑器与在线检测终端只能有一个软件在使用数据接口。

当 Robot Terminal 在线检测软件连接成功后，控制器参数显示如图 5-15 所示。其中部分解释如下。

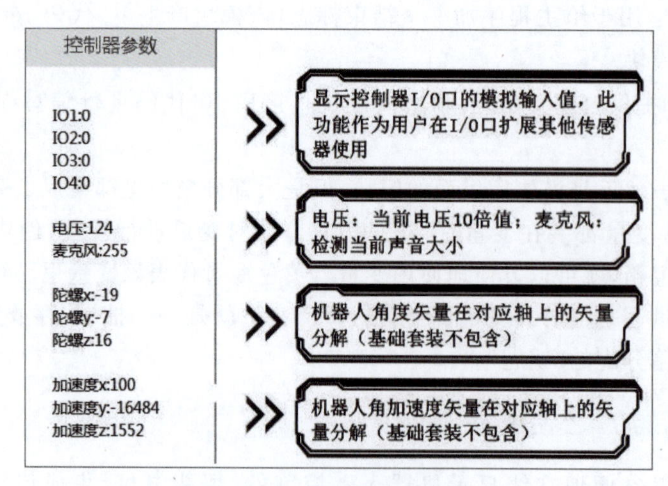

图 5-15　控制器参数显示

I/O 口：显示控制器 I/O 口的模拟输入值，此功能可供 I/O 口扩展其他传感器使用。

电压：显示是当前电压值的 10 倍。

麦克风：用来检测当前声音的大小。

陀螺仪：表示机器人角度矢量在对应轴上的矢量分解。

加速度：表示机器人角加速度矢量在对应轴上的矢量分解。

智能电机和集成传感器参数显示界面如图 5-16 所示。

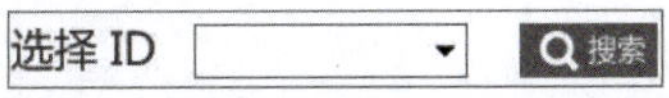

选择 ID　搜索

图 5-16　智能电机和集成传感器参数显示

当"选择 ID"为 1～18 时，可以查询智能电机模块参数；当"选择 ID"为 100 时，可以查询集成传感器模块参数；当只连接一个智能电机，且不确定该智能电机 ID 号的情况时，可以单击"搜索"按钮，进行查询，如图 5-17 所示。查询智能电机参数，窗口上半部分是智能电机常用功能快捷操作按钮：①拖动指针实时调节当前角度；②单击一键归零按钮；③单击扭转开启或关闭按钮；④电机 LED 指示灯开启或关闭按钮；窗口下半部分是智能电机基本参数/高级参数显示列表。

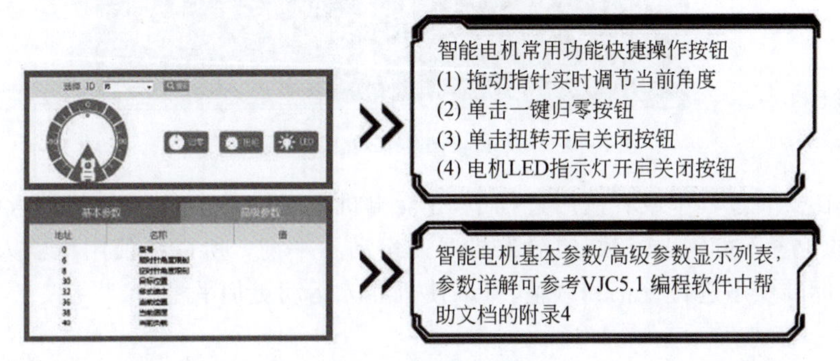

图 5-17　查询电机参数

查询集成传感器相关功能模块列表包括距离检测、亮度检测、声音检测、红外发送等，具体查询集成传感器参数如图 5-18 所示。

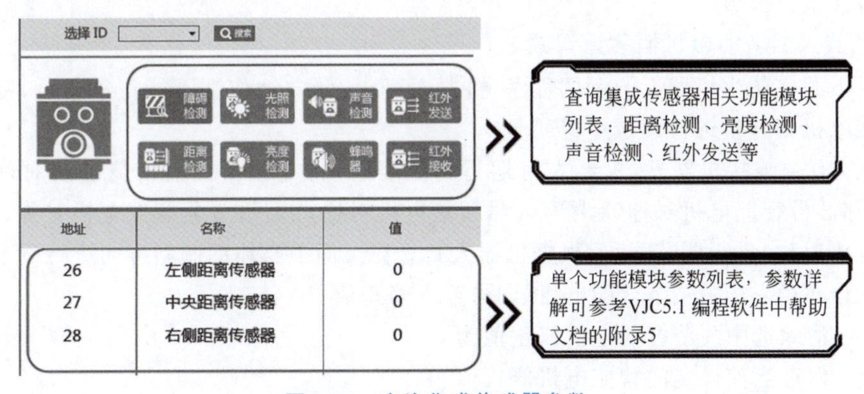

图 5-18　查询集成传感器参数

5.3.3　仿生机器人之动作编辑器

VJC 编写的流程图是程序控制语句，而动作编辑器是机器人动作数据。为了更好地理解，我们可以把 VJC 程序比作 MP3 播放器，动作编辑器编写的动作比作 MP3 音乐文件。

如果没有 MP3 播放器，则 MP3 文件不能播放，音乐不能播放；如果没有 MP3 音乐文件，则相同的音乐也不能播放。控制机器人，VJC 流程图程序是必须的，如果 VJC 流程图调用了动作页，则也必须编写动作页程序，相反没有调用动作页，则可以不编写动作页程序。

选择 VJC-HRobot 工程窗口中动作编辑器切换按钮，启动动作编辑器程序。窗口如图 5-19 所示。

图 5-19 HRobot Motion 动作编辑器窗口

机器人在安装过程中或者使用过程中，智能电机零度位置改变，导致机器人在标准位置时，与设定的位置不能完全一致，将导致机器人运动不平衡。所以在使用机器人之前，通过对机器人的标准姿态进行校正和调整，可以使机器人运动更加平稳。

1. 机器人的动作调试

如果下载了仿生机器人的示例程序，机器人行走、转向均可正常运行，但是有一个或者两个姿态不能正常执行，则此时需要对单个动作进行调试。

调试方法：连接机器人，定位到机器人容易摔倒的姿态，根据机器人的摔倒方向，调节相应的智能电机参数。

2. 机器人的智能电机偏移量调试

如果下载完仿生机器人的示例程序，机器人行走、转向动作都不能正常运行，则此时需要对智能电机偏移量进行调试。

调试方法：连接机器人，机器人将运行初始姿态，首先根据机器人腿部的对称性差别(如 1 号和 2 号智能电机对称，3 号和 4 号智能电机对称，5 号和 6 号智能电机对称，7 号和 8 号智能电机对称)进行调节，然后根据机器人站立在桌面上身体的倾斜方向进行调节。

输入修正值：选中关节智能电机，即可输入修正值。

清零：清除选中关节智能电机修正值为 0。

确定：保存当前设定的智能电机修正值。

3. 智能电机修正值修正原则

为了保证脚底板水平，尽量不要对单个智能电机进行大角度的修改，可以对互补的两个电机进行同方向的修改，例如，人形右腿重心向前移 10，ID[1]为－5，ID[7]为－5 进行修正。

4. 编辑动作

如果是自己设计搭建的机器人，想编写属于自己的机器人动作，则可以通过选择菜单栏中的“查看”→“标准参数”命令显示动作页编辑属性窗口，窗口显示如图 5-20 所示。

图 5-20 动作编辑器窗口

基本操作如下：

1）机器人的连接/断开

使用产品标配的数据线连接机器人与计算机，选择程序界面工具栏中“连接/断开”按钮，建立机器人与计算机之间的通信。如果连接成功，则此按钮将变为灰色不可选状态；如果连接不成功，则查看是否将 Robot Terminal 在线检测软件断开(数据端口只能一个程序占用)、控制器是否上电、控制器是否复位(控制器只有在复位状态才能与控制器相连接)、是否将机器人与计算机使用数据线相连接、数据线是否损坏、控制器的数据口是否损坏。

单击程序窗口中的“断开”按钮，将断开机器人与计算机之间的通信，如果断开成功，则按钮变为灰色不可选状态。

2）动作文件的下载/上传

按照“机器人的连接\断开”中的步骤连接机器人；单击程序窗口中的“下载”按钮，当前编辑的动作文件将被下载到控制器中，窗口右下方的滚动条变为全绿颜色，代表程序下载完成；单击程序窗口中的“上传”按钮，控制器中的动作文件将被上传到当前程序窗口中，先前编辑的动作文件将会丢失，请注意保存。

3）在线演示已有动作

按照“机器人的连接\断开”中的步骤连接机器人，可进行以下操作。

仿真复位：机器人全部智能电机角度将恢复零度位置，机器人恢复标准姿态。

播放：下载当前正在编辑的动作到机器人控制器中，单击“播放”按钮演示编辑效果或者已有的动作(操作前，必须将编辑的程序下载，否则机器人播放的是控制器内前一个保存的动作)。

退出：执行此条指令机器人不会立即停止下来，在停止之前将执行完“退出”动作页。

停止：“停止”操作不像“退出”操作，当单击此按钮时，机器人所有智能电机参数将停止在当前显示的角度下。

动作编辑的步骤如下。

1）动作编辑的框架

以人形（16 个智能电机）为例，16 个智能电机某一姿态下的所有角度（共 16 个）组成一个动作步骤，多个动作步骤（最多 7 个）组成一个动作页。在步骤与步骤之间为了达到连贯性，使用执行时间及停顿时间进行连接，在动作页与动作页之间使用下一页进行连接如图 5-21 所示。

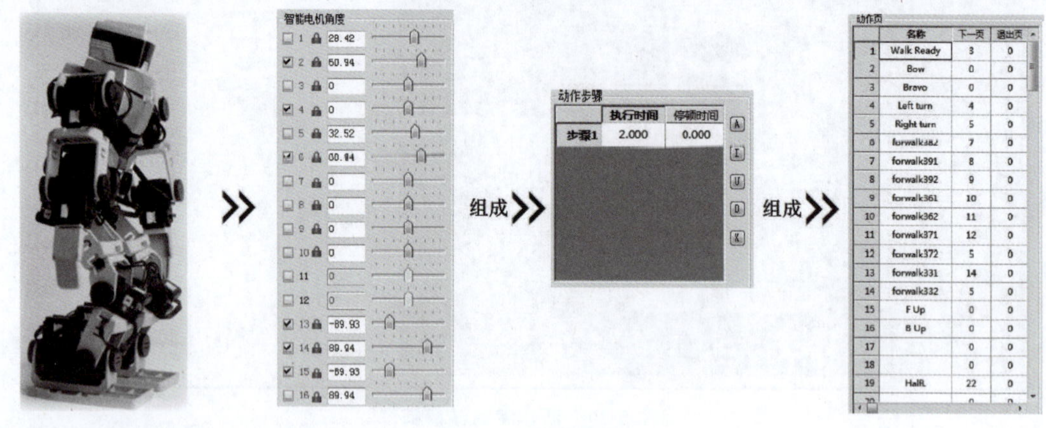

图 5-21 动作编辑

2）姿态编辑

姿态是机器人某个瞬时所有智能电机角度位置值的集合，也称一个步骤。

3）智能电机的三种状态

智能电机未使用（实际机器人模型中没有使用该智能电机），标示如图 5-22 所示的 ID 号为 11 的智能电机为不可选状态。切换方式：选择菜单栏“机器人”→“选择智能电机”命令，勾选该状态，则表示使用智能电机，未勾选该状态，则表示未使用。

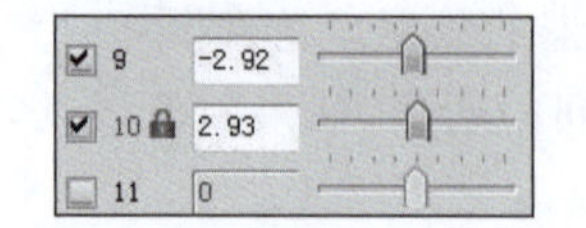

图 5-22 智能电机的三种状态

智能电机锁定（机器人智能电机将处于不可手动扭转状态），如图 5-22 所示，ID 号为 10 的智能电机为锁定状态（ID 数字为红色，带有锁按钮）。切换方式：勾选要锁定的智能电机，单击“锁定”按钮。

智能电机解锁（机器人智能电机将处于可手动扭转状态），如图 5-22 所示，ID 号为 9 的智能电机为解锁状态（ID 数字为黑色，不带有锁按钮），切换方式：勾选要锁定的智能电机，单击“解锁”按钮。

4）设置角度（即在线编辑）状态的操作

切换方式：单击工具栏“设置角度”按钮，使所有智能电机处于设置状态，在智能电机对应文本框中输入或者拖动文本框后面的滚动条。

5）读取角度（即示教操作）状态的操作

切换方式：单击工具栏“读取角度”按钮，使所有智能电机处于读取状态，在此状态下，将准备修改的机器人关节对应的智能电机设置为解锁状态，用手轻轻扭转机器人对应关节，使其达到想要的位置，锁定解锁的智能电机，最后保存姿态。

6) 步骤(多个姿态)编辑

步骤是机器人姿态的集合,但不完全是多个姿态的堆积。步骤数目最多 7 个(组成一个动作页),步骤之间可以实现"添加/插入/移动/删除"等功能。

添加:在步骤列表的最后添加一个步骤,单击"A 键"按钮 A。

停顿时间:从当前步骤执行完,到下一步骤执行开始,中间停顿的时间。时间分辨率为 0.008s,最大时间是 2.04s,通过下拉列表选择完成。

7) 动作页编辑

动作页是机器人姿态步骤的集合,具体有以下主要设置。

重复次数:当前页在 VJC 中被调用后,重复执行次数。

执行速率:当前页所有步骤的执行时间与停顿时间总和乘以执行速率倒数作为本页实际运行的时间,因此执行速率值越大,当前页执行得越快。

动作页范围:1~127,共 127 页。

下一页:当执行完本页后,在没有调用退出动作指令时,将继续执行下一页的动作。

8) 显示动作页高级窗口

若想对机器人进行更多的控制,可以通过选择"查看"→"高级参数"命令,显示动作页编辑属性高级窗口,相比标准参数增加退出页和关节柔韧性参数。

退出页,表示当执行本页时,调用退出播放指令,退出页将执行。关节柔韧度的级别为 1~7 级。级别大表示智能电机运动平滑,适合舞蹈等动作,但不适合行走时腿部关节;级别小表示智能电机运动有力,适合行走等动作。

5.3.4 仿生机器人三维模型设计——模型编辑器

模型编辑器是编辑 3D 机器人模型的工具,编辑的机器人模型可以使动作编辑器编辑的动作在计算机上进行形象地仿真。仿生机器人套装是完全模块化的机器人套装,将机器人的组装时间大幅缩短。模型编辑器也是基于此设计出来的 3D 模型编辑软件,使用该软件可以快速地制作出想要的任意机器人模型。

选择 VJC-HRobot 工程界面中模型编辑器切换按钮,启动模型编辑器程序如图 5-23 所

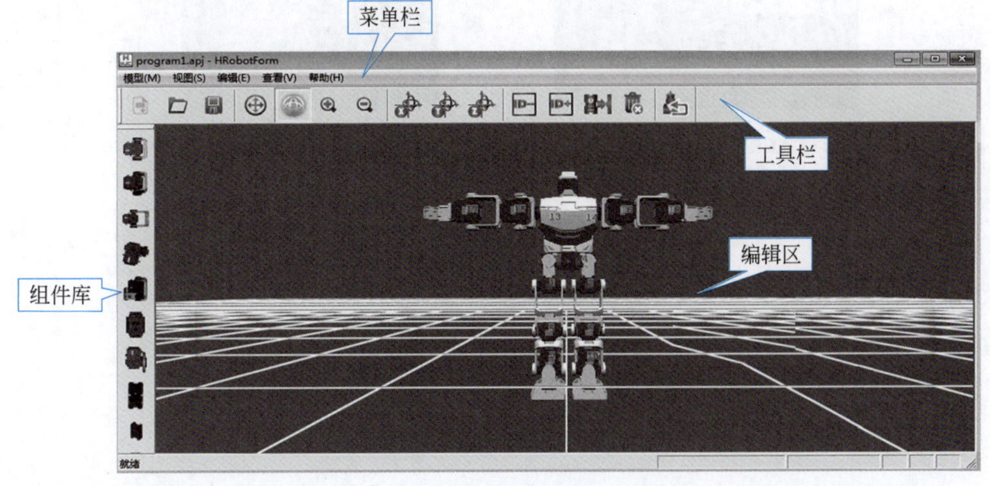

图 5-23 模型编辑器

示。界面左侧是组件库，上面是菜单栏和工具栏，组件库包含了仿生机器人套装内几乎所有的连接组件，使用这些组件可以搭建出任意想要的机器人 3D 模型。但是一定要注意：向模型编辑区添加组件前，必须选择要连接的已有组件，最初为底座。

在模型编辑区，在要变换的组件上单击，组件处于选中状态；在空白处单击，可以取消选中的组件，使其处于未选中状态，模块库组件添加之前，必须单击选中需要搭建的组件，否则添加组件无效。在组件被选中状态下，通过单击选中平移轴，可以在选中轴的方向上移动组件。在视图旋转模式下，右击拖动可以旋转视图；在视图平移模式下，右击拖动可以平移视图；通过鼠标滚轮可以实现以鼠标点为中心的视图缩放。

下面以一个“两自由度云台”搭建为例演示一下使用方法，如图 5-24 所示。

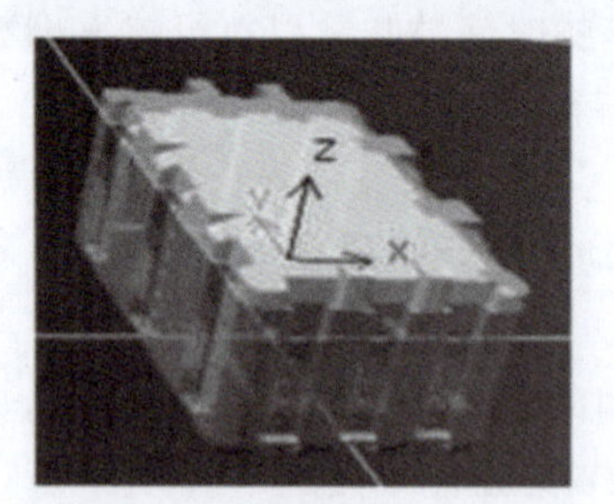

(a) 单击底座

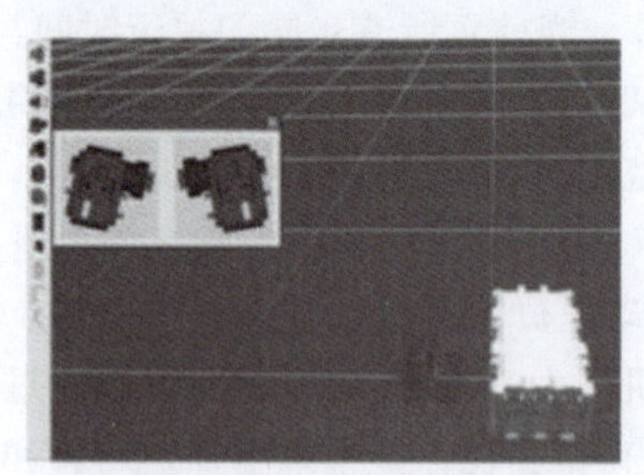

(b) 添加单轴输出模块

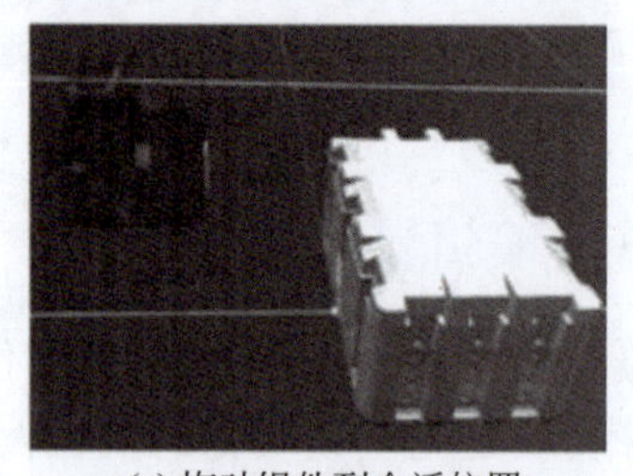

(c) 拖动组件到合适位置

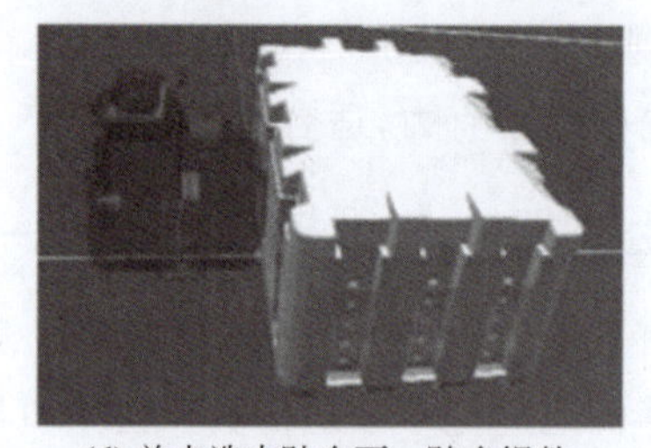

(d) 单击选中贴合面，贴合组件

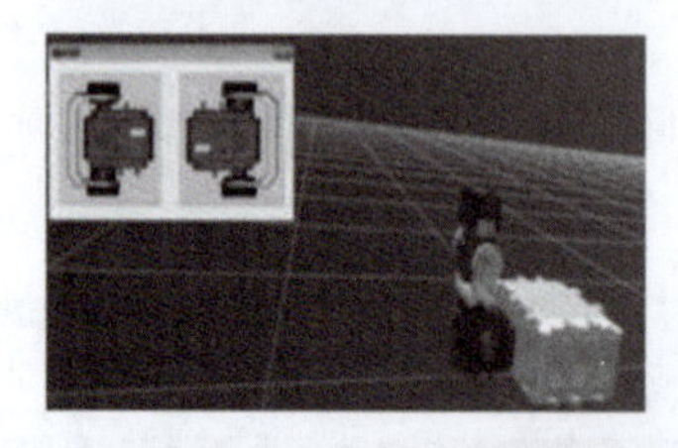

(e) 继续添加智能电机短 U 组件

(f) 双击此组件按 Z 轴旋转智能电机90°

(g) 单击空白处，取消选择

图 5-24　两自由度云台建模过程

第一步：单击底座。

第二步：在组件库中单击“单轴输出模块”按钮。

第三步：拖动组件到合适的位置。

第四步：单击两个组件的贴合面，最后单击“连接”按钮。

第五步：选中第一个电机的组件，将智能电机短 U 组件添加到视图窗口。

第六步：双击组件上的“智能电机”图标，单击工具栏中的“Z 旋转”按钮。

第七步：单击两个组件的贴合面，最后单击“连接”按钮。至此两自由度云台搭建完成。

5.4 本章小结

本章介绍了仿生机器人的基本概念、研究内容以及仿生机器人实例，以仿生机器人套装为例详述了仿生机器人的硬件和软件组成，通过了解仿生机器人套装的控制器、智能电机、传感器等硬件模块，以及流程图编程、在线检测、动作编辑器和三维模型设计等软件模块，以帮助读者更好地理解仿生机器人的设计与制作原理。

5.5 思考题与习题

1. 流程图编程题：设计一个流程图程序，使仿生机器人能够根据环境光线的强弱自动调节移动速度。当环境光线强时，机器人快速移动；光线弱时，减速移动。

2. 动作编辑器应用编程题：使用动作编辑器创建一组动作序列，让仿生机器人执行复杂动作，如转弯、鞠躬、跳跃等，并设置相应的触发条件。

3. 三维模型设计与实际应用设计题：利用模型编辑器设计一个仿生机器人的三维模型，并模拟其运动过程。考虑实际应用，如在搜索和救援任务中，机器人需要哪些特性或功能？

4. 思政拓展思考题

在当前科技迅速发展的背景下，仿生机器人的研究和应用日益广泛。结合本章内容，请思考并回答以下问题：

(1) 从伦理角度出发，仿生机器人的发展可能带来哪些正面和负面的影响？请具体阐述。

(2) 如何理解“科技是把双刃剑”这一观点，在仿生机器人的设计与应用中，我们应该如何平衡其利弊，确保科技发展更好地服务于人类社会以及如何在科技发展中兼顾道德和社会责任？

第6章

人工智能基础及应用

6.1 人工智能的概念

什么是人工智能?《人工智能标准化白皮书(2018 版)》中提到“人工智能是利用数字计算机或者由数字计算机控制的机器模拟、延伸和扩展人类的智能,感知环境、获取知识,并使用知识获得最佳结果的理论、方法、技术和应用系统。”

2021 年 3 月 13 日,新华社公布了《中华人民共和国国民经济和社会发展第十四个五年规划和 2035 年远景目标纲要》。全文共十九篇六十五章,“智能”“智慧”相关表述达到 57 处,这表明在当前我国经济从高速增长向高质量发展的重要阶段中,以人工智能为代表的新一代信息技术,将成为我国“十四五”期间推动经济高质量发展,建设创新型国家,实现新型工业化、信息化、城镇化和农业现代化的重要技术保障和核心驱动力之一。

人工智能是一个广泛的计算机科学分支,它致力于创建和应用智能机器。从更深入的层次上看,人工智能可以从以下几方面来理解。

学习和适应:人工智能系统需要具有学习和适应的能力。这些系统能从数据中学习,并在新的、未曾见过的情况下,根据所学到的知识做出适应性的反应。

理解和解析:人工智能系统需要有能力理解和解析其所处的环境。这包括理解语言,识别图像,或者理解复杂的模式和关系。

决策和行动:人工智能系统需要能够基于其理解和学习,做出决策并采取行动。这些决策包括自动驾驶汽车的导航决策,或者聊天机器人做出回应的决策。

自我改进:人工智能系统需要有能力进行自我改进。这些系统能够根据其性能的反馈,调整其行为,并提高其未来的性能。

人工智能可以按照不同的标准进行分类,以下是一些常见的分类方式。

1. 按照功能分类

人工智能按照功能分类可分为弱人工智能(narrow AI)、强人工智能(general AI)和超人工智能。弱人工智能是指不能真正的推理和解决问题的智能机器,这些机器看起来像是智能的,但是并不真正拥有智能,也不会有自主意识。这种人工智能系统专门针对某一特定的任务进行优化,如语音识别或图像处理,它们只能在特定领域内展现出人类级别的智能。强人工智能是指能够执行人类能够执行的任何任务的智能机器,理论上它们能够理解、学习、适应并执行任何一种可以由人类大脑完成的认知任务。超人工智能是指在各个领域超越人类,解决人类无法解决的问题的智能机器。当前,人工智能的发展仍处于弱人工智能阶段,只具备在特定领域模拟人类的能力,“工具性”仍是该阶段的主要特点。弱人工智能同全面模拟或者超越人类能力的强人工智能、超人工智能差距巨大。

2. 按照技术分类

人工智能按照技术分类可分为机器学习(machine learning)、深度学习(deep learning)、自然语言处理(natural language processing)和计算机视觉(computer vision)。机器学习是一种让计算机系统从数据中学习的技术。机器学习的算法使用统计学习理论,从输入的数据中找到并学习潜在的模式。深度学习是机器学习的一个子领域,使用神经网络模拟人脑"神经元"的工作方式,从复杂的、大量的数据中进行学习。自然语言处理是计算机用来理解、解析和生成人类语言的技术。计算机视觉是让计算机和机器能够"看到"和理解视觉信息的技术。

以上就是人工智能的主要分类,它们不同的特性和应用场景使人工智能在各个领域得到广泛应用。

6.2 人工智能的发展历程

人工智能的发展已有70余年的历史,其脉络可追溯到20世纪初。如今,AI已然深入人们生活的各个角落,无论是医疗保健、汽车产业、金融业、游戏产业、环境监测、农业、体育、能源管理、还是安全领域,大量的AI应用正在彻底改变人们的生活方式、工作习惯及娱乐模式。这些技术的持续进步预示着第四次工业革命的到来。

1. 人工智能的诞生(20世纪40—50年代)

1900年,希尔伯特在数学家大会上提出了23个未解决的问题,其中第二个和第十个问题与人工智能密切相关,最终促进了计算机的发明。1954年,冯·诺依曼完成了早期计算机EDVAC(electronic discrete variable automatic computer)的设计,并提出了"冯·诺依曼架构"。1950年,著名的"图灵测试"诞生。"人工智能之父"艾伦·图灵对人工智能的定义:如果一台机器能够与人类展开对话(通过电传设备)而不能被辨别出其机器身份,那么称这台机器具有智能。同年,图灵还预言会创造出具有真正智能的机器。图灵、哥德尔、冯·诺依曼、维纳、克劳德·香农和其他先驱者奠定了人工智能和计算机技术发展的基础。随后,1954年,美国人乔治·戴沃尔设计了世界上第一台可编程机器人。在1956年夏天,美国达特茅斯学院举行的历史上第一次人工智能的研讨会,被认为是人工智能诞生的标志。会上,麦卡锡首次提出了人工智能这个概念,纽厄尔和西蒙则展示了编写的逻辑理论机器。

2. 人工智能的黄金时代(20世纪50—70年代)

1966—1972年,美国斯坦福国际研究所研制出的机器人Shakey,是首台采用人工智能的移动机器人。同时,1966年,美国麻省理工学院的魏泽鲍姆发布了世界上第一个聊天机器人Eliza。Eliza的智能之处在于她能通过脚本理解简单的自然语言,并能产生类似人类的互动。1968年12月9日,美国加州斯坦福研究所的道格·恩格勒巴特发明计算机鼠标,构想出了超文本链接概念,这在几十年后成了现代互联网的根基。

3. 人工智能的低谷(20世纪70—80年代)

人工智能发展最初取得的突破极大地提高了人们的期望,使人们高估了科技发展的速度。然而,连续的失败和目标的落空使人工智能的发展进入低谷。20世纪70年代初,人工智能的发展遭遇了瓶颈。当时计算机内存和处理速度有限,不足以解决任何实际的人工智能问题。研究者们要求程序对这个世界具有儿童水平的认识,但很快发现这个要求太高了。1970年没人能够做出如此巨大的数据库,也没人知道一个程序如何才能学到如此丰富的知识。由于进展缓慢,为人工智能研究提供资助的机构(如英国政府、美国国防部高级研究计划局和美国国家科学委员会(National Research Council,NRC))对无方向的人工智能研究逐渐停止了资助。美国国家科学委员会在拨款2000万美元后也停止资助。

4. 人工智能的繁荣期(1980—1987年)

专家系统模拟人类专家的知识和经验来解决特定领域的问题,实现了人工智能从理论研究到实际应用的重大突破。专家系统在医学、化学、地质学等领域取得的成功,将人工智能推向了应用发展的新高潮。1980年第一套专家系统XCON在卡内基-梅隆大学的正式启动,成为专家系统开始在特定领域发挥作用的里程碑,推动整个人工智能技术进入繁荣阶段。

1981年,日本经济产业省拨款8.5亿美元用来研发第五代计算机项目,当时称为人工智能计算机。随后,英国、美国纷纷效仿,开始向信息技术领域的研究提供大量资金。1984年,在美国人道格拉斯·莱纳特的带领下,启动了Cyc项目,其目标是使人工智能的应用能够以类似人类推理的方式工作。1983年,美国发明家查尔斯·赫尔制造出了人类历史上首个3D打印机,这台打印机称为stereo lithography apparatus(SLA),它使用光敏树脂作为材料,通过逐层固化来创建物体。SLA打印机的原理是利用激光束照射光敏树脂,使其固化成为实体。这项技术的诞生开创了3D打印的先河,为后来的3D打印技术发展奠定了基础。随着时间的推移,3D打印技术得到了广泛应用,不仅在工业制造领域有着重要的作用,还在医疗、建筑、艺术等领域展现出了巨大的潜力。通过3D打印技术,人们可以快速、精确地制造出各种复杂的物体,为人类的生活带来了许多便利和创新。

5. 人工智能的冬天(1987—1993年)

随着人工智能应用规模的不断扩大,应用领域狭窄、缺乏常识性知识、知识获取困难、推理方法单一、缺乏分布式功能、与现有专家系统数据库难以兼容等问题逐渐暴露出来。当时的人工智能领域主要使用约翰·麦卡锡的LISP编程语言。LISP机逐步被蓬勃发展的个人计算机替代,专用LISP机的硬件销售市场严重崩溃,人工智能发展再次进入寒冬。

硬件市场的崩溃和理论研究的混乱,再加上政府和机构纷纷停止对人工智能研究领域的资金投入,导致人工智能领域几年来一直处于低迷状态。但同时,在理论方法的研究上取得了一些不错的成果。

1988年,美国科学家朱迪亚·皮尔将概率统计方法引入人工智能的推理过程中,IBM的沃森研究中心将概率统计方法引入人工智能的语言处理中;1992年,李开复利用统计方法设计开发了世界上第一个独立于扬声器的连续语音识别程序;1989年,AT&T贝尔实验室的亚恩·莱坤和团队将卷积神经网络技术应用在人工智能的手写数字图像识别中。

"AI之冬"一词是由经历过1974年经费削减的研究者们创造出来。他们注意到了人们对专家系统的狂热追捧,预计到不久后人们将转向失望。事实被他们不幸言中,专家系统的实用性仅仅局限于某些特定情景。到了20世纪80年代晚期,美国国防部高级研究计划局的新任领导认为人工智能并非"下一个浪潮",将拨款倾向于那些看起来更容易出成果的项目。

6. 人工智能的稳步发展期(1993—2011 年)

人工智能的创新研究因网络技术的发展而加速,尤其是互联网的发展,使人工智能技术进一步实用化。理查德·华莱士是一位计算机科学家,他在 1995 年开发了一款名为 Alice 的聊天机器人程序。Alice 是基于人工智能技术的自然语言处理系统,能够模拟人类对话并回答用户提出的问题。华莱士通过编写复杂的规则和语义模型,使得 Alice 能够理解和生成自然语言。这项技术的目标是让机器能够像人类一样进行对话,并提供有用的信息和帮助。Alice 的问答能力在当时引起了人们的广泛关注和讨论,被认为是人工智能领域的重要突破。尽管 Alice 在某些方面表现出了智能的特点,但它仍然受限于预先编写的规则和模型,无法进行真正地理解和学习。但是,Alice 的开发为后来的聊天机器人技术奠定了基础,推动了人工智能领域的发展。

1997 年,美国 IMB 公司研制的计算机"深蓝"击败了国际象棋世界特级大师卡斯帕罗夫,成为首个在标准比赛时限内击败国际象棋世界冠军的计算机系统。德国科学家霍克赖特和施米德赫伯提出的 LSTM 递归神经网络,至今仍被用于手写识别和语音识别,对后来的人工智能研究产生了深远影响。

2004 年,美国神经科学家杰夫·霍金斯出版了《人工智能的未来》。杰夫·霍金斯是一位著名的计算机科学家和企业家,他在人工智能领域有着重要的贡献,特别是在神经科学和机器学习方面。他提出了一种称为"层次时序记忆"(hierarchical temporal memory)的理论,试图模拟人类大脑的工作原理。2006 年,杰弗里辛顿出版了《学习多层表征》,为神经网络搭建了一个新的架构,对未来人工智能深度学习的研究产生了深远影响。2011 年,沃森(Watson)作为美国 IBM 公司开发的、使用自然语言回答问题的人工智能程序参加美国智力问答节目,打败两位人类冠军,赢得了 100 万美元的奖金。这一事件被广泛视为人工智能领域的重要里程碑,体现了人工智能在自然语言处理和知识推理方面获得的巨大进展。沃森利用大数据和机器学习技术,能够理解并回答复杂的自然语言问题,这背后的技术包括自然语言处理、机器学习和知识图谱等。这次胜利引起了广泛地关注,并推动了人工智能在各个领域的应用和发展。

7. 人工智能的蓬勃发展期(2012 年至今)

随着移动互联网技术和云计算技术的爆发,人工智能领域积累了难以想象的数据量,为后续发展提供了足够的素材和动力。以深度神经网络为代表的人工智能技术,大幅度跨越了科学与应用之间的技术鸿沟,迎来了爆发式增长。

2012 年,多伦多大学在 ImageNet 视觉识别挑战赛上设计的深度卷积神经网络算法,被认为是深度学习革命的开始。加拿大神经学家团队创造了一个具备简单认知能力,有 250 万个模拟"神经元"的虚拟大脑,命名为 Spaun,且其通过了最基本的智商测试。2013 年,深度学习算法广泛运用在产品开发中。Facebook 人工智能实验室成立,探索深度学习领域,为 Facebook 用户提供更智能化的产品体验;Google 收购了语音和图像识别公司 DNNResearch,推广深度学习平台;百度创立了深度学习研究院等。2014 年,Ian Goodfellow 提出了 GANs 生成式对抗网络算法,这是一种用于无监督学习的人工网络和无监督学习的人工智能算法,由生成网络和评估网络组成,这种网络算法很快被人工智能的许多技术领域采用。2015 年是人工智能突破的一年,Google 开源利用大量数据就能直接训练计算机来完成任务的第二代机器学习平台 Tensor Flow;剑桥大学建立人工智能研究所等。2016 年 3 月 15 日,

Google 人工智能 AlphaGo 与九段棋手李世石的人机大战最后一场落下了帷幕。人机大战第五场经过长达 5h 的搏杀，李世石与 AlphaGo 最终总比分定格在 1∶4，以李世石的认输结束。这一次的人机对弈让人工智能正式被世人所熟知，整个人工智能市场也像是被引燃了导火线，开始了新一轮的爆发。同时，语音识别、图像识别、无人驾驶等技术不断进步。2022 年 11 月，OpenAI 推出其开发的一个人工智能聊天机器人程序 ChatGPT（chat generative pre-trained transformer）。该程序使用基于 GPT-3.5 架构的大型语言模型，并通过强化学习进行训练，成为 AIGC 现象级应用。在 2023 年 3 月，OpenAI 又推出了 ChatGPT 的升级版——GPT-4.0，迭代速度极快。其包含的重大升级是支持图像和文本的输入，并且在 GPT-3.5 原来欠缺的专业和学术能力上得到重大突破。它不仅通过了美国律师法律考试，并且打败了 90%的应试者。在各种类型考试中，GPT-4.0 的表现都优于 GPT-3.5。

6.3 人工智能的研究领域及应用

人工智能的研究领域分支较多，从研究角度来看有三大分支：知识工程（knowledge engineering）、模式识别（pattern recognition）和机器人学（robotoligy）。这里仅选择其中几种研究领域进行粗略的介绍。

6.3.1 专家系统

1977 年费根鲍姆提出知识工程，把实用的人工智能称为知识工程，标志着人工智能研究进入实际应用的阶段。他开发出了第一个专家系统（expert systems），认为“专家系统是一种智能的计算机程序，它运用知识和推理步骤来解决只有专家才能解决的复杂问题”。专家系统是指利用研究领域的专业知识进行推论，在解决专业的高级问题方面具有和专家相同能力的解决系统，属于人工智能的应用领域。目前，这一领域发展较快，应用也较广，已开发出不少具有实际价值的专家系统。

与传统的计算机程序相比，专家系统是以知识为中心，注重知识本身而不是确定的算法。专家系统所要解决的是复杂而专门的问题，对于这些问题，人们还没有精确的描述和严格的分析，因而其一般没有解法，而且经常要在不确定或不精确的信息基础上做出判断，需要专家的理论知识和实际经验。标准的计算机程序能精确地区分出每一个任务应该如何完成，而专家系统则是告诉计算机做什么，而不区分出如何完成，这是两者最大的区别。另外，专家系统突出了知识的价值，大大减少了知识传授和应用的代价，使专家的知识迅速变成社会的财富。再者，专家系统采用的是人工智能的原理和技术，如符号表示、符号推理、启发式搜索等，与一般的数据处理系统不同。

20 世纪 60 年代末，以猜测为基础的第一个专家系统 Dendral 是由费根鲍姆和莱登伯格在斯坦福大学共同设计的，当时用于分析化合物的化学结构。这一系统至今仍被有机化学家经常使用。20 世纪 70 年代中期，肖特列夫开发了 Mycin 这一专家系统，它是针对传染性血液病的诊断和治疗开发的系统。把患者的症状输入系统后，经过 Mycin 推理，最终由计算机开出处方。据检测，Mycin 的能力通常并不比专门的医生逊色。但它没有被投入实际使用，只是在培养医生的学校当作教材在使用。还有由斯坦福研究所美国地质调查国际组织开发的“探矿人”(Prospector)专家系统,以及波音公司的专家系统可辅助工程师更快地设计飞机等。

从不同角度,专家系统可分为多种类型。从其完成的功能来分,包括诊断、解释、修理、规划、设计、监督、控制等多种类型,这些功能又可分为两大类:分析型和综合型。分析型专家系统所要解决的问题有明确的、有限个数的解,系统的任务在于根据实际的情况选择其中一种或几种解。综合型专家系统的任务是根据实际的需要构造问题的解,包括设计、规划等问题。此外,也可根据知识的特征和推理的类型对专家系统进行分类。

专家系统在各个领域的应用已经产生了很可观的经济效益,这促进了对专家系统的理论和技术方面的研究。

开发专家系统的关键是如何获取知识,并如何表示、运用人类专家的知识。对这一点,范伦特(K.Vanlent)在1987年做出了充分说明,“人们应该去建构一个专家系统,去模拟专家的问题解决。专家行为,不管是由人或机器产生,都是他(它)的知识产物。但是,用什么能解释知识呢?尽管可以用不同的方式进行测量或限定,但对专家知识的形式和内容的最终解释,是人用来获取知识的学习过程。实际上,对于专家问题解决,学习理论可能是唯一足够科学的理论。”

6.3.2 自然语言处理

自然语言处理是人工智能早期的研究领域之一,也是一个极为重要的领域,主要包括人机对话和机器翻译,是一门融语言学、计算机科学、数学于一体的科学。随着以艾弗拉姆·乔姆斯基为代表的新一代语言学派做出的贡献和计算机技术的发展,自然语言处理正在变得越来越热门。有很多理由值得人们去研究,如何使计算机程序能以某种方式使用自然语言。口语是人们进行交际的自然形式,计算机用户希望能与机器进行口语对话交流。自然语言输入可以表示成口语,也可以从键盘上打入,以文本的形式给出口语。

最早的自然语言处理方面的研究工作是机器翻译。1949年,美国人威弗首先提出了机器翻译的设计方案。20世纪60年代,国外对机器翻译进行了大规模研究,耗费了巨额费用,但当时人们显然是低估了自然语言的复杂性,同时语言处理的理论和技术均不成熟,所以进展不大。机器翻译主要做法是存储两种语言的单词、短语对应译法的大辞典,翻译时一一对应,技术上只是调整语言的翻译顺序。但在日常生活中,语言的翻译远不止如此简单,很多时候还要参考某句话前后的意思。例如,英语的一句话:Stay away from the bank。由于bank有银行和河堤两个意思,那上面这句话应该翻译成“不要靠近银行”呢,还是“不要靠近河堤”呢?显然,光翻译这句话而不结合背景场合,不能保证翻译的正确性,需要联系上下文才能翻译正确,这就是机器翻译技术难度高的原因。

20世纪70年代末期,随着机器翻译理论和计算机技术的发展,机器翻译有很大的进步。常见的做法是将语言的翻译分为“原语言的理解”和“所理解的语言表达成目的语言”两个子过程。这就需要一种中间语言,只要做好原语言到中间语言,以及中间语言到目的语言的转换程序,就可以完成翻译。这种办法可以实现一种语言到多种语言的翻译。迄今为止,西语系的一些语言(如法语、英语)之间的互译技术已经比较成熟,双向翻译辅助系统准确性比较高,但是,翻译完后,还是要对译文稍作修改。1995年,松下公司试制成功一种可进行日文、英文互译的可视电话,引起了人们的广泛关注。该系统由计算机语音识别、声音合成和可视电话通信三个子系统组成。当使用者用各自的语言进行交谈时，该系统通过分析语音波形的变化，可从 3000 个例句中选择出语意最接近的句子，其识别率达到 98%。据称，只要具有专用词典，就可以用可视电话进行流利地会话。关于汉语，总的来说，除了与英语的互译水平稍微高一些，与其他语言的互译水平还不太高，市面上已有多种翻译软件在出售。主要原因是对汉语的形式化研究还不够，特别是汉语与西语不是一个语系，翻译起来难度较大。从而，要想真正建立一个能够生成和理解自然语言的计算机处理系统是相当困难的。因为，语言的生成和理解是一个极为复杂的编码和解码过程。一个能理解并用自然语言来表达信息的计算机系统，就需要像人那样，不仅需要掌握上下文知识和语境等有关信息，而且还需要能够利用这些知识进行推理。人具备大量的经验，以及拥有自己的观点和对世界的看法，而现在的机器还做不到这些。机器翻译离达到“自然的理解和表达”这个最终目标还有相当大的距离。目前所能做到的机器翻译仍然是人工辅助型的翻译系统，即依靠人对翻译的结果进行修正，来获得自然的翻译。

6.3.3 推理

人类智力的优越性表现在人能思维、判断和决策。思维是人类在感性认识的基础上形成的理性认识，是通过分析和综合过程来体现的。若人类思维中的分析综合过程产生了质变，即在一般的分析和综合基础上，产生了抽象和概括、比较和分类、系统化和具体化等一系列新的、高级的、复杂的思维能力，则在头脑中运用概念做出判断和推理。推理是由一个或几个判断推出另一个判断的一种思维形式，即从已有事实推出新事实的过程。在形式逻辑中，推理由前提(已知判断)、结论(被推出的判断)和推理形式(前提和结论之间的联系方式)组成。

人类之所以能高效率地解决一些复杂的问题，除了拥有大量的专门知识外，是因为人类具有合理选择知识和运用知识的能力，即推理能力和推理策略。要使机器具有智能，就必须使其具有推理的功能。以符号逻辑为基础的人工智能，是以逻辑思维和推理为主要内容的。传统的形式化推理技术，是以经典的谓词逻辑，即演绎推理为基础，广泛应用于早期的问题求解和定理证明中，但随着人工智能研究的不断深入，人们在研究中碰到的许多复杂问题已不能用演绎推理来解决，因而对非单调逻辑推理等方式的研究正迅速发展起来，这已成为人工智能的重要研究内容之一。

6.3.4 感知问题

感知问题是人工智能的一个经典研究课题，涉及神经生理学、视觉心理学、物理学、化学等学科领域，具体包括计算机视觉和声音处理等。计算机视觉研究的内容是如何对由视觉传感器(如摄像机)获得的外部世界景物和信息进行分析和理解，也就是说，如何使计算机“看见”周围的东西；声音处理则是研究如何使计算机“听见”讲话的声音，并对语音信息等进行分析和理解。感知问题的关键是必须把数量巨大的感知数据用一种易于处理的精练的方式进行简练、有效表征和描述。

对计算机视觉做出卓越贡献的是马尔(D.Marr)教授。他认为视觉是一个复杂的信息处理过程，有不同的信息表达方式和不同层次的处理过程，最终的目的是实现计算机对外部世界的描述。因此，他提出了三十层次的研究方法，包括计算理论、算法和硬件实现。他的理论奠定了计算机视觉研究的理论基础，并明确指出了研究内容和研究目标。目前，计算机视觉已在图像处理、立体与运动视觉、三维物体建模和识别等方面取得了很大进展，但离建构一个实用的计算机视觉系统还有很大距离。

2002年年底，有关"智能人机交互"领域重要研究内容之一的"人脸识别技术"在我国取得了突破性进展，其稳定性、识别率等都达到了国际先进水平，初步达到了实用阶段。"人脸识别技术"使计算机"人性化""智能化"的水平大大提高。

6.3.5 探索

在下棋或思考问题或寻求迷宫出口时，人们总要探索解决问题的原理，这就需要对探索进行专门的研究。探索是人工智能研究的核心内容之一。早期的人工智能研究成果，如通用问题求解系统、几何定理证明、博弈等都是围绕着如何进行有效的探索，以获得满意的问题求解。探索是人工智能研究和应用的基本技术领域。

人工智能中的问题求解和通常的数值计算不同。人工智能的问题求解首先对一个给定的问题进行描述，然后通过搜索推理以求得问题的解，而数值计算是通过设计的程序算法来实现数值的运算。人工智能问题求解的过程就是状态空间中从初始状态到目标状态的探索推理过程。探索的主要任务是确定如何选出一个合适的操作规则。探索有两种基本方式，一种是盲目探索，即不考虑给定问题的具体知识，而根据事先确定的某种固定顺序来调用操作规则，盲目探索技术主要有深度优先搜索、广度优先搜索；另一种是启发式探索，即考虑问题可应用的知识，动态地优先调用操作规则，探索就会变得更快。

探索技术重点是启发式探索。一般地，对给定的问题有很多种不同的表示方法，它们对问题求解具有不同的效率。在许多问题的求解中，可利用很多与问题有关的信息，使整个问题解决过程加快，这类与问题有关的信息称为启发信息，而利用启发信息的探索就是启发式探索。启发式探索利用启发信息对解题路径中有希望的节点进行排序，优先利用最有希望的节点，以找到问题解决的最佳方案。

6.3.6 博弈

博弈，对抗的学问，起源于下棋。让计算机学会下棋是人们让机器具有智能的最早尝试。早在1956年，人工智能的先驱之一——塞缪尔研制出跳棋程序，这个程序能够从棋谱中学习，并能从实战中总结经验。当时最轰动的一条新闻是塞缪尔的跳棋程序下赢了美国一个州的跳棋冠军。不过，在随后几年与世界冠军的较量中它没能赢得比赛。但今天的个人计算机家用软件上的跳棋程序、象棋程序、五子棋程序甚至是围棋程序，即使选择的是初级水平，要赢计算机一盘棋还是不容易的。

事实上，对于跳棋、象棋、五子棋及围棋等博弈游戏，其过程完全可用一棵博弈树来表示，利用最基本的状态空间搜索技术来找到一条必胜的下棋路线。但是，这棵博弈树往往大得惊人，特别是象棋程序和围棋程序。即使计算机的存储空间能够装得下所有的状态，花在搜索上的时间(通常所谓朝前看几步的时间)常常长得令人难以接受。随着现在计算机的性能越来越高，存储空间也越来越大，让人感觉好像计算机的能力提高了。另外，现有的计算机下棋程序建立在传统状态空间搜索技术的基础上，通过启发式算法对棋局中间状态获胜的可能性进行估算，并以此来决定下一步怎么走。这一方法可以大大减少状态空间的存储和搜索,从而为现代高性能计算机战胜国际一流下棋高手进一步铺平道路。

从 20 世纪 50 年代起,计算机与国际象棋高手、大师的比赛一直是人们感兴趣的话题,计算机通过与高手的比赛来不断改进程序。计算机界有人原以为计算机可以在 20 世纪 80 年代战胜国际象棋冠军,但实际时间却有所推延。IBM 公司一直有开发博弈程序这样一个传统,当年的塞缪尔就隶属于 IBM 公司。20 世纪 90 年代,IBM 公司先后开发了多种高性能计算机及相应的下棋软件,并把经过不断改进的下棋程序和"深蓝"计算机的矛头直接对准国际象棋特级大师——俄国人卡斯帕罗夫(简称卡氏)。在新闻媒体的推波助澜之下,1997 年 5 月,在美国纽约,卡氏和"深蓝"展开了令全球瞩目的又一轮人机大战。前两盘,双方下成 1∶1 打平;随后,双方连下三盘和棋;在关键性的第六盘比赛中,"深蓝"计算机发挥出色,赢得了胜利;从而以"2 胜 3 平 1 负"的总比分战胜了对手,令全球观众哗然。有人形容这是一场"像人一样的机器和像机器一样的人之间的比赛"。虽然"深蓝"计算机获胜了,但是也不能说明人工智能取得了突破性的成就。正如卡氏所说,他们之间的较量是不公平的,"深蓝"计算机虽然掌握了他与别人下棋的大量棋谱,但用到的仍然是状态空间搜索、模式匹配等传统的人工智能技术,计算机战胜卡氏一个重要的原因只不过是计算机计算速度大幅度提高罢了。计算机战胜卡氏另外一个重要的原因是除了计算机工程师之外,IBM 公司还有一帮深谙国际象棋规则和计算机知识的高手躲在"深蓝"计算机后面帮助它出谋划策,让工程师及时调整程序,如此一来,卡氏岂有不输的道理,输棋只是时间早晚的问题。

6.3.7 机器人学

机器人和机器人学是人工智能研究重要的应用领域,促进了许多人工智能思想的发展,由它衍生而来的一些技术可用来模拟现实世界的状态,描述从一种状态到另一种状态的变化过程,而且对于规划如何产生动作序列,以及监督规划执行提供了较好的帮助。

机器人的应用范围越来越广,已开始走向第三产业,如商业中心、办公室自动化等。目前机器人学的研究方向主要是研制智能机器人。智能机器人将极大地扩展机器人的应用领域。智能机器人本身能够认识工作环境、工作对象及其状态,根据人给予的指令和自身的知识,独立决定其工作方式,用操作机构和移动机构来实现任务,并能适应工作环境的变化。智能机器人只需要告诉它做什么,而不需要告诉它怎么做。智能机器人共有 4 种基本功能:①运动功能,类似于人的手、臂和腿的基本功能,对外界环境施加作用;②感知功能,获取外界信息的功能;③思维功能,求解问题的认识、判断、推理的功能;④人机通信功能,理解指示、输出内部状态、与人进行信息交流的功能。智能机器人是以一种"认知—适应"方式进行操作的。著名的机器人和人工智能专家布拉迪(Brady)总结了机器人学当前面临的 30 个难题,包括传感器、视觉、机动性、设计、控制、典型操作、推理和系统等几方面,指出了机器人学当前急需解决的难题是只有在这些方面有所突破,机器人应用和机器人学才能更适应社会的要求,成为人类的帮手。

目前,从仿真人各种外在功能各个方面的表现看,机器人的设计有很大的进展。现在有一些科学家在研究如何从生物工程的角度去研制高逼真度的仿真机器人。目前的机器人距人们心目中的能够做各种家务活,任劳任怨,并会揣摩主人心思的所谓"机器仆人"的目标还相去甚远。因为机器人所表现的智能行为都是由人预先编好的程序决定的,机器人只会做人要它做的事。而人的创造性、意念、联想、随机应变及当机立断等都难以在机器人身上体现出来。所以要想使机器人融入人类的生活，还是比较遥远的事情。

6.4 人工智能在智能机器人中的应用

6.4.1 智能机器人的视觉技术

机器视觉是人工智能正在快速发展的一个分支。简单来说，机器视觉就是用机器代替人眼来做测量和判断。机器视觉系统是通过机器视觉产品(图像摄取装置，分互补金属氧化物半导体(complementary metal-oxide-semiconductor，CMOS)和电荷耦合元件(charge coupled device，CCD)两种)将被摄取目标转换成图像信号，然后传送给专用的图像处理系统，得到被摄目标的形态信息，最后根据像素分布和亮度、颜色等信息，转变成数字化信号。图像系统对这些信号进行各种运算来提取目标的特征，进而根据判别的结果来控制现场的设备动作。

机器视觉是一项综合技术，包括图像处理、机械工程技术、控制、电光源照明、光学成像、传感器、模拟与数字视频技术、计算机软硬件技术(图像增强和分析算法、图像卡、I/O卡等)。一个典型的机器视觉应用系统包括图像捕捉、光源系统、图像数字化模块、数字图像处理模块、智能判断决策模块和机械控制执行模块。

机器视觉系统最基本的特点是提高生产的灵活性和自动化程度。在一些不适于人工作业的危险工作环境或者人工视觉难以满足要求的场合，常用机器视觉来替代人眼。同时，在大批量重复性工业生产过程中，用机器视觉检测方法可以大大提高生产的效率和自动化程度。

机器视觉易于实现信息集成，是实现计算机集成制造的基础技术。

1. 机器视觉的应用

机器视觉的应用主要有检测和机器人视觉两方面。检测可分为高精度定量检测(如显微照片的细胞分类、机械零部件的尺寸和位置测量)和不用量器的定性或半定量检测(如产品的外观检查、装配线上的零部件识别定位、缺陷性检测与装配完全性检测)两种。机器人视觉，是用于指引机器人在大范围内的操作和行动，例如，从料斗送出的杂乱工件堆中拣取工件，并按一定的方位放在传输带或其他设备上，即料斗拣取问题。对于小范围内的操作和行动，还需要借助触觉传感技术。

此外，机器视觉还在自动光学检查、人脸识别、无人驾驶汽车、产品质量等级分类、印刷品质量自动化检测、文字识别、纹理识别及追踪定位的领域有广泛应用。例如，在布匹的生产过程中，像布匹质量检测这种有高度重复性和智能性的工作只能靠人工检测来完成，在现代化流水线上常常可看到很多检测工人来执行这道工序，在给企业增加巨大的人工成本和管理成本的同时，仍然不能保证100%的检验合格率，即“零缺陷”。对布匹质量的检测是重复性劳动，人工检测容易出错且效率低。对流水线进行自动化的改造，使布匹生产流水线变成快速、实时、准确、高效的流水线。在自动化流水线上，所有布匹的颜色、数量都要进行自动确认(简称布匹检测)。采用机器视觉的自动识别技术完成了以前由人工来完成的工作。在大批量的布匹检测中，用人工检测产品质量效率低且精度不高，用机器视觉检测方法可以大大提高生产效率和生产的自动化程度。特征提取辨识一般布匹检测(自动识别)先利用高清晰度、高速摄像镜头拍摄标准图像，在此基础上设定一定标准；然后拍摄被检测的图像，再将两者进行对比。但是在布匹质量检测过程中也存在一些问题：图像的内容不是单一的图像，每块被测区域存在杂质的数量、大小、颜色、位置不一定一致；杂质的形状难以事先确定；布匹快速运动对光线产生反射，图像中可能会存在大量的噪声；在流水线上，有实时性的要求。对于上述问题，图像识别处理时应采取相应的算法，提取杂质的特征，进行模式识别，实现智能分析。颜色(Color)检测，从彩色 CCD 相机中获取的图像都是 RGB 图像，也就是说每一个像素都由红(R)绿(G)蓝(B)三个成分组成，来表示 RGB 色彩空间中的一个点。问题在于颜色空间中的色差不同于人眼的感觉，即使很小的噪声也会改变色差在颜色空间中的位置。所以无论人眼感觉有多么的近似，色差在颜色空间中也不尽相同。基于上述原因，需要将 RGB 像素转换成另一种颜色空间 CIELAB，目的就是使人眼的感觉尽可能与颜色空间中的色差相近。Blob 检测根据上面得到的处理图像，按照需求，在纯色背景下检测杂质色斑，计算出色斑的面积，以确定是否在检测范围之内。因此图像处理软件要具有分离目标、检测目标，并且计算出其面积的功能。Blob 分析(Blob analysis)是对图像中相同像素的连通域进行分析，该连通域称为 Blob。经二值化(binary thresholding)处理后的图像中的色斑可认为是 Blob。Blob 分析工具不仅可以从背景中分离出目标，而且可以计算出目标的数量、位置、形状、方向和大小，还可以提供相关斑点间的拓扑结构。在处理过程中不是采用单个的像素逐一分析，而是对图形的整行进行操作。图像的每一行都用游程长度编码(run length encoding，RLE)来表示相邻的目标范围。这种算法与基于像素的算法相比，大大提高了处理速度。结果处理和控制应用程序把返回的结果存入数据库或用户指定的位置，并根据结果控制机械部分做相应的运动。把识别的结果存入数据库进行信息管理。然后可以随时对信息进行检索查询，如管理者可以从中获知某段时间内流水线的忙闲，为下一步的工作做出安排，以及获知内布匹的质量情况等。

2. 国内外机器视觉的应用

在国外，机器视觉的应用广泛，主要体现在半导体及电子行业，其中 40%～50%都集中在半导体行业。具体如下。PCB(printed circuit board)印刷电路：各类生产印刷电路板组装技术、设备；单面、双面、多层线路板、覆铜板及所需的材料及辅料；辅助设施及耗材、油墨、药水药剂、配件；电子封装技术与设备；丝网印刷设备及丝网周边材料等。表面安装技术(surface mount technology，SMT)：SMT 工艺与设备、焊接设备、测试仪器、返修设备及各种辅助工具及配件、SMT 材料、贴片剂、胶黏剂、焊剂、焊料及防氧化油、焊膏、清洗剂等；再流焊机、波峰焊机及自动化生产线设备。电子生产加工设备：电子元件制造设备、半导体及集成电路制造设备、元器件成型设备、电子工模具。机器视觉系统在质量检测的各方面得到了广泛应用，并且其产品在应用中占据着举足轻重的地位。除此之外，机器视觉还用于其他各个领域。

在中国，视觉技术的应用开始于 20 世纪 90 年代，因为行业本身属于新兴的领域，再加上机器视觉产品技术不够普及，导致视觉技术在以上各行业的应用几乎空白。目前国内机器视觉大多数为国外品牌。国内大多数机器视觉公司基本上是靠代理国外各种机器视觉品牌起家的，随着机器视觉的不断应用，公司规模慢慢做大，技术上逐渐成熟。随着经济水平的提高，3D 机器视觉也开始进入人们的视野。3D 机器视觉大多用于对水果和蔬菜、木材、化妆品、烘焙食品、电子组件和医药产品的评级。3D 机器视觉可以提高合格产品的生产率，在早期的生产过程就报废劣质产品，从而减少浪费、节约成本。这种功能非常适合用于有高度、形状、数量甚至色彩等产品属性的成像。在行业应用方面，主要在制药、包装、电子、汽车制造、半导体、纺织、烟草、交通、物流等行业，用机器视觉技术取代人工，可以提高生产效率和产品质量。例如，在物流行业，可以使用机器视觉技术进行快递的分拣分类，降低物品的损坏率，提高分拣效率，减少人工劳动。

3. 机器人视觉的发展历程

机器视觉的研究是从20世纪60年代中期美国学者L.R.罗伯兹关于理解多面体组成的积木世界研究开始的。当时运用的预处理、边缘检测、轮廓线构成、对象建模、匹配等技术，后来一直应用在机器视觉中。罗伯兹在图像分析过程中，采用了自底向上的方法。用边缘检测技术来确定轮廓线，用区域分析技术将图像划分为由灰度相近的像素组成的区域，这些技术统称为图像分割。其目的在于用轮廓线和区域对所分析的图像进行描述，以便同机内存储的模型进行比较匹配。实践表明，只用自底向上的分析太困难，必须同时采用自顶向下，即把目标分为若干子目标的分析方法，运用启发式知识对对象进行预测。这同语言理解中采用的自底向上和自顶向下相结合的方法是一致的。在图像理解研究中，A.古兹曼提出运用启发式知识，表明用符号过程来解释轮廓画的方法不必求助于最小二乘法匹配之类的数值计算程序。20世纪70年代，机器视觉形成几个重要研究分支：①目标制导的图像处理；②图像处理和分析的并行算法；③从二维图像提取三维信息；④序列图像分析和运动参量求值；⑤视觉知识的表示；⑥视觉系统的知识库等。

6.4.2 智能机器人的语音合成与识别

让机器与人之间进行自然语言交流是智能机器人领域的一个重要研究方向。语音识别和合成技术、自然语言理解是建立一个能听会讲的口语系统，从而实现人机语音通信所必需的关键技术。语音合成与识别技术涉及语音声学、数字信号处理、人工智能、微机原理、模式识别、语言学和认知科学等众多前沿科学，是一个涉及面很广的综合性科学，其研究成果对人类的应用领域和学术领域都具有重要的价值。近年来，语音合成与识别技术取得显著进步，逐渐从实验室走向市场，应用于工业、消费电子产品、医疗、家庭服务、机器人等各个领域。特别是在计算机、信息处理、通信与电子系统、自动控制等领域中有广泛应用。目前，语音识别产品在人机交互应用中占到越来越大的比例。近年来，随着消费类电子产品对低成本、高稳健性的语音识别芯片需求的快速增加，使得语音识别系统大量地从计算机转移到嵌入式设备中。经过研究者的不断努力，现在嵌入式非特定人语音识别系统识别精度达到85%以上，而特定人语音识别系统的识别精度就更高了。

语音合成是指通过一定的机器设备产生出人造语音。具体方法是利用计算机将任意组合的文本转换为声音文件，并通过声卡等多媒体设备将声音输出。简单地说，就是让机器把文本资料“读”出来。

1. 语音合成分类

1）波形合成法

波形合成法是一种相对简单的语音合成技术，它把人的发声语音数据直接存储或进行波形编码后存储，根据需要进行编辑组合输出。这种语音合成技术只是语音存储和重放，往往需要大容量的存储空间来存储语音数据。因此，波形合成法适用于小词汇量的语音合成应用场合，如自动报时、报站和报警等。

2）参数合成法

参数合成法称为分析合成法，只在谱特性的基础上来模拟声道的输出语音，而不考虑内部发声器官是如何运动的。参数合成方法采用声码器技术，以高效的编码来减少存储空间，但这是以牺牲音质为代价的，合成音质欠佳。

3）规则合成方法

规则合成方法是通过语音学规则产生语音，合成无限词汇的语句。合成的词汇表不是事先确定的，系统中存储的是最小语音单位声学参数，以及由音素组成音节、由音节组成词、由词组成句子和控制音调、轻重音等韵律的各种规则。

2. 语音识别基本原理

语音识别系统本质上是一个模式识别系统，其原理如图 6-1 所示。

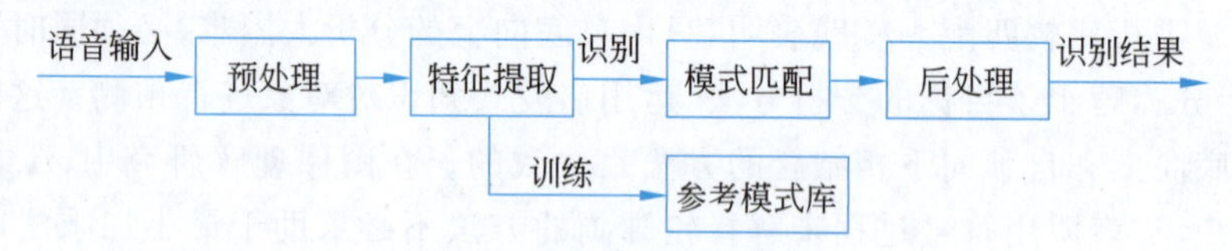

图 6-1　语音识别原理图

外界的模拟语音信号经由麦克风输入计算机，计算机平台利用其 A/D 转换器将模拟信号转换成计算机能处理的语音信号，然后将该语音信号送入语音识别系统前端进行预处理。

预处理会过滤语音信息中不重要的信息与背景噪声等，以方便后期的特征提取与训练识别。预处理主要包括语音信号的预加重、分帧加载和端点检测等工作。

特征提取主要是为了提取语音信号中反映语音特征的声学参数，除掉相对无用的信息。语音识别中常用的特征参数有短时平均能量或幅度、短时自相关函数、短时平均过零率、线性预测系数（linear prediction coefficients，LPC）、线性预测倒谱系数（linear predictive cepstral coefficient，LPCC）等。

1）语音训练

语音训练是在语音识别之前进行的，用户将训练语音多次从系统前端输入，系统的前端语音处理部分会对训练语音进行预处理和特征提取，在此之后利用特征提取得到的特征参数组建一个训练语音的参考模型库，或者对此模型库中存在的参考模型作适当修改。

2）语音识别

语音识别是指将待识别语音经过特征提取后的特征参数与参考模型库中的各个模式一一进行对比，将相似度最高的模式作为识别的结果输出，完成模式的匹配过程。模式匹配是整个语音识别系统的核心。

3. 智能机器人的语音系统实例

安徽科大讯飞信息科技股份有限公司（简称科大讯飞）是一家专业从事智能语音及语言技术研究，软件及芯片产品开发的公司。作为中国最大的智能语音技术提供商，在智能语音技术领域有着长期的研究积累，并在语音合成、语音识别、口语评测等多项技术上拥有国际领先的水平，其语音合成核心技术实现了人机语音交互，使人与机器之间的沟通变得像人与人之间的沟通。

1）Inter Phonic 6.5 语音合成系统

Inter Phonic 语音合成系统是由科大讯飞自主研发的中英文语音合成系统，以先进的大语料和可训练语言合成技术 Trainable TTS 这两种语音合成技术为基础，提供可比拟真人发声的高自然度、高流畅性、面向任意文本篇章的连续合成语音合成系统。InterPhonic 6.5 语音合成系统致力于建立和改善人—机语音窗口，为大容量语音服务提供高效稳定的语音合成功能，并提供从电信级、企业级到桌面级的全套应用解决方案，是新概念声信服务、语音网站、多媒体办公教学的核心动力。

Inter Phonic 6.5 语音合成系统提供高效、灵活的服务，可以在多领域内使用，如计算机语音互动式娱乐和教学，电信级、企业级呼叫中心平台 United Message Service（UMS）和 Voice Portal 等新兴语音服务系统。

2）嵌入式语音合成解决方案

目前，科大讯飞推出的一款高性价比的中文语音合成芯片已成功应用于车载调度仪、信息机、气象预警机、考勤机、排队机、手持智能仪表、税控机等各类信息终端产品上，极大满足了各行各业服务的需求，在为客户创造了巨大价值的同时，赢得了广大用户的高度评价和极佳的市场口碑。中文语音合成芯片有 XFS3031CNP，XFS5152CE，XFS4243C，XF-S4240 等。

下面对入门级 XFS3031CNP 语音合成芯片进行介绍。

XFS3031CNP 语音合成芯片是科大讯飞新推出的一款单芯片语音合成芯片，如图 6-2 所示，是最好的入门级语音合成芯片，合成的语音具有音色甜美、音质优异、顺畅自然等突出优势，芯片采用 LQFP64 封装，方便集成。

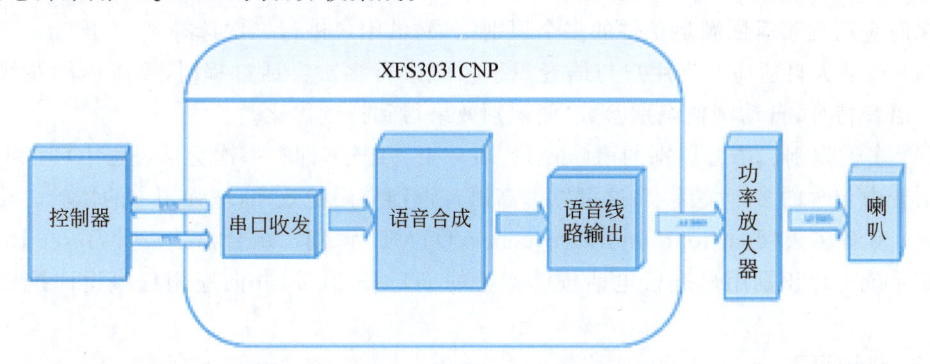

图 6-2　XFS3031CNP 语音合成芯片构成框图

XFS3031CNP 语音合成芯片包括控制器模块、XFS3031CNP 语音合成模块、功放模块和喇叭。主控制器和 XFS3031CNP 语音合成芯片之间通过通用异步收发器（universal asynchronous receiver/transmitter，UART）接口连接，控制器可通过通信接口向 XFS3031CNP 语音合成芯片发送控制命令和文本，XFS3031CNP 语音合成芯片把接收到的文本合成为语音信号输出，输出的信号经功率放大器放大后连接到喇叭进行播放。

3）Inter Reco 语音识别系统

Inter Reco 语音识别系统是一款与说话人无关的语音识别系统，为自助语音服务提供关键字语音识别和呼叫导航功能。该产品具备很高的识别率，获得了全面的开发支持，且其中丰富的工具易于使用，采用了合理的分布式架构，符合电信级应用的高效、稳定的要求。该语音识别系统前端语音处理指利用信号处理的方法，对说话人语音进行检测、降噪等预处理，然后得到最适合识别引擎处理的语音。主要功能包括以下几方面。

（1）端点检测。

端点检测是对输入的音频流进行分析，确定用户说话的起始和终止时间的处理过程。一旦检测到用户开始说话，语音开始流向识别引擎，一直检测到用户说话结束。这种方式使识别引擎在用户说话的同时，即开始进行识别处理。

（2）噪声消除。

在实际应用中，消除背景噪声对于语音识别应用是一个现实的难题，即便说话人处于安静的办公室环境，在电话语音通话过程中也难以避免一定的噪声。Inter Reco 语音识别系统具备高效的噪声消除能力，可以达到用户在千差万别的环境中应用的要求。

（3）智能打断。

智能打断功能使用户可以在自助语音服务的提示语播放过程中随时提出自己的需求，不需要等待播放结束，系统能够自动进行判断，立即停止提示语的播放，对用户的语音指示做出响应。该功能使人机交互更加高效、快捷、自然，有助于增强客户的体验。

后端识别处理对说话人语音进行识别，得到最适合的结果，主要有以下几个特性。

（1）大词汇量、独立于说话人的强大识别功能。Inter Reco 语音识别系统满足大词汇量、与说话人无关的识别要求。

（2）语音识别引擎可以在返回识别结果时携带该识别结果的置信度，应用程序可以通过置信度的值进行分析和后续处理。

（3）多识别结果，又称多候选技术。在某些识别过程中，识别引擎可以通过置信度判决的结果向应用程序返回满足条件的多个识别结果，供用户进行二次选择。

（4）说话人自适应。当用户与语音识别系统进行多次会话过程时，系统能够在线提取通话的语音特征，自动调整识别参数，使识别效果得到持续优化。

（5）多槽识别。语音识别的槽（slot）代表一个关键字，即在一次会话过程中可以识别说话人语音中包含的多个关键字，这可以提高语音识别应用的效率，增强用户的体验。

（6）双音多频（dual tone multi-frequency，DTMF）识别。结合语法设计，Inter Reco 语音识别系统可以识别用户进行电话按键产生的 DTMF 信号，并向应用程序返回按键识别结果。

（7）热词识别。

（8）智能调整识别策略。充分利用系统的计算资源，保障运行稳定。

（9）语音录入。动态增加识别语法，提高识别系统对用户语音的适应能力，从而提高准确率。

（10）呼叫日志。

Inter Reco 语音识别系统主要包括应用接口（programming interface）、识别引擎（recognizer engine）和操作系统适配（operating system adapters）三个层次，这三个逻辑层共同构成了完整的 Inter Reco 语音识别系统架构。

应用接口是 Inter Reco 语音识别系统提供的开发接口。集成开发人员应关注这些接口的定义、功能和使用方法。识别引擎提供核心的语音识别功能，是应用接口的功能实现者，为了便于开发和使用，系统在这一层提供了一系列高效、易用的工具。操作系统适配层去掉了多操作系统的复杂性，为识别引擎提供操作系统相关的底层支持。

Inter Reco 语音识别系统按照逻辑组成可以分为识别语法(grammar)、识别引擎核心(recognizer core)、语音端点检测(voice activation detector)、音频输入(audio source)4 个子系统,系统的主要设计和开发将按照这些子系统进行。

4) 嵌入式轻量级语音识别软件 Aitalk

科大讯飞最新推出的轻量级智能语音识别软件 Aitalk 3.0,能够方便地应用在嵌入式设备上,让用户解放双手,通过语音命令操作设备、检索信息。可广泛应用于手机、MP3/MP4、导航仪、机器人等嵌入式设备上。

Aitalk 3.0 提供的新功能包括电话号码输入、FM 调频输入、非特定人语音标签。Aitalk 3.0 对车载环境进行优化,相对识别率提升 30%以上。Aitalk 3.0 对中国人说英文的发声习惯,收集了大量数据并进行了专题研究,是为中国人设计的英文识别引擎。实验数据表明,Aitalk 3.0 相对识别率提升了 50%以上。

Aitalk 3.0 支持结构化的语法描述文件输入,可以使交互设计工程师独立于研发工程师工作,优化语音交互。独立的语法描述还可以分离程序逻辑与描述数据,提高工程的可维护性。

6.4.3 智能机器人自主导航与路径规划

人工智能领域热门的应用之一,就是自动驾驶技术,即在不需要人类司机的情况下,进行机动车的操控驾驶,把乘客安全且快速地送达目的地。这一切的实现,其中非常重要的一环,就是路线规划。因为路线规划同样包含着人工智能中需要研究的另一个内容,就是搜索算法,所以学习了解路线规划是非常重要的。

编程走迷宫是学习了解路线规划最基础的一步。

在仅有一张地图的情况下,通过对计算机进行编程,由地图入口位置,规划出到达地图出口的路径,应该怎样办到呢?

首先将地图进行简化,这样方便把问题进行简化。将整个地图分割成同样大小的方格,如图 6-3 所示,当格子里有地图中大面积的障碍时就将整个格子涂满黑色。

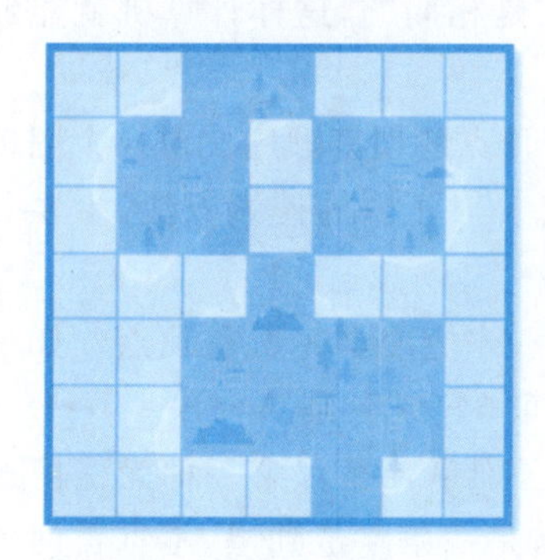
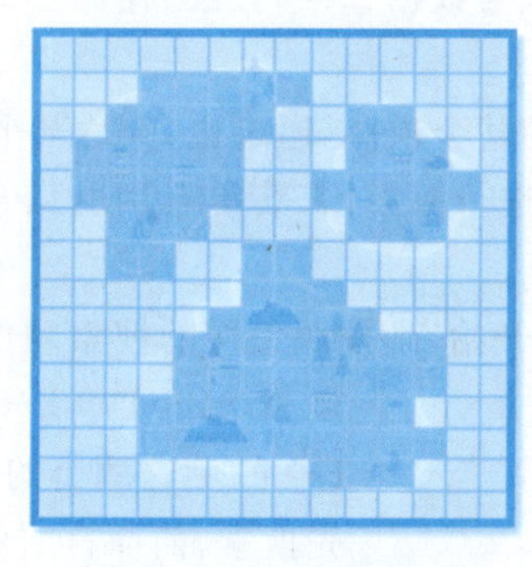

图 6-3 迷宫地图的简化

当地图上的格子很松散时,相应的处理会很简单,但得到的结果却与实际地图相差太多。当格子很紧密时,相应的地图处理起来会很慢,但保留了地图上的很多细节,更接近真实的情况。地图越小越方便研究,将其分成 5×5 个格子,来简化研究这个问题。如果格子内有障碍物,则在格子内用数字 0 表示不可以通过;如果格子内没有障碍物,则在格子内用数字1表示可以通过;A代表起点,B代表出口(这样做是为了简化地图的信息)如图6-4所示。

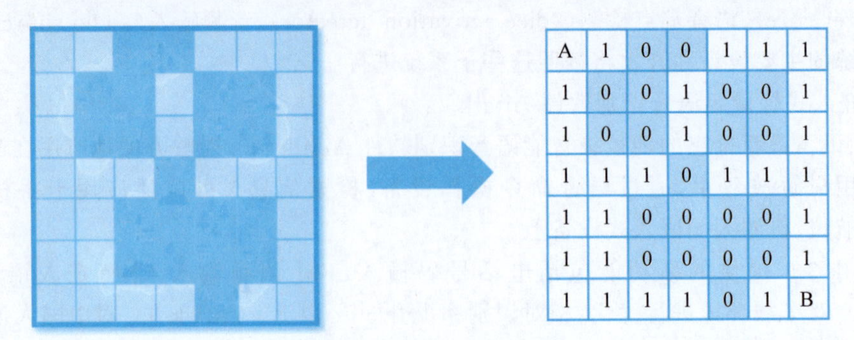

图6-4 迷宫地图表格设置

那么如何走出迷宫呢?将"表格地图"转换成图的形式,如图6-5所示。

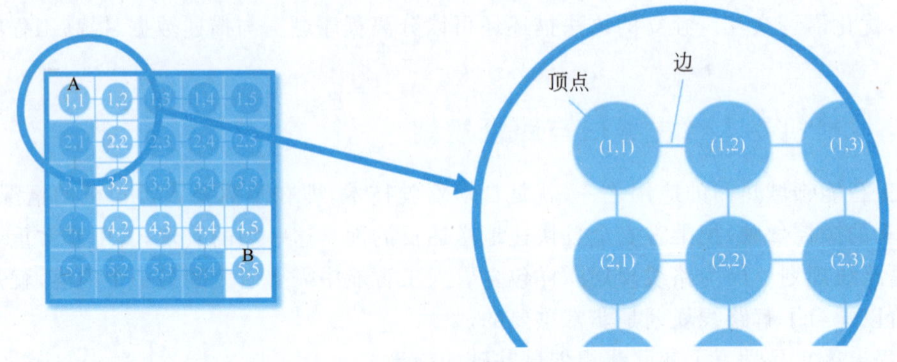

图6-5 迷宫地图转换成表格地图

(1) 对于每个顶点有命名方法,那么将表格的排由上到下1~5命名,将表格的列由左到右1~5命名,将顶点表示为(排,列)。

(2) 对于可以由一个点到达另一个点的关系,通过边相连接。

在Python语法中,命名方式与数据二维列表的存储形式是相同的,这样计算机就能够获取到迷宫地图信息。

路径规划核心问题是由图的某个顶点,通过边,到达某个顶点的搜索顺序。对一个图进行搜索,就是对一个陌生的区域进行探索,来获得有用的信息。对于图的搜索方法,主要分为深度优先搜索与广度优先搜索。

如图6-6所示,如果从A点开始,则按照怎样的搜索顺序,才能搜索完所有顶点?如果是A→B→D→E→C→F或者是A→B→C→D→E→F,则这两个的区别是什么?第一种为深度优先搜索,简而言之就是一条路走到黑,不见黄河不回头的搜索方法,如图6-7(a)所示。

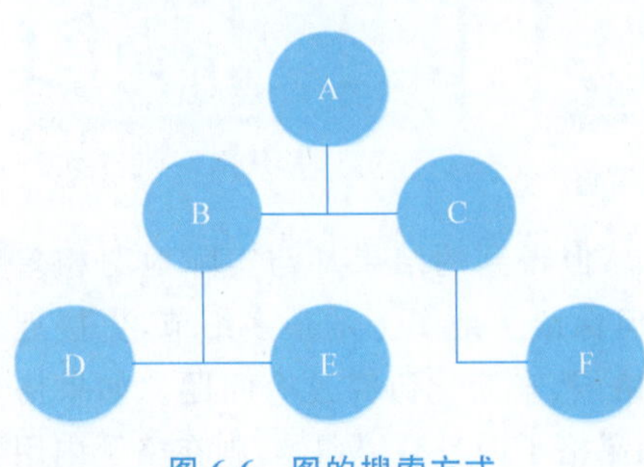

图6-6 图的搜索方式

第二种是广度优先搜索,简而言之就是先不着急买,先货比三家,多多益善的盲目搜索方法,如图6-7(b)所示。

如图6-8所示5×5的迷宫图,因为只有一条

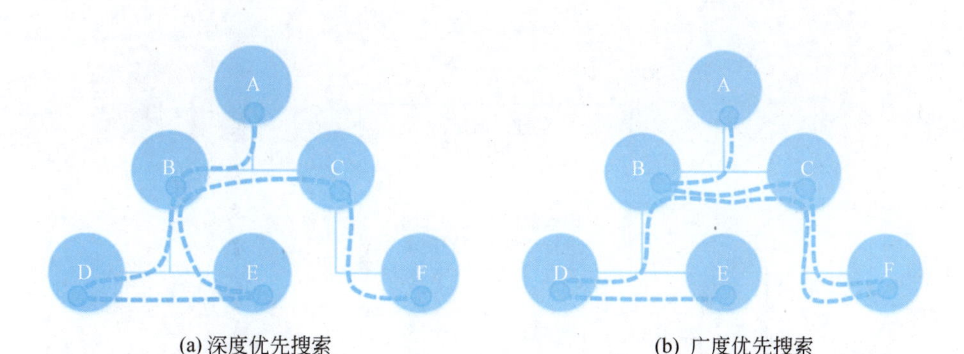

图 6-7　图的搜索方式

路,使用深度优先搜索与广度优先搜索的结果是一样的。顺序:(1,1)→(1,2)→(2,2)→(3,2)→(4,2)→(4,3)→(4,4)→(4,5)→(5,5)。因此,搜索的路径,即需要的路线,如何录入地图信息,并使用Python语言呈现搜索逻辑,是自动路径规划应用的关键。

那么怎样通过以上学习的内容,使用图6-9中的地图,转换为表格,通过编程,让计算机能够找出从入口到达出口的路径呢?程序流程图如图6-10所示。

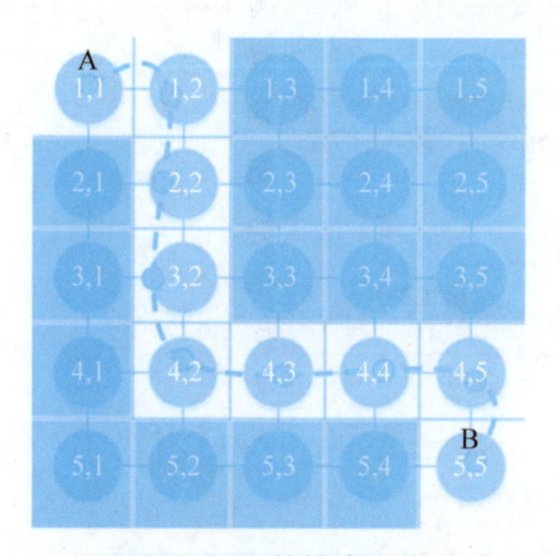

图 6-8　图的搜索方式

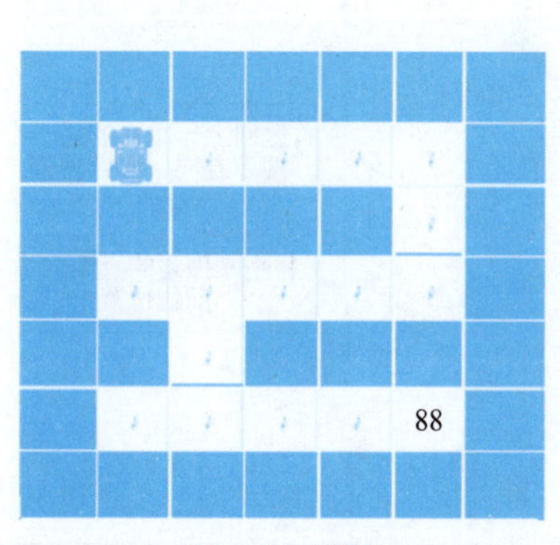

图 6-9　地图

程序实例如下。

```
def DFS(graph,s):                       #两个参数,一个是图,一个是起点
stack=[ ]                               #数组表示栈
stack.append(s)
seen=set ()                             #集合
seen.add(s)                             #已经搜过了这个 s 顶点
while(len(stack)>0) :                   #当里面还有东西时
vertex=stack.pop()                      #先进后出
nodes=graph[vertex]                     #查这个的相邻的顶点
for w in nodes:                         #循环 nodes 中的元素
if w not in seen:                       #如果 w 没有见过
stack.append(w)                         #加入栈中
seen.add(w)                             #表示已经搜索过
print(vertex)                           #显示搜索的节点
DES(graph,"A")                          #以 A 为起点,搜索图 graph
```

运行程序,程序输出结果如图6-11所示。程序会显示已录入的地图,规划完成路径的地图,以－8表示行进的路线,最后输出路线上点的坐标信息,由左到右,即规划出来的路径。

开始
创建二维列表
存储地图信息
由当前位置(x, y)开始，
进行二维列表的搜索
是否为(x, y+1)
是
否
是否为(x+1, y)
是
否
是否为(x, y-1)
是
否
是否为(x-1, y)
是
否
如果此位置列表内数据>0，
并且没有标记过，则可通过。
记录这个点的位置，并标记
这个点
搜索到的列表内数据
是否为代表终点的数据
否
是
返回上一个点的另一个
搜索方向，继续搜索
将刚刚搜索的点变为当
前的位置
跳出循环
输出记录路径的列表内容
结束

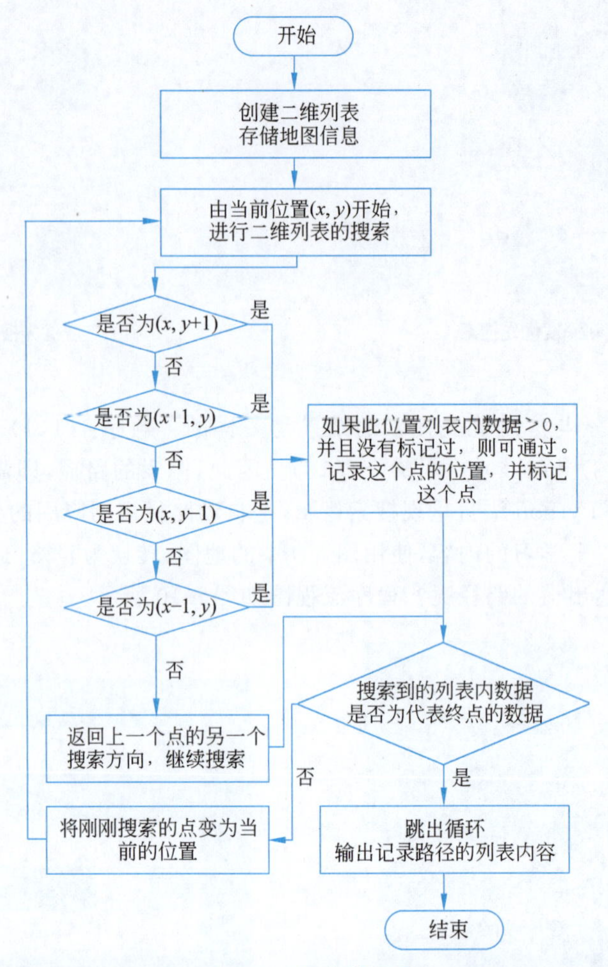

图 6-10　程序流程图

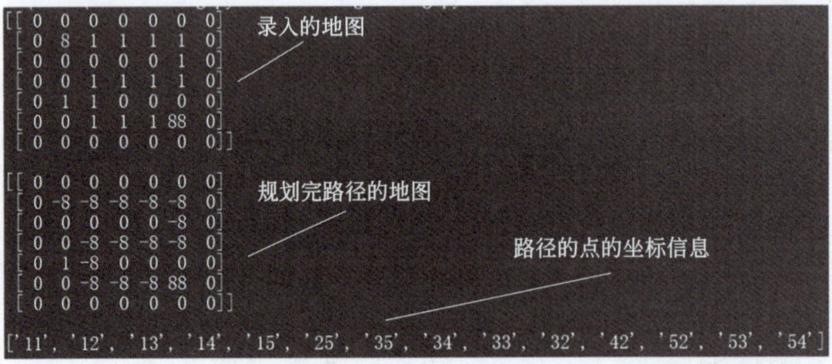

[[0 0 0 0 0 0 0]
[0 8 1 1 1 1 0]
[0 0 0 0 0 1 0]
[0 0 1 1 1 1 0]
[0 1 1 0 0 0 0]
[0 0 1 1 1 88 0]
[0 0 0 0 0 0 0]]
录入的地图
[[0 0 0 0 0 0 0]
[0 -8 -8 -8 -8 -8 0]
[0 0 0 0 0 -8 0]
[0 0 -8 -8 -8 -8 0]
[0 1 -8 0 0 0 0]
[0 0 -8 -8 -8 88 0]
[0 0 0 0 0 0 0]]
规划完路径的地图
路径的点的坐标信息
['11', '12', '13', '14', '15', '25', '35', '34', '33', '32', '42', '52', '53', '54']

图 6-11　程序运行结果

6.5　本章小结

本章介绍了人工智能的基本概念、发展历程以及主要研究领域和应用，特别在智能机器人中的应用，内容涵盖了视觉技术、语音合成与识别、自主导航与路径规划等关键技术。

6.6 思考题与习题

1. 什么是人工智能？它与智能机器人有什么关系？

2. 描述人工智能的主要研究领域及其应用。

3. 专家系统在人工智能中扮演什么角色？

4. 如何理解自然语言处理在智能机器人中的应用？

5. 思政拓展思考题

随着人工智能技术的飞速发展，其在智能机器人领域的应用日益广泛。结合本章内容，思考并讨论以下问题：

(1) 从工作与生活的角度，探讨人工智能在智能机器人中应用所带来的便利与挑战。

(2) 考虑到人工智能技术未来可能达到的自动化水平，你认为这对人类劳动力市场有何潜在影响？社会应如何准备和应对这一变化？

(3) 在享受人工智能带来便利的同时，我们应如何避免对人工智能过度依赖，确保技术发展不会损害人类的自主性和创造性？

第 7 章

走进 3D 打印世界

3D 打印技术是全球推动“工业 4.0”及“智能机械”的重要技术之一，涵盖机械、光电、材料、信息、后端创新应用及商业服务等，是一种创新制造模式，使传统制造方式迈入定制化量产数字制造技术的时代。

7.1 3D 打印就在你的身边

3D 打印技术兴起于 20 世纪八九十年代，发展于 21 世纪初，在 2012 年已悄然成为科技界研究热点。英国著名杂志《经济学人》报道称“3D 打印将推动第三次工业革命”。中国正处于从“中国制造”向“中国创造”迈进的重要时期，同传统制造技术相比，3D 打印技术能够让设计师在很大程度上从制造工艺及装备的约束中解放出来，更多关注产品的创意创新、功能性能。因此，3D 打印技术对于增强我国制造业自主创新能力具有重要意义。

2013 年 4 月，德国发布的《工业 4.0 战略实施建议书》中，第一次提到了“工业 4.0”，并迅速风靡全球。“工业 4.0”称为“第四次工业革命”。“工业 4.0”9 大技术支柱包括工业物联网、云计算、工业大数据、工业机器人、3D 打印、知识工作自动化、工业网络安全、虚拟现实和人工智能。2015 年 8 月，李克强总理指出，3D 打印是制造业有代表性的颠覆性技术，实现了制造业从等材、减材到增材的重大转变，改变了传统制造业的理念和模式，具有重大意义。实际上，3D 打印的概念早在几十年前就已提出。3D 打印的出现，使平面图像变成立体图像的过程一下简单了很多，设计师的任何改动都可在几小时后或一夜之间重新打印出来，而不用再花上几周时间，等着工厂把新模型制造出来，这样可以大大缩短制作周期、降低制作成本。

《经济学人》杂志曾评价：“伟大发明所能带来的影响，在当时那个年代都是难以预测的，1750 年的蒸汽机如此，1450 年的印刷术如此，1950 年的晶体管也是如此。而今，我们仍然无法预测，3D 打印将在漫长的时光里如何改变这个世界。”

3D 打印技术是一种通过逐层堆积材料来制造物体的先进制造技术。首先，使用计算机辅助设计(computer aided design，CAD)软件将数字模型转换为逐层切片的文件；然后，通过 3D 打印机将这些切片逐层打印出来；最后，形成一个完整的物体。3D 打印技术具有快速、灵活、个性化定制等特点，广泛应用于工业制造、医疗、教育等领域。可以制造出复杂形状的物体，如零件、原型、模型等，并且可以使用多种材料，如塑料、金属、陶瓷等。3D 打印技术的发展将为创新和制造带来巨大的潜力，推动科技进步和社会发展。目前，3D 打印已经在日常生活、生产中取得了广泛应用，掌握了 3D 打印核心技术，就意味着掌握了未来制造业的发展趋势。

3D打印技术作为一项新兴技术，已经在航空航天、生物医疗、汽车模具、电子制造、建筑、军事、汽车等领域得到了广泛应用。

3D打印技术在航空领域有广泛应用，如图7-1所示。首先，3D打印技术可以用于制造轻量化的航空零部件，如喷气发动机的涡轮叶片、燃烧室部件等。通过3D打印技术，可以实现复杂结构的设计和制造，提高零部件的性能和耐久性，图7-1(a)所示为3D打印机成功打印出了航空发动机的重要零部件。其次，3D打印技术还可以用于制造航空模型和原型，用于飞行测试和设计验证。再次，3D打印技术还可以用于制造航空航天器的外壳和结构件，如卫星、火箭等。3D打印技术可以提高零部件的制造效率，减少零部件的数量和质量，降低成本，并且可以根据需求进行快速定制。总之，3D打印技术在航空领域的应用为航空器的设计、制造和维修创造了更多的可能性。

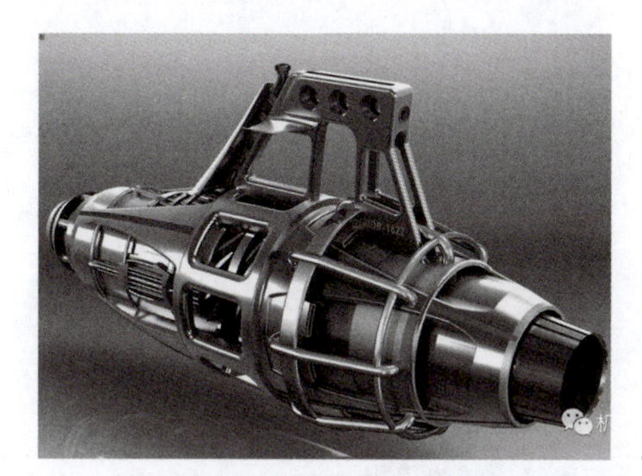

(a) 3D打印的发动机吊舱

(b) 3D打印的飞机模型

图7-1 3D打印技术在航空领域的应用

3D打印技术在医疗临床的应用主要体现在个体化治疗上，如图7-2所示。3D打印技术以精确的三维物理模型，将复杂的骨质情况更直观地展示在临床医生面前，使局部复杂的骨质评估及分型变得容易，术前诊断更加明确，对患者的治疗也更加有的放矢。例如，在骨科手术中运用3D打印技术，医生可以在术前进行逼真的手术模拟，对术中用到的内置物进行预塑形，计算机设计的术中导航模板可以通过3D打印技术进行快速制作，最大限度在术前了解患处详情；精确的术中定位明显缩短手术时间和减少组织创伤，以及手术方案制订的不确定性；术后康复时间缩短，疗效更确切，并为患者节省费用。

3D打印技术在建筑领域的应用也逐渐增多。用3D打印技术制作的建筑模型不但成形速度快，而且精确度非常高。传统的建筑工程沙盘往往存在各部位缩放比例失调，制作不够精细，甚至还有明显的黏胶痕迹，而3D打印出的模型完全弥补了这些缺点。目前，3D打印技术既可以用于制造建筑模型，又可以打印建筑物原型，帮助建筑师和设计师更好地展示和验证设计理念。首先，3D打印技术可以用于制造建筑构件，如墙体、柱子、梁等；其次，3D打印技术可以实现复杂形状和结构的建筑构件制造，提高建筑的设计自由度和施工效率；再次，3D打印技术可以用于制造建筑外观装饰和艺术品，为建筑增添独特的艺术价值；最后，3D打印技术可以用于建筑废弃物的再利用和回收利用，实现建筑的可持续发展。总之，3D打印技术在建筑领域的应用为建筑设计、施工和可持续发展提供了新的方向。苏州一家公

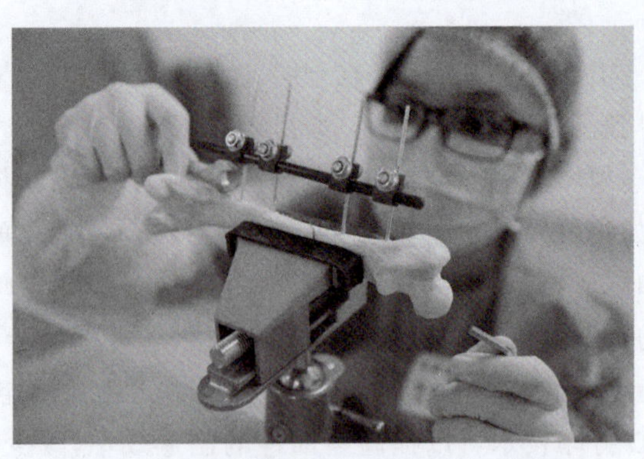

图 7-2　3D 打印技术在医疗临床的应用

司利用一台 3D 打印机，在 24h 内打印了 10 幢楼房，图 7-3 所示为由 3D 打印建筑物。

(a) 3D打印建筑物

(b) 一名记者在拍摄3D打印制成的别墅

图 7-3　3D 打印技术在建筑领域的应用

除了建筑模型之外，3D 打印技术可以为厂家提供实用的机械模型和机器零件。许多工业器械仅仅根据设计图纸进行加工，往往存在或多或少的误差。如果先做一个试验品，则会因为加工一个昂贵的仪器造成太大的浪费。假如一个机械模型用 3D 打印技术制作，则既降低了经济成本，又赢得了竞争时间。制作机械模型主要包括 3D 模型设计和 3D 模型成形两大步骤。在进行 3D 模型设计时可以采用优化设计，从总体上把握它的功能。成形之后可以进一步研究分析设计效果，大大降低了产品生产的误差率，提高了产品的合格率，从而提高了产品的效益。

在食品行业，一场新的饮食潮流正在向人们走来——这场潮流从 3D 食品打印机开始，正带领人们走向一个数字烹饪时代。

目前，3D 食品打印机典型的设计概念之一，是来自马塞洛·科埃略和杰米·英根伯领导的团队创造的"科纳科皮亚"。"科纳科皮亚"的官网指出："数字媒体技术曾推动社会各领域的发展变革，但烹饪界的改革仅仅局限于上百年来一直对使用的陈旧烹饪工具的细微改动。"因此，每款"科纳科皮亚"概念打印机都将带来一场烹饪方式的变革。科埃略和英根伯同时在网站上提到：概念打印机可以提供一种新的烹饪方式。通过改变烹饪的方式，在原始食材中加入添加剂，不仅将食物加工成美观的纹理和形状，而且保持美味。人们对"科纳科皮亚"食品打印机原型的热情，也证明了烹饪和饮食领域具有无限的改革潜力。

从过去到现在，传统烹饪器械，如切割刀具和烘烤模具，往往都因为精准度低，所以不能加工出复杂多变的形状。但依据科埃略和英根伯的说法，数字烹饪技术却可以烹饪出传统烹饪技术不可企及的口味和形状。如果有一台配备了触摸屏、内置记忆卡和网络连接设备的食品打印机成功问世，则可以令使用者记录和上传食材配方、食材质量、营养含量和食材口味等数据。根据设计，消费者们只需将食材加入食品打印机传送带上的食盒，即可做出精美、多种口味的食物。当然，做出理想食物的背后，离不开对系统精妙的设计。即使打印最简单的面粉，也需要调动整个计算机的控制系统。同生活中的大多数休闲活动相比，3D食品打印远比看上去复杂。打印食品需满足以下几个条件：首先，正确使用机械力；其次，精心设计数字食谱；最后，调整合适的食材进料顺序。食材既要软，可以从打印头流出；食材也要硬，可以维持打印后的形状。另外，还要考虑各种食材的固有特性、不同耐热性和多样烹饪方式等影响因素。以汉堡包为例，汉堡包的传统制作工艺并不复杂。在面包中间依次夹入烤肉、洋葱圈和西红柿片，再挤入番茄酱，一个美味的汉堡包就做成了。但对3D打印来说，这个简单的汉堡包制作过程就变得复杂了，面临着多材料食品工程的挑战。如果3D打印制作的美味新鲜的汉堡包一旦成功，将会成为烹饪工程的一大壮举。把生碎肉打印成肉饼形状不难，在上面加一层番茄酱也轻而易举，甚至将生面团烘烤打印成面包花费时间也能实现。食品打印的难点在于打印天然新鲜的食材，例如，打印新鲜可口的西红柿、洋葱和生菜等，因为这涉及工业化的食品生产加工的范畴。3D食品打印新鲜的热汉堡将是工程学的一次壮举，其难度等同于打印复杂器官。因此，现阶段的研究学者和美食家只能设计和打印简单的软食物，如意大利面、寿司、牛排、披萨等各种食物。西班牙的Novameat成功用植物性蛋白质3D打印了素食牛排；中国在中秋节时3D打印了月饼；日本的CANOBLE成功用3D打印机做出了风味更丰富的奶油；美国的创新企业BeeHex则开发出了一款能根据个人喜好设定披萨的大小、形状、配料、卡路里等披萨打印机，使用者只要1min就能打印出想要的披萨。

商用3D食品打印机目前还没有面向市场，随着3D食品打印的快速发展，或许很快，人们将在家用电器市场发现琳琅满目的食品打印机。3D食品打印能够让厨师创造出更新颖、更营养美味的食品，开拓新的烹饪市场，并在诸多场景中得以应用和推广，如图7-4所示。

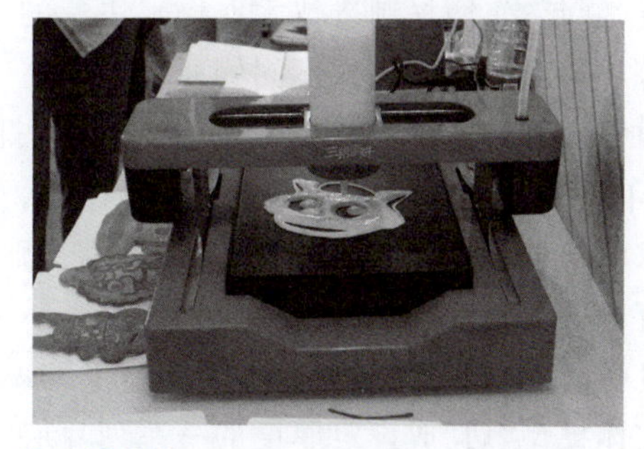

图7-4　3D打印动漫煎饼

3D打印技术在生活中的应用非常广泛，不管是精美的个性笔筒，还是艳丽的时尚服装，3D打印都可定制，如图7-5所示。

3D打印技术无处不在，它已经慢慢融入人们生活、生产的方方面面，3D打印技术就在人们身边。

图 7-5　3D 打印的服装

7.2　3D 打印技术的基础知识

7.2.1　3D 打印技术的工作原理

传统的切割加工是利用刀具，进行材料的切削去除，是一种自上而下的加工方式。这种加工方式是从已有的零件毛坯开始，逐渐去除材料实现成型，因此受到刀具能够达到的空间限制，一般很难制造出复杂的三维空间结构。3D 打印技术的成型原理与传统方式截然不同，采用材料逐层累加的方法制造实体零件，相对于传统切割加工技术，该方法是一种自下而上的制造方法，3D 打印技术的实质是增量制造。

提到 3D 打印技术，不得不提增材制造，增材制造是一种采用材料逐渐累加的方法制造实体零件的技术，相对于传统的材料去除——切削加工技术，是一种自下而上的制造方法。

近 20 年来，增材制造技术取得了快速的发展。快速原型制造、3D 打印技术、实体自由制造等不同的叫法分别从不同侧面表达了这一技术的特点。快速成型包含的技术很多，目前国内传媒界习惯把快速成型技术称为 3D 打印技术，显得比较生动形象。实际上，狭义的 3D 打印技术只是快速成型的一部分，只能代表一种快速成型工艺。3D 打印技术，即快速成型技术的一种，是一种以数字模型文件为基础，运用粉末状金属或塑料等可黏合材料，通过逐层打印的方式来构造物体的技术。

3D 打印技术的原理是什么呢？简单地说，它是依据计算机设计的三维模型，将复杂的三维实体模型“切”成设定厚度的一系列片层，从而变为简单的二维图形，逐层加工，层叠增长。设计三维模型的软件：可以是常用的 CAD 软件，如 SolidWorks、Pro/E(Pro/enginee)、UG(unigraphics)等；也可以是通过逆向工程获得的计算机模型。3D 打印技术层层印刷的原理和喷墨打印机类似。只不过，普通打印机的打印材料是墨水和纸张，但 3D 打印机内装有金属、陶瓷、塑料、砂等不同的打印材料，3D 打印通过计算机控制可以把打印材料一层层叠加起来，最终把计算机上的蓝图变成实物。之所以通俗地称其为打印机，是参照了普通打印机的技术原理，是因为分层加工的过程与喷墨打印十分相似。

3D打印技术是如何进行的呢？3D打印机在设计文件指令的引导下，先喷出固体粉末或熔融的液态材料，使其固化为一个特殊的平面薄层；第一层固化后，3D打印机打印头返回，在第一层外部形成另一薄层；第二层固化后，打印头再次返回，并在第二层外部形成另一薄层。如此往复，最终薄层累积成为三维物体。与传统制造机器通过切割或模具制造物体的方法不同，3D打印机通过层层堆积，形成实体的方法从物理的角度扩大了数字概念的范围。对于要求具有精确的内部凹陷或互锁部分的形状设计，3D打印机是首选的加工设备，它可以将这样的设计在实体世界中实现。

3D打印方式与普通制造方式到底有哪些不同呢？

首先，从3D打印的方式上看：第一，在生产部件时不用考虑生产工艺问题，任何复杂形状的设计均可以通过3D打印机来实现；第二，将制造模型时间缩短为数小时，根据打印机的性能和模型的尺寸而定，性能越好，时间越短。

其次，从普通制造方式上看：第一，部件设计完全依赖生产工艺能否实现，因而限制了创新部件的发展；第二，制造一个模型往往需要数小时或者数天，模型越复杂，时间越长。

现在3D打印技术备受信息技术(information technology，IT)业和媒体的关注。早前在微博上看到一条信息：第一台家用3D打印机已经在京东上架了，价格1.5万元，可打印长宽高140cm以内的任意物体，耗材为ABS(acrylonitrile butadiene styrene)塑料和PLA(polylactic acid)塑料。如果买回来的话，最想用来打印什么？有人开玩笑说，用这台买来的3D打印机去制造更多的它的复制版本，就可以开展新的致富渠道。虽然这只是一种说法，但是足以见到3D打印技术在目前发展的热潮中，将会带来巨大的商机。

7.2.2 3D打印技术的优缺点

人们也许没有想到，和所有新技术一样，3D打印技术也有缺点，这些缺点会成为3D打印技术发展路上的绊脚石，从而影响它成长的速度。3D打印技术也许真的可以给世界带来一些改变，但是想成为市场的主流，就要克服种种担忧和可能产生的负面影响。第一，材料的限制。仔细观察周围的一些物品和设备，就会发现3D打印技术的绊脚石，就是所需材料的限制。虽然高端工业印刷可以实现塑料、某些金属或者陶瓷打印，但是比较昂贵和稀缺的打印材料目前还无法实现打印。同时，现在的打印机还没有达到成熟的水平，无法支持人们在日常生活中所接触到的各种各样的材料。最近几年，研究者们在多种材料打印上，虽然已经取得了一定的进展，但是除非这些进展达到成熟并有效，否则材料依然会是3D打印技术的一大障碍。第二，机器的限制。众所周知，3D打印技术要成为主流技术，对机器的要求是不低的，其复杂性可想而知。目前的3D打印技术在重建物体的几何形状和机能上虽然已经取得了一定的成果，几乎任何静态的物体形状都可以被打印出来，但是那些运动的物体，想要保证它们的清晰度就很难实现。虽然这个困难对于制造商来说也许是可以解决的，但是3D打印技术要想进入普通家庭，每个人都能随意打印想要的东西，那么机器的限制就必须得到解决才行。第三，知识产权(intellectual property，IP)保护的问题。在过去的几十年里，对音乐、电影和电视产业的知识产权的关注越来越多。3D打印技术毫无疑问也会涉及这一问题，因为现实中的很多东西都会受到更加广泛传播，所以人们可以随意复制任何东西，并且数量不限。如何制定3D打印技术的法律法规用来保护知识产权，也是人们面临的问题之一，否则就会出现随意复制泛滥的现象。第四，道德的挑战。道德是底线，什么样的东西会违反道德规律，人们是很难界定的。如果有人打印出生物器官或者活体组织，是否有违道德？人们又该如何处理？如果无法尽快找到解决办法，那么相信在不久的将来会遇到极大的道德挑战。第五，普通人对花费的承担。3D 打印技术的花费是高昂的，对于普通大众来说更高。例如，上面提到第一台在京东上架的 3D 打印机的售价为 1.5 万元，有多少人愿意花费这个价钱来尝试这种新技术呢？也许只有爱好者们吧。如果想要普及到大众，则降价是必须的，这又会与成本形成冲突。

每一种新技术诞生，都会面临着这些类似的问题，相信找到合理的解决方案之后，3D 打印技术的发展将会更加迅速，如同任何渲染软件一样，不断地更新才能达到最终的完善。

与 3D 打印技术的缺点相比，3D 打印技术的优势也是显而易见的。来自各个行业、具有不同背景和专业技术水平的人，都认为 3D 打印技术帮助他们解决了主要问题：减少成本、缩短时间、复杂问题简单化等。通过在实际生产和生活中的应用，发现 3D 打印技术具有下面几个优势。

（1）制造复杂物品不增加成本。就传统制造而言，物体形状越复杂，制造成本越高。对 3D 打印机而言，制造复杂形状的物体成本不增加，制造一个华丽的形状复杂的物品并不比打印一个简单的方块消耗更多的时间、技能或成本。制造复杂物品而不增加成本将打破传统的定价模式，改变人们计算制造成本的方式。

（2）产品多样化不增加成本。一台 3D 打印机可以打印许多形状，它可以像工匠一样每次都做出不同形状的物体。传统的制造设备功能较少，做出的形状种类有限。3D 打印技术省去了培训机械师或购置新设备的成本，一台 3D 打印机只需要不同的数字设计蓝图和一批新的原材料，即可完成打印任务。

（3）无须组装。3D 打印技术能使部件一体化成型。传统的大规模生产建立在组装线基础上。在现代工厂，机器生产出相同的零部件，然后由机器人或工人组装。产品组成部件越多，组装耗费的时间和成本就越多。3D 打印机通过分层制造可以同时打印一扇门及上面的配套铰链，不需要组装。省略组装就缩短了供应链，节省了劳动力和在运输方面的花费。供应链越短，污染也越少。

（4）零时间交付。3D 打印机可以按需打印，即时生产，减少了企业的实物库存。因为企业可以根据客户的订单使用 3D 打印机制造出特别的或定制的产品来满足客户的需求，所以新的商业模式将成为可能。如果人们所需的物品按需就近生产，则零时间交付式生产能最大限度地减少长途运输的成本。

（5）设计空间无限。传统制造技术和工匠制造的产品形状有限，制造形状的能力受制于所使用的工具。例如，传统的木制车床只能制造圆形物品，轧机只能加工用铣刀组装的部件，制模机仅能制造模铸形状。3D 打印机可以突破这些局限，开辟巨大的设计空间，甚至可以制作目前可能只存在于自然界的形状。

（6）零技能制造。传统工匠需要当几年学徒才能掌握所需要的技能。虽然批量生产和计算机控制的制造机器降低了对技能的要求，但是传统的制造机器仍然需要熟练的专业人员进行机器调整和校准。3D 打印机从设计文件里获得各种指示，做同样复杂的物品，3D 打印机所需要的操作技能比注塑机少。非技能制造开辟了新的商业模式，并且能在远程环境或极端情况下为人们提供新的生产方式。

(7) 不占空间、便携制造。就单位生产空间而言,与传统制造机器相比,3D 打印机的制造能力更强。例如,注塑机只能制造比自身小很多的物品,与此相反,3D 打印机可以制造和其打印台一样大的物品。不仅如此,3D 打印机调试好后,打印设备可以自由移动,打印机还可以制造比自身还要大的物品。因为较高的单位空间生产能力,3D 打印机适合家用或办公使用,因为它们所需的物理空间小。

(8) 减少废弃副产品。与传统的金属制造技术相比,3D 打印机制造金属时产生较少的副产品。传统金属加工的浪费量惊人,90%的金属原材料被丢弃在工厂车间里,而 3D 打印制造金属时浪费量减少。随着打印材料的进步,"净成形"制造可能成为更环保的加工方式。

(9) 材料无限组合。对当今的制造机器而言,将不同原材料结合成单一产品是件难事,因为传统的制造机器在切割或模具成型过程中不能轻易地将多种原材料融合在一起。随着多材料 3D 打印技术的发展,可以将不同原材料融合在一起。以前无法混合的原料混合后将形成新的材料,这些材料色调种类繁多,具有独特的属性或功能。

(10) 精确的实体复制。数字音乐文件可以被无休止地复制,但音频质量不会下降。未来,3D 打印将数字精度扩展到实体世界。扫描技术和 3D 打印技术将共同提高实体世界和数字世界之间形态转换的分辨率,可以扫描、编辑和复制实体对象,创建精确的副本或优化原件。

7.2.3 3D 打印机的分类

目前,3D 打印技术应用如此广泛,相应的 3D 打印机的种类也不断增加。根据设备的市场定位可以简单地分成个人级、专业级和工业级。

最早的 3D 打印机出现在 20 世纪 80 年代,价格极其昂贵,但能打印的产品数量却少得可怜。国内各大电商网站上,以个人 3D 打印机的销售为主,大部分国产的 3D 打印机都是基于国外开源技术延伸制造的,由于采用了开源技术,技术成本得到了很大的降低,因此售价在 3000～10 000 元,十分有吸引力。国外进口的品牌个人 3D 打印机价格都在 2 万～4 万元。设备打印材料都以 ABS 塑料或者 PLA 塑料为主,主要满足个人用户生活中的使用要求,因此各项技术指标都并不突出,优点在于体积小巧,性价比高。个人级 3D 打印机如图 7-6 所示。

图 7-6 个人级 3D 打印机

专业级 3D 打印机,如图 7-7 所示,可供选择的成型技术和耗材要比个人级 3D 打印机丰富很多,耗材如塑料、尼龙、光敏树脂、高分子、金属粉末等。对比设备结构和技术原理,专业级 3D 打印机更先进,自动化更高,应用软件的功能及设备的稳定性也是个人级 3D 打印机望尘莫及的。这类设备售价都在十几万元至上百万元。

工业级 3D 打印机设备，如图 7-8 所示，除了要满足材料的特殊性，制造大尺寸的物件等要求，更重要的是制造的物品，需要符合一系列特殊的应用标准，因为这类设备制造出来的物品是直接应用的。例如，飞机制造中用到的钛合金材料，对物件的刚性、韧性、强度等参数有一系列的要求。由于很多设备是根据需求定制的，因此价格很难估量。

图 7-7 专业级 3D 打印机

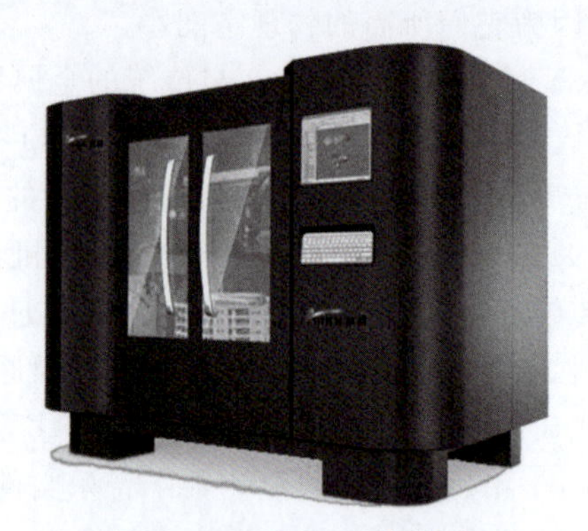

图 7-8 工业级 3D 打印机

3D 打印机按打印原理分为喷墨式、熔融沉积、光固化和电子束熔化 3D 打印机等。

1. 喷墨式 3D 打印机

喷墨式 3D 打印机采用喷墨技术，将材料以液态喷射方式喷出，然后在空气中固化。这种类型的打印机通常用于生物医学领域，因为其能够精确打印生物组织和药物。

2. 熔融沉积 3D 打印机

熔融沉积 3D 打印机(fused deposition modeling，FDM)首先通过将材料加热到液态，然后将其层层堆积，逐渐构建出三维物体。这是常见的 3D 打印技术之一，广泛应用于原型制作和教育领域。

3. 光固化 3D 打印机

光固化 3D 打印机(SLA/DLP)使用紫外线光源，将液态光敏树脂固化成固体。这种技术在珠宝制作、牙科和精密零部件制造中表现出色。

4. 电子束熔化 3D 打印机

电子束熔化 3D 打印机(electron beam melting，EBM)使用电子束来熔化金属粉末，用于制造高强度金属零部件，如航空和医疗领域的零部件。

3D 打印机按材料类型分类可分为塑料、金属、生物及陶瓷和陶瓷复合材料 3D 打印机等。

1. 塑料 3D 打印机

塑料 3D 打印机广泛使用各种热塑性材料，如 ABS、PLA 和 PETG(polyethylene terephthalate glycol)。它们适用于家庭和小型企业，可以打印出各种原型和日常用品。

2. 金属 3D 打印机

金属 3D 打印机使用金属粉末或线材作为原材料，可以制造出高强度、高耐磨的零部件。常见的金属材料包括钛、不锈钢和铝。

3. 生物打印机

生物打印机使用生物材料，如细胞、细胞培养基和生物墨水，可用于生物医学领域的组织工程和药物研发。

4. 陶瓷和陶瓷复合材料 3D 打印机

陶瓷和陶瓷复合材料 3D 打印机专门用于制造陶瓷和陶瓷复合材料的零件，如陶瓷陶器、瓷砖和工业陶瓷零件。

3D 打印机按打印尺寸和应用领域可分为桌面型、工业级、医疗领域 3D 打印机等。

1. 桌面型 3D 打印机

桌面型 3D 打印机适用于家庭、教育和小型企业，通常具有较小的打印体积，用于原型制作和个人项目。

2. 工业级 3D 打印机

工业级 3D 打印机拥有更大的打印体积和更高的精度，适用于制造业、医疗领域和航空航天领域，可打印出更大型和更复杂的零部件。

3. 医疗领域 3D 打印机

专门用于医疗领域的 3D 打印机可以制造出定制的假体、义肢和牙科模型，为患者提供个性化的医疗解决方案。

总之，3D 打印机的分类涵盖了多个维度，包括打印原理、材料类型及打印尺寸和应用领域。这些分类在不同领域和应用中发挥着关键作用，促进着 3D 打印技术的不断发展。随着技术的进步，期待看到更多创新的 3D 打印机出现，不断满足增长的需求，为制造业、医疗和科学研究等领域带来更多可能性。

7.3 3D 打印的前世今生

人们将 3D 打印技术称为“19 世纪的思想，20 世纪的技术，21 世纪的市场”。因为其起源可以追溯到 19 世纪末的美国，在业内的学名为“快速成型技术”。一直只在业内小众群体传播，直到 20 世纪 80 年代才出现成熟的技术方案。在当时，撇开非常昂贵的价格不说，能打印的数量也极少，几乎没有面向个人的打印产品，都是面向企业级的用户。随着时间的推移，在技术逐渐走向成熟的今天，尤其是 MakeBot 系列及 Reprap 开源项目的出现，使得越来越多的爱好者积极参与到 3D 打印技术的发展和推广中。与日俱增的新技术、新创意、新应用，以及呈指数暴增的市场份额，都让人感受到 3D 打印技术的春天来到。

通常，人们使用的传统技术的打印机大概如图 7-9 所示——传统的喷墨打印，其工作过程是单击计算机屏幕上的“打印”按钮，一份数字文件便被传送到一台喷墨打印机上，接着打印机将一层墨水喷到纸的表面以形成一幅二维图像。使用 3D 打印也是一样，只需要单击控制软件中的“打印”按钮，控制软件通过切片引擎完成一系列数字切片，然后将这些切片信息传送到 3D 打印机上，后者会逐层打印，然后堆叠起来，直到一个固态物体成型。

图 7-9 喷墨打印机

就用户的实际感受而言，往往是感觉不到 3D 打印机和传统打印机在流程上的不同，能感受到最大的区别是 3D 打印使用的墨水是实实在在的原材料，正因为如此的相似，快速成型技术才会被形象地称为 3D 打印技术。3D 打印技术能形成现今如此繁多的种类、机型，以及良好的用户体验，是在众多的科研人员前赴后继，不断努力之下，历经了漫长的发展而来的。以 Andrey Rudenko 和他的团队打印好的城堡，也是世界首个 3D 打印混凝土建筑为例，来直观地看一下 3D 打印技术和普通打印技术的相同与差别。图 7-10(a)、图 7-10(b)所示为正在工作的 3D 打印机的状态，直观地展示了 3D 打印机打印每层的切片信息，然后将它们堆叠起来而形成一个固态物体的过程。由于建筑面积比较大，因此设计人员只能对建筑进行分割，分成各部分逐一进行打印，然后再进行组装。图 7-10(c)所示展示了打印好的城堡的各个部分图。图 7-10(d)所示为用 3D 打印机打出来的城堡的整体图。

(a) 正在工作的 3D 打印机

(b) 正在工作的 3D 打印机

(c) 城堡的各部分

(d) 城堡的整体图

图 7-10　3D 打印混凝土建筑

如果从历史的角度回顾 3D 打印技术的发展历程，则最早可以追溯到 19 世纪末，由于受到两次工业革命的刺激，因此 18—19 世纪欧美国家的商品经济得到了飞速的发展。产品生产技术的革新是一个永远的话题，为了满足科研探索和产品设计的需求，快速成型技术从这一时期开始萌芽，例如，Willieme 光刻实验室也在这个阶段开始了商业的探索，可惜受到技术的限制没能获得成功。

快速成型技术在商业上获得真正意义的发展是从 20 世纪 80 年代末开始的，在此期间也涌现过几波 3D 打印的技术浪潮，总体上看，3D 打印技术仍保持着稳健的发展。2007 年开源的桌面级 3D 打印设备发布，此后新一轮的 3D 打印浪潮开始酝酿。2012 年 4 月，英国著名经济学杂志《经济学人》(*The Economist*)一篇关于第三次工业革命的封面文章全面地掀起了新一轮的 3D 打印浪潮。

以编年史的形式为大家简述 3D 打印技术的发展历程。

1892 年，Blanther 首次在公开场合提出使用层叠成型方法制作地形图的想法。这种方法通过将多个图层叠加在一起，每个图层代表地形的不同特征，如高度、坡度、土壤类型等，从而形成一个完整的地形图。这种方法的优势在于可以更准确地表示地形的复杂性和多样性，为地理学和地质学等领域的研究提供了重要的工具。随着技术的发展，层叠成型方法在地形图制作中得到了广泛应用，并为更好地理解和研究地球表面的形态和特征提供了帮助。

1940 年，Perera 提出了一种与 Blanther 的设想不谋而合的方法，他提出可以沿着等高线轮廓切割硬纸板，并将它们层叠在一起制作三维地形图。这种方法通过将不同高度的硬纸板层叠在一起，每个硬纸板代表地形的一个等高线轮廓，从而形成一个立体的地形模型。这种方法的优势在于可以更直观地展示地形的高低起伏和地貌特征，为地理教育和地形研究提供了有力的帮助。这种层叠成型的方法在地理学和地质学领域得到了广泛应用。

1972 年，Matsubara 在纸板层叠技术的基础上，首先，提出可以尝试使用光固化材料，将光敏聚合树脂涂在耐火的颗粒上面；然后，将这些颗粒填充到叠层，加热后会生成与叠层对应的板层；接着，光线有选择地投射到这个板层上，将指定部分硬化，没有扫描的部分将会使用化学溶剂溶解掉；最后，板层将会不断堆积直到最后形成一个立体模型。这样的方法适用于制作传统工艺难以加工的曲面。

1977 年，Swainson 提出可以通过激光选择性照射光敏聚合物的方法，直接制造立体模型，与此同时 Battelle 实验室也开展了类似的研究工作。

1979 年，日本东京大学开始使用薄膜技术制作出实用的工具，如落料模、注塑模和成型模。

1981 年，Hideo 首次提出了一套功能感光聚合物快速成型系统的设计方案。

1982 年，Charles 试图将光学技术应用于快速成型领域。

1986 年，Charles 成立了 3D Systems 公司，研发了著名的 STL（standard tessellation language）文件格式，STL 格式逐渐成为 CAD/CAM 系统接口文件格式的工业标准。

1988 年，3D Systems 公司推出了世界上第一台基于 SLA 技术的商用 3D 打印机 SLA-250，该打印机体积非常大，Charles 把它称为“立体平板印刷机”。尽管 SLA-250 身形巨大且价格昂贵，但是它的面世，标志着 3D 打印商业化的起步。同年，Scott 发明了另一种 3D 打印技术，即 FDM，并成立了 Stratasys 公司。

1989 年，美国得克萨斯大学奥斯汀分校的 Dechard 发明了选择性激光烧结工艺（selective laser sintering，SLS）。SLS 技术应用广泛并支持多种材料成型，如尼龙、蜡、陶瓷，甚至是金属，SLS 技术的发明让 3D 打印生产走向多元化。

1992 年，Stratasys 公司推出了第一台基于 FDM 技术的 3D 打印机——3D 造型者，这标志着 FDM 技术步入了商用阶段。

1993 年，美国麻省理工学院的 Sachs 教授发明了三维印刷技术（three-dimension printing，3DP），3DP 技术通过胶黏剂把金属、陶瓷等粉末黏合成型。

1995 年，快速成型技术被列为我国未来 10 年十大模具工业发展方向之一。国内的自然科学学科发展战略调研报告，也将快速成型与制造技术、自由造型系统及计算机集成系统研究列为重点研究领域。

1996 年，3D Systems 推出了新一代的快速成型设备 Actua2100，此后快速成型技术便有了更加通俗的称谓——3D 打印。

1999 年，3D Systems 推出的 SLA7000 要价 80 万美金。

2002 年，Stratasys 公司推出 Dimension 系列桌面级 3D 打印机。Dimension 系列价格相对低廉，主要是基于 FDM 技术以 ABS 塑料作为成型材料。

2005年，Z Corporation公司推出世界上第一台高精度彩色3D打印机，让3D打印走进了彩色时代。

2007年，3D打印服务创业公司Shapeways正式成立，该公司建立了一个规模庞大的3D打印设计在线交易平台，为用户提供个性化的3D打印服务，丰富了社会化制造模式。

2008年，第一款开源的桌面级3D打印机RepRap发布，RepRap是英国巴恩大学的开源3D打印机研究项目，得益于开源硬件的进步与欧美实验室团队的无私贡献，开源的桌面级3D打印机推动了新一轮3D打印的浪潮。

2009年，BrePettis带领团队创立了著名的桌面级3D打印机公司——Makerbot。Makerbot的设备主要基于早期的RepRap开源项目，对RepRap的机械结构进行了重新设计，发展至今已有几代的升级，在成型精度、打印尺寸等指标上都有很大的进步。

Makerbot承接了RepRap项目的开源精神，其早期的产品同样是以开源的方式发布，在互联网上能非常方便地找到Makerbot早期项目所有的工程资料。Makerbot也出售设备的组装套件，国内的厂商便以这些材料为基础开始了仿造工作，国内的桌面级3D打印机市场由此打开。

2012年，英国著名经济学杂志《经济学人》一篇关于第三次工业革命的封面文章全面地掀起了新一轮的3D打印浪潮。同年10月，来自麻省理工学院MediaLab的团队成立Formlabs公司并发布了世界上第一台廉价的高精度SLA消费级桌面3D打印机Fom1，从而引起了业界的重视。此后在著名网站Kickstarter上发布的3D打印项目呈现百花齐放的盛况，国内的生产商也开始了基于SLA技术的桌面级3D打印机研发。

同期，国内由亚洲制造业协会联合华中科技大学、北京航空航天大学、清华大学等权威科研机构和3D行业领先企业共同发起的中国3D打印技术产业联盟宣告正式成立。国内关于3D打印的门户网站、论坛、博客等大量涌现，各大报刊、网媒、电台、电视台也争相报道关于3D打印的新闻。

2013年，《环球科学》，即《科学美国人》的中文版，在最新的一月刊中邀请科学家，经过数轮讨论评选出了2012年非常值得铭记的，对人类社会产生影响非常深远的十大新闻，其中3D打印位居第九。

我国的3D打印发展相对较晚。1990年，华中科技大学王运赣教授在美国参观刚问世不久的快速成型机之后便成立快速制造中心，研究纸材料的快速成型设备。1994年，华中科技大学研制出了国内第一台基于薄材纸的叠层实体制造工艺（laminated object manufacturing，LOM）样机。1995年，西安交大卢秉恒教授研发出了在汽车制造业中应用的样机。

我国3D打印技术起步并不晚，像彦永年、王运赣、卢秉恒教授都是早期加入研究的先驱。总体而言，虽然我国在核心技术有先进的一面，但是在产业化方面的发展还稍显滞后。经过20多年的发展，在这个行业里，美国、以色列、德国领跑全球，中国紧随其后。

近些年来，随着3D打印技术的不断成熟，这项技术在我国的各个领域已经发挥着非常重要的作用。人们使用该技术打印出了灯罩、身体器官、珠宝、根据球员脚型定制的足球靴、赛车零件、固态电池，以及为个人定制的手机、小提琴等，甚至有些人使用该技术制造出了机械设备。

当然，3D打印设备在软件功能、后处理、设计软件与生产控制软件的无缝对接等方面还有许多问题需要优化。例如，成型过程中需要加支撑，成型过程中需要不同材料转换使用，加工后的粉末去除方面，都需要进一步提高软件智能化和自动化程度。而且，随着3D打印技术越来越普遍地运用到服装、设计、生活生产当中，只有用户在使用过程中觉得简易上手、技术门槛低、复杂程度低时，用户才能有更好的使用体验，才能更普遍地推广这一技术。因此，这一系列问题都直接影响到设备的应用和推广，设备智能化、便捷化是走向广泛应用的保证。

当然可以坚信，随着3D技术的成熟和应用，这些问题都能被解决，同时3D打印技术也会使生活变得更加美好。

7.4 3D打印主要技术的分类及工作原理

目前市场上的3D打印快速成型技术分为3DP技术、FDM技术、SLA技术、SLS技术、DLP激光成型技术和紫外线(uitraviolet rays，UV)成型技术等。

3DP三维立体印刷，喷头用黏结材料将粉末逐层黏结形成三维实体。该技术由美国麻省理工学院开发成功，原料使用粉末材料，如陶瓷粉末、金属粉末、塑料粉末等。3DP技术工作原理如图7-11所示，先铺一层粉末，然后使用喷嘴将黏合剂喷在需要成型的区域，让材料粉末黏结，形成零件截面，然后不断重复铺粉、喷涂、黏结的过程，层层叠加，最终获得打印出来的零件。3DP技术的工作原理类似于喷墨打印机，是形式上非常贴合3D打印概念的成型技术之一。

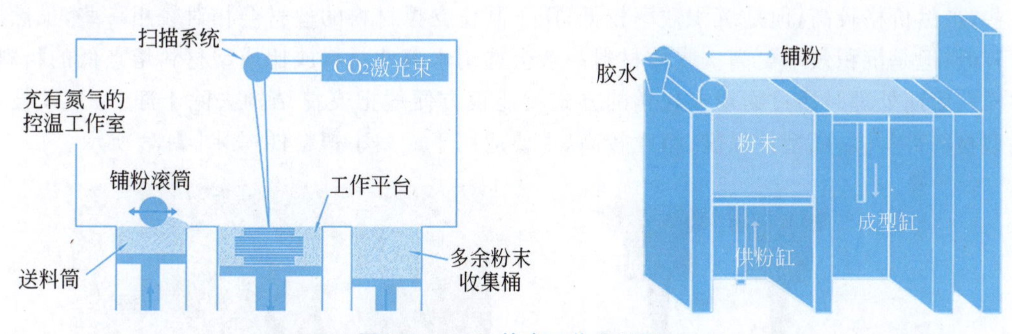

图7-11 3DP技术工作原理图

3DP技术与SLS技术有着类似的地方，采用的都是粉末状的材料，如陶瓷、金属、塑料，但不同的是3DP技术使用的粉末并不是通过激光烧结黏合在一起的，而是通过喷头喷射黏合剂将工件的截面打印出来，并一层层堆积成型。首先，设备会把工作槽中的粉末铺平；然后，喷头会按照指定的路径将液态黏合剂，如硅胶，喷射在预先粉层上的指定区域中；接着，不断重复上述步骤直到工件完全成型；最后，除去模型上多余的粉末材料。3DP技术成型速度非常快，不仅适用于制造结构复杂的工件，也适用于制作复合材料或非均匀材质材料的零件，如图7-12所示。

FDM技术是目前比较常用的3D打印形式。简单地说就是丝状热塑性材料在喷头内被加热熔化，逐层挤出固化并与周围的材料黏结成型。该技术由Scott于1988年发明。随后在1992年，Scott公司又推出了世界上第一台基于FDM技术的3D打印机，即“3D造型者”，这标志着FDM技术步入商用阶段。热熔性丝材通常为ABS或PLA材料，先被缠绕

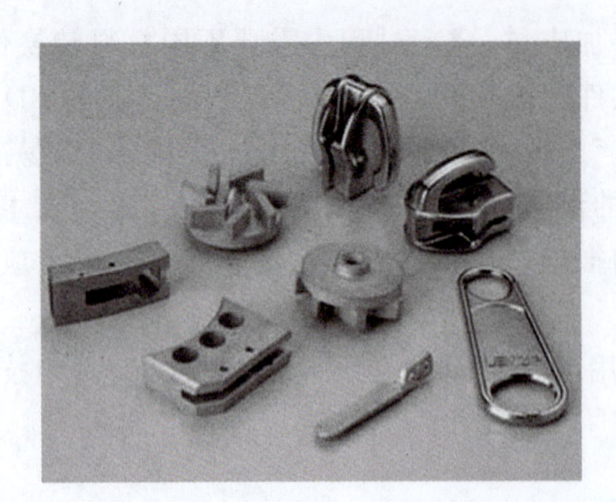
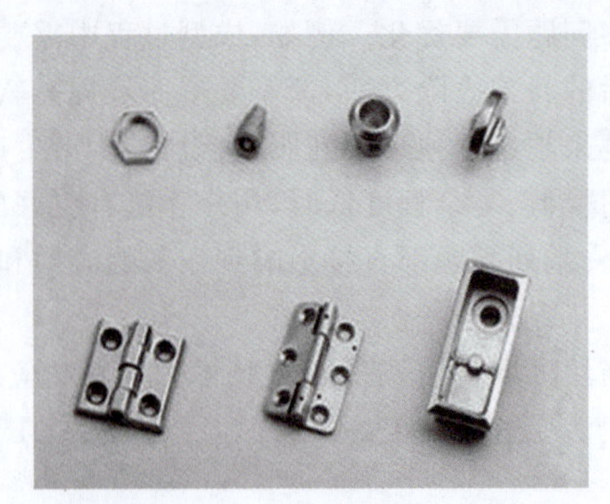

图 7-12 3DP 技术成型的产品

在供料辊上，由步进电机驱动辊子旋转，丝材在主动辊与从动辊的摩擦力作用下，被挤出机喷头送出。在供料辊和喷头之间有导向套，导向套采用低摩擦力材料制成，以便丝材能够顺利、准确地被供料辊送到喷头的内腔。喷头的上方有电阻丝式加热器，在加热器的作用下，丝材被加热到熔融状态，然后被挤出机挤压到工作台上，快速冷却后形成一层截面。一层成型完成后，机器工作台下降一个高度，即分层厚度的高度，再成型下一层，直至形成整个实体造型。

在采用 FDM 技术制作具有悬空结构的工件原型时，需要有支撑结构的支持。为了节省材料成本和提高成型的效率，新型的 FDM 技术设备采用了双喷头的设计，一个喷头负责挤出成型材料，另外一个喷头负责挤出支撑材料。一般来说，用于成型的材料丝相对更精细一些，虽然价格较高，但是沉积效率较低；用于制作支撑材料的丝材会相对较粗一些，虽然成本较低，但是沉积效率更高。支撑材料一般会选用水溶性材料或比成型材料熔点低的材料，这样在后期处理时通过物理或化学的方式就能很方便地把支撑结构去除干净。FDM 技术成型材料种类多，成型件强度、精度较高，主要适用于成型小塑料件，如图 7-13 所示。

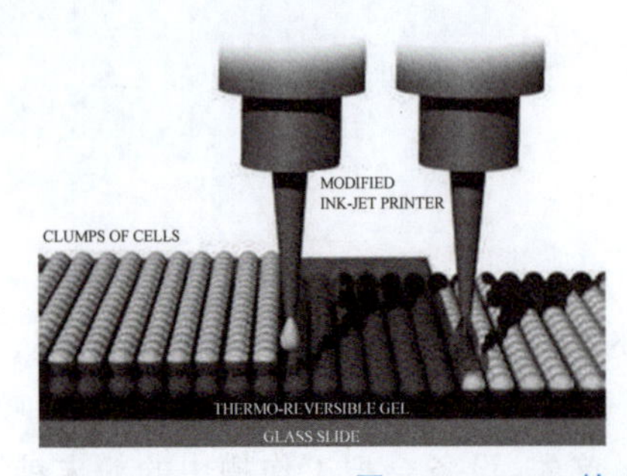

图 7-13 FDM 技术工作原理图及成型的产品

SLA 技术：特定波长与强度的激光聚焦到光固化材料表面，使其逐层凝固，叠加构成三维实体，又称立体光刻成型技术。该技术最早由 Charles 于 1984 年提出并获得美国国家专利，是很早发展起来的 3D 打印技术之一。SLA 技术也成为目前世界上研究最为深入、技术最为成熟、应用最为广泛的 3D 打印技术。

液槽中会先盛满液态的光敏树脂，氦—镉激光器或氩离子激光器发射出的紫外激光束在计算机的操纵下，按工件的分层截面数据，在液态的光敏树脂表面进行逐行逐点扫描，使扫描区域的树脂薄层产生聚合反应而固化，从而形成工件的一个薄层。当一层树脂固化完毕后，工作台将下移一个层厚的距离以便在原先固化好的树脂表面上再覆盖一层新的液态树脂，刮板将黏度较大的树脂液面刮平，然后再进行下一层的激光扫描固化。因为液态树脂具有高黏性而导致流动性较差，所以在每层固化之后液面很难在短时间内迅速抚平，这将会影响到实体的成型精度。采用刮板刮平后所需要的液态树脂将会均匀地涂在上一叠层上，这样经过激光固化后可以得到较好的精度，也能使成型工件的表面更加光滑平整。新固化的一层将牢固地黏合在前一层上，如此重复，直至整个工件层叠完毕，最后就能得到一个完整的立体模型。当工件完全成型后，首先，需要把工件取出并把多余的树脂清理干净；然后，还需要把支撑结构清除掉；最后，还需要把工件放到紫外灯下进行二次固化。SLA 技术工作原理如图 7-14 所示。

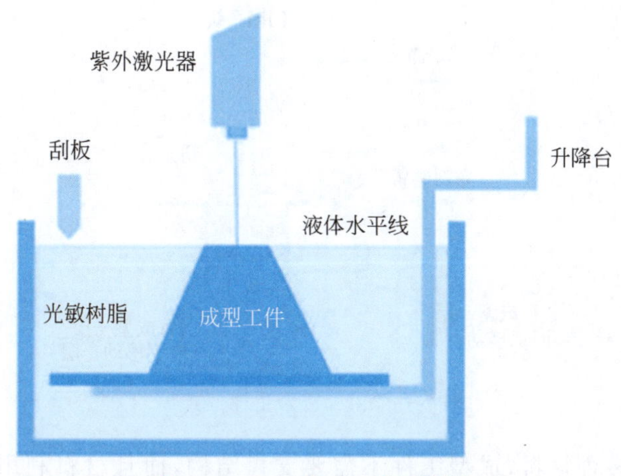

图 7-14　SLA 技术工作原理图

SLA 技术成型效率高，系统运行相对稳定，且成型工件表面光滑精度有保证，适合制作结构异常复杂的模型，能够直接制作面向熔模精密铸造的中间模。尽管 SLA 技术的成型精度高，但是成型尺寸有较大的限制，因此不适合制作体积庞大的工件。成型过程中伴随的物理和化学变化可能会导致工件变形，因此成型工件需要有支撑结构。该方法成型速度快，自动化程度高，可成形任意复杂形状，尺寸精度高，主要应用于复杂的、高精度的精细工件快速成型，如图 7-15 所示。

图 7-15　SLA 技术成型的产品

SLS 技术：由美国得克萨斯大学提出，于 1992 年开发了商业成型机。SLS 技术采用特定波长与强度的激光，逐层将粉末材料烧结成型形成三维实体，主要利用粉末材料在激光照射下烧结的原理，由计算机控制，层层堆结成型。

具体加工的过程，如图 7-16 所示。首先，采用压辊，将一层粉末平铺到已成型工件的上表面。然后，数控系统操控激光束，按照该层截面轮廓，在粉层上进行扫描照射，从而使粉末的温度升至熔化点，从而进行烧结，并于下面已成型的部分实现黏合。接着，当一层截面烧结完后，工作台将下降一个层厚，这时压辊又会均匀地在上面铺上一层粉末并开始新一层截面的烧结。如此反复操作，直至工件完全成型。在成型的过程中，未经烧结的粉末对模型的空腔和悬臂起着支撑的作用，因此 SLS 技术成型的工件不需要像 SLA 技术成型的工件那样需要支撑结构。SLS 技术使用的材料与 SLA 技术相比更丰富些，主要有石蜡、聚碳酸酯、尼龙、纤细尼龙、合成尼龙、陶瓷及金属。

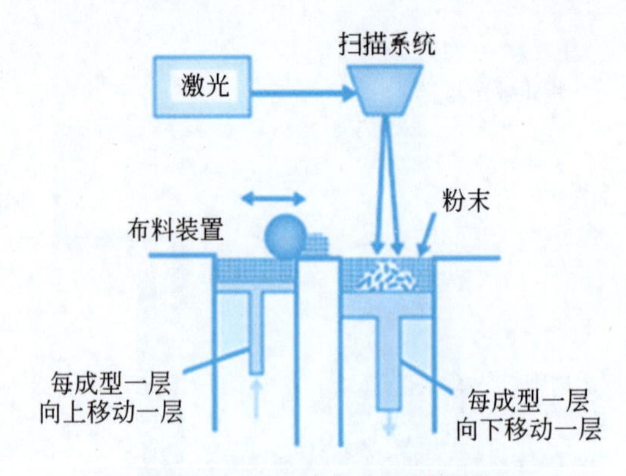

图 7-16　SLS 技术工作原理图

SLS 技术支持多种材料，成型工件不需要支撑结构，而且材料利用率较高。尽管 SLS 技术设备的价格和材料价格十分昂贵，烧结前材料需要预热，烧结过程中材料会挥发出异味，设备工作环境要求相对苛刻，但是该方法制造工艺简单，材料选择范围广，成本较低，成型速度快，主要应用于铸造业直接制作快速模具。

DLP 激光成型技术：和 SLA 技术比较相似，不过它是使用高分辨率的 DLP 投影仪来固化液态光聚合物，逐层地进行光固化，由于每层固化时通过幻灯片似的片状固化，因此速度比同类型的 SLA 技术更快。该技术成型精度高，在材料属性、细节和表面粗糙度方面与注塑成型的耐用塑料部件不相上下。

7.5　本章小结

本章介绍了 3D 打印技术的基本概念、发展历程、工作原理等。内容涵盖了 3D 打印机的不同分类和主要技术及其应用。

7.6　思考题与习题

1. 什么是 3D 打印技术？它如何改变我们的日常生活？
2. 3D 打印机有哪些不同的分类？
3. 探讨 3D 打印技术在未来发展中的潜力和挑战。

4. 思政拓展思考题

3D 打印技术被认为是推动制造业变革的重要力量，它为个性化生产和创新设计提供了全新的可能性。请从增材制造的角度出发，探讨 3D 打印如何促进资源的高效利用和循环经济的发展，以及这种技术可能带来的社会影响。

第8章 智能制造与工业机器人

8.1 智能制造概述

8.1.1 制造的概念

恩格斯说："直立和劳动创造了人类，而劳动是从制造工具开始的。动物所做的事情最多是收集，而人类则从事生产。"制造活动在人类出现以前便存在，并伴随人类的生产与生活不断发展。

中国古籍《抱朴子・对俗》中关于制造的古代传说有"伏羲师蜘蛛而结网"。传说伏羲受蜘蛛结网的启发，结绳织网，捕鱼狩猎。这是伏羲对人类的一项伟大的发明创造，促进了原始渔猎经济的发展。伏羲因此被认为是我国原始渔猎经济时代的杰出代表。

制造的狭义定义：把原材料加工成适用的产品或器物。例如，锤子的制造过程：首先，利用钢锯等工具按尺寸完成下料；然后，通过切削、打磨、钻孔、车、攻螺纹和套螺纹等工作完成零件的加工；接着，进行装配；最后，通过检验、包装。

制造的广义定义：包括制造企业的产品设计、材料选择、制造生产、质量保证、管理和营销一系列有内在联系的运作和活动。制造的广义定义于1990年，由国际生产工程学会(Collège International pour la Rechercheen Produetique，CIRP)提出。第一步，从客户需求出发，制订设计任务书、方案设计和技术设计等一系列产品设计工作；第二步，根据设计产品功能、性能，以及加工工艺和经济等要求选择合适的材料；第三步，完成产品零件加工和部件装配过程，完成整个产品的调试和装配；第四步，质量保证，指为使人们确信产品或服务能满足质量要求而在质量管理体系中实施并根据需要进行证实的全部有计划和有系统的活动，质量保证包括两部分，即反映最终交付件的质量和组织的过程质量；第五步，对产品生命周期中各过程的管理，瞄准消费者的需求和期望进行营销。

8.1.2 制造的分类

按原材料在加工过程中的组织方式可将制造分为减材制造、材料基本不变及增材制造三类。

1. 减材制造

减材制造是通过使用刀具减少或去除材料的加工方式，最终成型为所需部件的工艺类型，如车、铣、刨、磨等。对于常规形状的零件能实现高的生产效率及非常紧密的公差。

2. 材料基本不变

材料基本不变制造是利用工具及模具使得加工制件少切削或无切削的工艺方法，如锻造、铸造、冲压等。这些加工方式可以制造复杂的形状和细节，适用于大批量生产。

3. 增材制造

增材制造是通过离散—堆积使材料逐点逐层累积叠加形成三维实体。能赋予完整的几何自由度去构建具有复杂内部结构和功能的零部件。

8.1.3 智能制造的概念

什么是智能制造？中国工程院谭建荣院士认为："智能制造是指对产品全生命周期中设计、加工、装配等环节的制造活动进行知识表达与学习、信息感知与分析、智能决策与执行、实现制造过程、制造系统与制造装备的知识推理、动态传感与自主决策。"也就是说，智能制造把人工智能技术和产品设计制造技术融合起来，用智能的技术来解决制造的问题。

国际电工委员会（International Electro Technical Commission，IEC）发布的 IEC TR 63283.1—2022《工业过程测量控制和自动化智能制造第 1 部分：术语和定义》国际标准给出了智能制造的定义："智能制造是通过集成化和智能化的技术手段，综合利用网络、物理实体、人员相关的过程和资源，生成产品与服务，并与企业价值链中的其他环节进行协作，以提升制造性能的制造模式。"

我国早在《智能制造发展规划（2016—2020 年）》中就给出了智能制造的概念："智能制造是基于新一代信息通信技术与先进制造技术深度融合，贯穿于设计、生产、管理、服务等制造活动的各个环节，具有自感知、自学习、自决策、自执行、自适应等功能的新型生产方式。"智能制造是将物联网、大数据、人工智能及新能源、新材料等各类新技术加持、融入工厂中的工艺装备、软件、产品等，在设计、生产、管理、服务等各环节发挥作用，使生产工艺、制造过程、产品质量等发生改变的过程，最终推动制造企业实现提质、降本、增效的目标。例如，通过全生命周期数字孪生技术，在虚拟世界中对物理世界的全过程进行实时、动态交互地建模、仿真、决策，并指导物理世界迭代优化；利用互联网等基础设施，建立面向全球的跨企业、跨行业、跨地域的产业链，实现资源优化配置和协同制造。

综上所述，智能制造是一种由智能机器和人类专家共同组成的人机一体化智能系统，它在制造过程中能进行智能活动，如分析、推理、判断、构思和决策等。通过人与智能机器的合作共事，去扩大、延伸和部分地取代人类专家在制造过程中的脑力劳动。

8.1.4 智能制造与传统制造的区别

智能制造主要解决的问题包括如下几方面。

（1）全面改变设计与制造关系，让设计与制造之间互认互联，实现在线设计与在线制造的无缝对接。

（2）降低制造成本和缩短生产周期。

（3）提供快速、有效、批量个性化的产品和服务。

互联网让用户可以在线参与和体验设计过程，实现个性化的需求。制造的智能化过程可以实现批量的个性化定制生产，这个批量不是数量的概念，而是快速生产的效率。以往，企业最不愿意做的业务是小批量多品种，而智能制造就是要解决这些问题。

传统工艺与智能制造（以 3D 打印为例）的区别主要有以下几方面。

传统工艺如图 8-1 所示，逻辑起点是原材料，末端是产品，中端是加工技术；传统的加工流程是减材式加工，依赖的是各类加工设备；传统加工适合批量生产，满足经济规模要求。

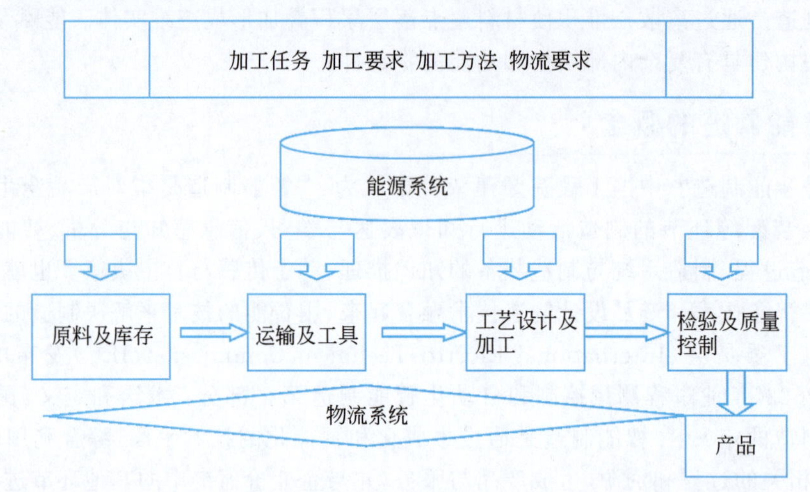

图 8-1 传统工艺

3D 打印工艺如图 8-2 所示，3D 打印的逻辑起点是产品，末端是产品，中端是打印技术；3D 打印的加工流程依靠的是计算机技术、3D 成型设备及材料；3D 打印可以满足批量定制生产的要求。通过上面的对比分析，可以得出如下几个结论。

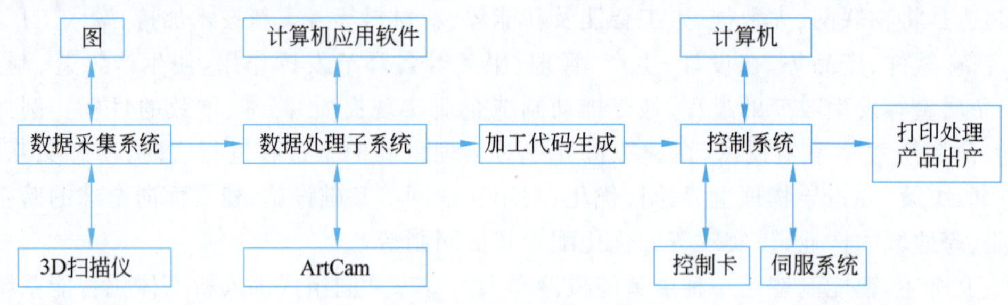

图 8-2 3D 打印工艺

(1) 传统的加工是按照存量的技术与设备能力设计生产产品，而智能制造（以 3D 打印为例）按照用户的“产品”生产产品。

(2) 传统制造贯穿始终的是有形的图纸，智能制造贯穿始终的是数字传递。

(3) 传统的制造是依赖人的经验的积累和设备的精度保证质量和效率，而智能制造依靠的是设备处理数据形成智能能力，以及人机交互来保证质量和效率。

(4) 传统制造是人和存量设备选择产品，智能制造是产品（需求）选择人和设备，也可以理解为面对智能制造人和设备都是原始设备制造商（original equipment manufacture, OEM）的对象。

8.2 人类制造业的发展历程

制造活动在人类出现以前便存在，并随着人类的生产生活不断发展。从手工生产、机械化生产、电气化生产、自动化生产到智能制造，如图 8-3 所示，制造业的发展深刻地影响着人们的生活和工作。

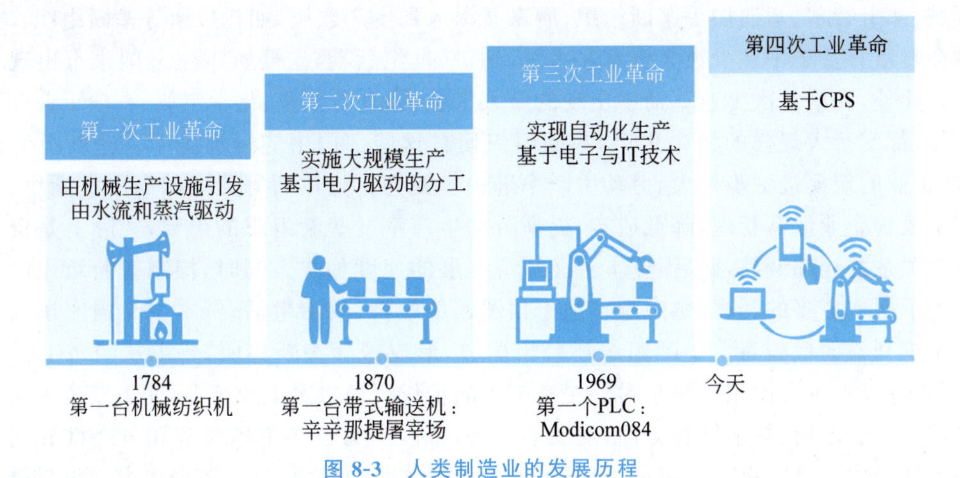

图 8-3 人类制造业的发展历程

按照德国对工业发展时代的划分，当前工业发展已经经历了三次工业革命，并且正在发生第四次工业革命。

8.2.1 第一次工业革命——机械化革命

第一次工业革命是指 18 世纪从英国发起的技术革命，是技术发展史上的一次巨大革命，开创了以机器代替手工劳动的时代。此次革命以工作机的诞生开始，以蒸汽机作为动力机被广泛使用为标志。这次技术革命和与其相关的社会关系的变革，称为第一次工业革命或者产业革命。

第一次工业革命后，工厂制代替了手工工厂，机器代替了手工劳动；从社会关系来说，工业革命使依附于落后生产方式的自耕农阶级消失了，工业资产阶级、工业无产阶级形成和壮大起来。率先完成了工业革命的英国，很快成为世界霸主。此外，第一次工业革命极大地提高了生产力，巩固了资本主义各国的统治地位。随着资产阶级力量的日益壮大，他们希望进一步加强自身的经济和政治地位，要求进一步解除封建压迫，实行自由经营、自由竞争和自由贸易。资产阶级通过革命和改革，逐渐完成第一次工业革命，巩固了自己的统治。除此之外，第一次工业革命引起了社会的重大变革，社会日益分裂成为两大对抗阶级，即工业资产阶级和无产阶级。无产阶级辛勤劳动，直接创造财富，却相对日益贫困。为了改善自己的处境，无产阶级同时在和资产阶级进行斗争，工人运动兴起。工业革命还促进了近代城市化的兴起。

8.2.2 第二次工业革命——电气化革命

第二次工业革命是指 19 世纪中期，欧洲国家和美国、日本的资产阶级革命或改革的完成，促进了经济的发展。此次革命形成电力驱动产品的大规模生产，开创了产品批量生产的新模式。19 世纪 60 年代后期，开始第二次工业革命，人类进入了“电气时代”。

在第二次工业革命的推动下，资本主义经济开始发生重大变化，资本主义生产社会化的趋势加强，企业间的竞争加剧，生产和资本相对集中，少数采用新技术的企业挤垮大量技术落后的企业。生产和资本集中到一定程度便产生了垄断。在竞争中壮大起来的少数规模较大的企业之间，就产量、产品价格和市场范围达成协议，形成垄断组织。垄断最初产生在流通领域，如卡特尔、辛迪加等垄断组织；后来又深入到生产领域，如托拉斯等垄断组织。大量的社会财富日益集中在少数大资本家手里，到 19 世纪后期，主要资本主义国家都出现垄断组织。此外，在第二次工业革命中出现的新兴工业，如电力工业、化学工业、石油工业和汽车工业等，都实行大规模的集中生产，垄断组织便在这些部门中应运而生了。垄断组织的出现，使企业的规模进一步扩大，劳动生产率进一步提高。托拉斯等形式的高级垄断组织，更有利于改善企业经营管理，降低成本，提高劳动生产率。垄断组织的出现，实际上是资本主义生产关系的局部调整，此后，资本主义经济发展的速度加快。同时，控制垄断组织的大资本家为了攫取更多的利润，越来越多地干预国家的经济、政治生活，资本主义国家逐渐成为垄断组织利益的代表者。垄断组织还跨出国界，形成国际垄断集团，要求从经济上瓜分世界，因此各资本主义国家加快了对外侵略扩张的步伐。第二次工业革命，使得资本主义各国在经济、文化、政治、军事等各方面，发展不平衡，帝国主义争夺市场经济和争夺世界霸权的斗争更加激烈。第二次工业革命，促进了世界殖民体系的形成，完成了资本主义世界体系的最终确立，使世界逐渐成为一个整体。

8.2.3 第三次工业革命——信息化革命

第三次工业革命始于 20 世纪 70 年代并一直延续到现在，通过广泛应用电子与信息技术，使得制造过程不断实现自动化，是人类文明史上继蒸汽技术革命和电力技术革命之后科技领域里的又一次重大飞跃。

第三次科技革命以原子能、电子计算机、空间技术和生物工程的发明和应用为主要标志，涉及信息技术、新能源技术、新材料技术、生物技术、空间技术和海洋技术等诸多领域的一场信息控制技术革命，不仅极大地推动了人类社会经济、政治、文化领域的变革，而且也影响了人类生活方式和思维方式。随着科技的不断进步，人类的衣、食、住、行、用等日常生活的各方面也发生了重大的变革。此次科技革命加剧了资本主义各国发展的不平衡；使资本主义各国的国际地位发生了新变化；使社会主义国家在与西方资本主义国家抗衡的斗争中，贫富差距逐渐拉大；促进了世界范围内社会生产关系的变化。

自 1980 年开始，微型计算机迅速发展。电子计算机的广泛应用，促进了生产自动化、管理现代化、科技手段现代化和国防技术现代化，也推动了情报信息的自动化。以全球互联网络为标志的信息高速公路正在缩短人类交往的距离。同时，合成材料的发展、遗传工程的诞生及信息论、系统论和控制论的发展，也是这次技术革命的结晶。

8.2.4 第四次工业革命——智能化革命

第四次工业革命的“工业 4.0”战略于 2011 年诞生于德国，是德国联邦教研部与联邦经济技术部在 2013 年汉诺威工业博览会上提出的概念，于 2013 年被德国政府纳入国家战略，其内容是指将互联网、大数据、云计算、物联网等新技术与工业生产相结合，最终实现工厂智能化生产，让工厂直接与消费需求对接。有分析认为，即使是德国这样的工业强国，要真正实现“工业 4.0”，也需要 10～15 年的时间，预计到 2030 年部分企业可以实现。“工业 4.0”描绘了制造业的未来愿景，是继蒸汽机的应用、规模化生产和电子信息技术等三次工业革命后，人类将迎来以 CPS 为基础，以生产高度数字化、网络化、机器自组织为标志的第四次工业革命。

“工业 4.0”概念在欧洲乃至全球工业领域引起了极大的关注和认同。西门子作为德国最具代表性的工业企业及全球工业领域的创新先驱，也是“工业 4.0”概念的积极推动者和实践者。随着物联网及服务的引入，制造业正迎来第四次工业革命。不久的将来，企业能以CPS的形式建立全球网络，整合其机器、仓储系统和生产设施。迈向“工业 4.0”，将是一个渐进的过程。为了适应制造工程的特殊需求，现有的基本技术和经验必须加以改变，还必须探索针对新地点和新市场创新的解决方案。如果成功，则“工业 4.0”将提升德国的全球竞争力，并保持其国内制造业继续发展。德国议会国务秘书、联邦经济与技术部部长 Ernst Burgbacher 表示，德国经济以其强大的工业为基础，特别是机械与设备制造、汽车工业和能源工业，“工业 4.0”的实施绝对是其未来发展的关键。

8.3 中国制造 2025

如果把实体经济比作人，则制造业就是支撑人类身体的骨骼，是国家经济的命脉。在大力推行智能制造的背景下，中国制造业在转型过程中面临着哪些困境，能够采取哪些手段来转型成功？在《安泰行业评论》中，由上海捷勃特机器人有限公司董事长蒋耀及营销总监孙远祥共同撰写的《重重困难下的制造业转型》一文中指出，产品水平、核心技术、成本优势和贸易保护四大危机使得中国制造业的转型变得迫切，其中工业机器人的自主研发和政策引导将是制造业转型的重要导向。文中提到，中国制造业发展正面临着四大挑战。虽然我国产业结构正在不断升级，产业链也日益完善，但是当前我国部分制造业产业链主要集中在下游，基础普遍薄弱，在产业链的高端，核心环节仍然存在一些不足，我国制造业处于尴尬的“三明治”困境中。此外，核心技术的缺失，是我国制造业面临“大而不强”发展窘境的关键原因。随着劳动力红利的消减，以及土地成本的快速上涨，制造业发展的成本优势正在逐步消失。从外部环境来看，贸易保护主义抬头使得当前经济结构进行深入调整，这对我国制造业转型提出了更高的要求。自主可控的数字化转型，尤其是“机器换人”将成为我国制造业智能化发展的关键。“机器换人”是指通过向机器要人、向技术要产能来加快产业转型升级的步伐，也是指以现代化、自动化的装备提升传统产业，使劳动人员逐渐从传统生产方式中解放出来。

目前，工业机器人的发展已经进入第三代智能化发展阶段。人工智能新技术的大规模应用，使得机器人智能化发展从单一感知向全域感知提升，从感知智能向认知智能升级，从单机智能向集群智能发展，更好地提高了机器人在工业制造领域的关键地位。未来，要加强核心技术攻关，推动国产工业机器人与智能化新技术融合应用，这既是推动智能制造的切入点和突破口，又是制造业转型突围的重要基础。

在技术发展的基础上，政策引导也是制造业转型突围的一大帮手。通过在细分行业精准施策扶持制造业智能化转型，按照“以示范带应用、以应用带集成、以集成带装备、以装备带强基”的思路加强核心装备突破与系统集成应用。新一轮科技革命和产业变革加速发展，相关产业政策制定需要重点扶持核心技术攻关，突出国产化机器人行业的重点扶持。相关部门要引导标准体系建设，夯实产业基础，补齐各类短板，加快培育特色产业集群，打造以机器人为核心的智能制造生态。

中国已经成为全球第一制造业大国，制造业占全球比重上升到19.8%，却“大而不强”，处于价值链的末端；以跨国公司为主导的要素和产业价值链纵向分工方式的形成和高度细分化，导致中国处于全球价值链末端；金融危机之后兴起的新一轮产业革命，又是一场数字化革命，又是价值链革命；互联网+、物联网、大数据、云计算、机器人技术、人工智能、3D打印、新型材料等多点突破和融合互动将推动新产业、新业态、新模式的兴起，对中国产业链的冲击是前所未有的。目前，全球产业处于竞争格局重新塑造的关键时期，中国制造业在新形势下急需转型升级。

2008年世界金融危机以后，欧美等发达国家推出“再工业化战略”。第一次工业革命以蒸汽机为象征，由英国主导，造就了英国一枝独秀；第二次工业革命以电力的广泛应用为象征，英、法、俄、德、美、日遍地开花，资本主义发达国家基本形成；第三次工业革命以信息技术为象征，由美国领跑，造就了美国的盛世时代。谁来引导第四次工业革命，并占领先机？人们都希望成为第四次工业革命的主角，各国都有自己的优势和路径。美国第四次工业革命称为“工业互联网”，沿袭第三次工业革命的成果，将信息技术融入工业，以信息产业为主导；英国提出了英国工业2050计划，重点突出服务加再制造（以生产为中心的价值链）；日本提出机器人计划；中国第四次工业革命称为“中国制造2025”，以两化融合为主导，以“互联网+”为工具。

《中国制造2025》提出，坚持“创新驱动、质量为先、绿色发展、结构优化、人才为本”的基本方针，坚持“市场主导、政府引导，立足当前、着眼长远，整体推进、重点突破，自主发展、开放合作”的基本原则，通过“三步走”实现制造强国的战略目标：第一步，到2025年迈入制造强国行列；第二步，到2035年我国制造业整体达到世界制造强国阵营中等水平；第三步，到新中国成立一百年时，我国制造业大国地位更加巩固，综合实力进入世界制造强国前列。

围绕实现制造强国的战略目标，《中国制造2025》明确了9项战略任务和重点：一是提高国家制造业创新能力；二是推进信息化与工业化深度融合；三是强化工业基础能力；四是加强质量品牌建设；五是全面推行绿色制造；六是大力推动重点领域突破发展，聚焦新一代信息技术产业、高档数控机床和机器人、航空航天装备、海洋工程及高技术船舶、先进轨道交通装备、节能与新能源汽车、电力装备、农机装备、新材料、生物医药及高性能医疗器械等十大重点领域；七是深入推进制造业结构调整；八是积极发展服务型制造和生产性服务业；九是提高制造业国际化发展水平。

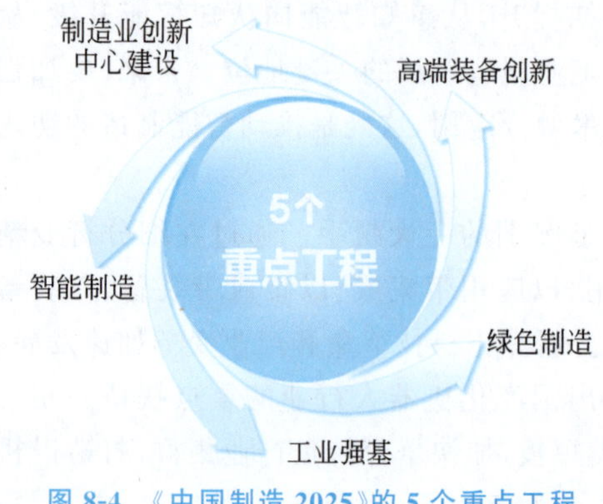

图8-4 《中国制造2025》的5个重点工程

《中国制造2025》中的5个重点工程如图8-4所示。

1. 制造业创新中心（工业技术研究基地）建设工程

围绕重点行业转型升级和新一代信息技术、智能制造、增材制造、新材料、生物医药等领域创新发展的重大共性需求，形成一批制造业创新中心（工业技术研究基地），重点开展行业基础和共性关键技术研发、成果产业化、人才培训等工作。制定完善制造业创新中心遴选、考核、管理的标准和程序。

到2020年，重点形成15家左右制造业创新中心（工业技术研究基地），力争到2025年形成40家左右制造业创新中心（工业技术研究基地）。

2. 智能制造工程

紧密围绕重点制造领域关键环节，开展新一代信息技术与制造装备融合的集成创新和工程应用。支持政产学研用联合攻关，开发智能产品和自主可控的智能装置并实现产业化。依托优势企业，紧扣关键工序智能化、关键岗位机器人替代、生产过程智能优化控制、供应链优化，建设重点领域智能工厂/数字化车间。在基础条件好、需求迫切的重点地区、行业和企业中，分类实施流程制造、离散制造、智能装备和产品、新业态新模式、智能化管理、智能化服务等试点示范及应用推广。建立智能制造标准体系和信息安全保障系统，搭建智能制造网络系统平台。

到2020年，制造业重点领域智能化水平显著提升，试点示范项目运营成本降低30%，产品生产周期缩短30%，不良品率降低30%。到2025年，制造业重点领域全面实现智能化，试点示范项目运营成本降低50%，产品生产周期缩短50%，不良品率降低50%。

3. 工业强基工程

开展示范应用，建立奖励和风险补偿机制，支持核心基础零部件（元器件）、先进基础工艺、关键基础材料的首批次或跨领域应用。组织重点突破，针对重大工程和重点装备的关键技术和产品急需，支持优势企业开展政产学研用联合攻关，突破关键基础材料、核心基础零部件的工程化、产业化瓶颈。强化平台支撑，布局和组建一批“四基”研究中心，创建一批公共服务平台，完善重点产业技术基础体系。

到2020年，40%的核心基础零部件、关键基础材料实现自主保障，受制于人的局面逐步缓解，航天装备、通信装备、发电与输变电设备、工程机械、轨道交通装备、家用电器等产业急需的核心基础零部件（元器件）和关键基础材料的先进制造工艺得到推广应用。到2025年，70%的核心基础零部件、关键基础材料实现自主保障，80种标志性先进工艺得到推广应用，部分达到国际领先水平，建成较为完善的产业技术基础服务体系，逐步形成整机牵引和基础支撑协调互动的产业创新发展格局。

4. 绿色制造工程

组织实施传统制造业能效提升、清洁生产、节水治污、循环利用等专项技术改造。开展重大节能环保、资源综合利用、再制造、低碳技术产业化示范。实施重点区域、流域、行业清洁生产水平提升计划，扎实推进大气、水、土壤污染源头防治专项。制定绿色产品、绿色工厂、绿色园区、绿色企业标准体系，开展绿色评价。

到2020年，建成千家绿色示范工厂和百家绿色示范园区，部分重化工行业能源资源消耗出现拐点，重点行业主要污染物排放强度下降20%。到2025年，制造业绿色发展和主要产品单耗达到世界先进水平，绿色制造体系基本建立。

5. 高端装备创新工程

组织实施大型飞机、航空发动机及燃气轮机、民用航天、智能绿色列车、节能与新能源汽车、海洋工程装备及高技术船舶、智能电网成套装备、高档数控机床、核电装备、高端诊疗设备等一批创新和产业化专项、重大工程。开发一批标志性、带动性强的重点产品和重大装备，提升自主设计水平和系统集成能力，突破共性关键技术与工程化、产业化瓶颈，组织开展应用试点和示范，提高创新发展能力和国际竞争力，抢占竞争制高点。

到 2020 年，上述领域实现自主研制及应用。到 2025 年，自主知识产权高端装备市场占有率大幅提升，核心技术对外依存度明显下降，基础配套能力显著增强，重要领域装备达到国际领先水平。

《中国制造 2025》规划中包括十大领域。

1）新一代信息技术产业

集成电路及专用装备。着力提升集成电路设计水平，不断丰富知识产权(IP)核和设计工具，突破关系国家信息与网络安全及电子整机产业发展的核心通用芯片，提升国产芯片的应用适配能力。掌握高密度封装及 3D 微组装技术，提升封装产业和测试的自主发展能力。形成关键制造装备供货能力。

(1) 信息通信设备。掌握新型计算、高速互联、先进存储、体系化安全保障等核心技术，全面突破第五代移动通信(5G)技术、核心路由交换技术、超高速大容量智能光传输技术、“未来网络”核心技术和体系架构，积极推动量子计算、神经网络等发展。研发高端服务器、大容量存储、新型路由交换、新型智能终端、新一代基站、网络安全等设备，推动核心信息通信设备体系化发展与规模化应用。

(2) 操作系统及工业软件。开发安全领域操作系统等工业基础软件。突破智能设计与仿真及其工具、制造物联与服务、工业大数据处理等高端工业软件核心技术，开发自主可控的高端工业平台软件和重点领域应用软件，建立完善工业软件集成标准与安全测评体系。推进自主工业软件体系化发展和产业化应用。

2）高档数控机床和机器人

(1) 高档数控机床。开发一批精密、高速、高效、柔性数控机床与基础制造装备及集成制造系统。加快高档数控机床、增材制造等前沿技术和装备的研发。以提升可靠性、精度保持性为重点，开发高档数控系统、伺服电动机、轴承、光栅等主要功能部件及关键应用软件，加快实现产业化。加强用户工艺验证能力建设。

(2) 机器人。围绕汽车、机械、电子、危险品制造、国防军工、化工、轻工等工业机器人、特种机器人，以及医疗健康、家庭服务、教育娱乐等服务机器人应用需求，积极研发新产品，促进机器人标准化、模块化发展，扩大市场应用。突破机器人本体、减速器、伺服电动机、控制器、传感器与驱动器等关键零部件及系统集成设计制造等技术瓶颈。

3）航空航天装备

(1) 航空装备。加快大型飞机研制，适时启动宽体客机研制，鼓励国际合作研制重型直升机；推进干支线飞机、直升机、无人机和通用飞机产业化。突破高推重比、先进涡桨(轴)发动机及大涵道比涡扇发动机技术，建立发动机自主发展工业体系。开发先进机载设备及系统，形成自主完整的航空产业链。

(2) 航天装备。发展新一代运载火箭、重型运载器，提升进入空间能力。加快推进国家民用空间基础设施建设，发展新型卫星等空间平台与有效载荷、空天地宽带互联网系统，形成长期持续稳定的卫星遥感、通信、导航等空间信息服务能力。推动载人航天、月球探测工程，适度发展深空探测。推进航天技术转化与空间技术应用。

4）海洋工程装备及高技术船舶

大力发展深海探测、资源开发利用、海上作业保障装备及其关键系统和专用设备。推动深海空间站、大型浮式结构物的开发和工程化。形成海洋工程装备综合试验、检测与鉴定能力，提高海洋开发利用水平。突破豪华邮轮设计建造技术，全面提升液化天然气船等高技术船舶国际竞争力，掌握重点配套设备集成化、智能化、模块化设计制造核心技术。

5）先进轨道交通装备

加快新材料、新技术和新工艺的应用，重点突破体系化安全保障、节能环保、数字化智能化网络化技术，研制先进可靠适用的产品和轻量化、模块化、谱系化产品。研发新一代绿色智能、高速重载轨道交通装备系统，围绕系统全寿命周期，向用户提供整体解决方案，建立世界领先的现代轨道交通产业体系。

6）节能与新能源汽车

继续支持电动汽车、燃料电池汽车发展，掌握汽车低碳化、信息化、智能化核心技术，提升动力电池、驱动电机、高效内燃机、先进变速器、轻量化材料、智能控制等核心技术的工程化和产业化能力，形成从关键零部件到整车的完整工业体系和创新体系，推动自主品牌节能与新能源汽车同国际先进水平接轨。

7）电力装备

推动大型高效超净排放煤电机组产业化和示范应用，进一步提高超大容量水电机组、核电机组、重型燃气轮机制造水平。推进新能源和可再生能源装备、先进储能装置、智能电网用输变电及用户端设备发展。突破大功率电力电子器件、高温超导材料等关键元器件和材料的制造及应用技术，形成产业化能力。

8）农机装备

重点发展粮、棉、油、糖等大宗粮食和战略性经济作物育、耕、种、管、收、运、储等主要生产过程使用的先进农机装备，加快发展大型拖拉机及其复式作业机具、大型高效联合收割机等高端农业装备及关键核心零部件。提高农机装备信息收集、智能决策和精准作业能力，推进形成面向农业生产的信息化整体解决方案。

9）新材料

以特种金属功能材料、高性能结构材料、功能性高分子材料、特种无机非金属材料和先进复合材料为发展重点，加快研发先进熔炼、凝固成型、气相沉积、型材加工、高效合成等新材料制备关键技术和装备，加强基础研究和体系建设，突破产业化制备瓶颈。积极发展军民共用特种新材料，加快技术双向转移转换，促进新材料产业军民融合发展。高度关注颠覆性新材料对传统材料的影响，做好超导材料、纳米材料、石墨烯、生物基材料等战略前沿材料提前布局和研制。加快基础材料升级换代。

10）生物医药及高性能医疗器械

发展针对重大疾病的化学药、中药、生物技术药物新产品，重点包括新机制和新靶点化学药、抗体药物、抗体偶联药物、全新结构蛋白及多肽药物、新型疫苗、临床优势突出的创新中药及个性化治疗药物。提高医疗器械的创新能力和产业化水平，重点发展影像设备、医用机器人等高性能诊疗设备，全降解血管支架等高值医用耗材，可穿戴、远程诊疗等移动医疗产品。实现生物3D打印、诱导多能干细胞等新技术的突破和应用。

8.4 工业机器人的概念及分类

工业机器人是机器人技术发展的典型代表，其研发、制造和应用是衡量一个国家科技创新和高端制造业水平的重要标志，是推进传统产业改造升级和结构调整的重要支撑。同时，工业机器人是现代制造业重要的自动化装备，是制造业实现数字化、智能化和信息化的重要载体。

1954年，美国人G.C.戴万获得了第一项工业机器人专利。1958年，美国机械与铸造公司(American Machine and Foundry，A.M.F)研制成功一台数控自动通用机器，商品名为Versatran，并以工业机器人为商品投入市场，这就是世界上最早的工业机器人。经过五十多年的迅速发展，工业机器人已经广泛应用于汽车及汽车零部件制造业、机械加工行业、电子电气行业、橡胶及塑料工业、食品工业、物流和制造业等诸多领域中。作为先进制造业中不可替代的核心自动化装备，工业机器人已经成为衡量一个国家制造水平和科技水平的重要标志。同时，工业机器人的发展是一个动态过程，其性能及应用将随着科技的发展而同步提升。

8.4.1 工业机器人的概念

工业机器人是指用于工业领域的多关节机械手或多自由度机器设备。可以自动执行工作，并且是一种通过自身的力量和控制能力实现各种功能的机器；可以接收人工命令或按照预编程的程序进行操作。现代工业机器人可以通过人工智能控制技术工作。工业机器人通常被理解为具有拟人手臂、手腕和手功能的机械电子装置，可把任一物件或工具按空间位置和姿态的时变要求进行移动，从而完成某一工业生产的作业任务。如夹持焊钳或焊枪对汽车或摩托车车体进行点焊或弧焊，搬运压铸或冲压成型的零件或构件，进行激光切割，喷涂，装配机械零部件等。

8.4.2 工业机器人的分类

1. 发展程度

按照工业机器人的发展程度可分为第一代机器人、第二代机器人和第三代机器人。第一代机器人主要是指以“示教—再现”方式工作的工业机器人，也称示教再现型机器人。第二代机器人是带有一些可感知环境的装置，通过反馈控制，工业机器人能在一定程度上适应环境的变化。第三代机器人，即智能机器人，具有多种感知功能，可进行复杂的逻辑推理、学习、判断及决策，可在作业环境中独立行动，具有发现问题且能自主解决问题的能力。

2. 性能指标

按照工业机器人的性能指标可分为超大型机器人、重型机器人、中型机器人、小型机器人和超小型机器人。超大型机器人是指负载能力为500kg以上，最大工作范围可达3.2m

以上，大多为搬运、码垛机器人，这类机器人的尺寸较大，对机器人的定位精度一般要求不高。重型机器人的负载能力为100～500kg，最大工作范围为2.6m左右，主要是点焊、搬运机器人。中型机器人的负载能力为10～100kg，最大工作范围为2m左右，主要是点焊机器人、浇铸机器人和搬运机器人。小型机器人的负载能力为1～10kg，最大工作范围为1.6m左右，主要是弧焊机器人、点胶机器人和装配机器人，该类型的工业机器人具有较高的定位精度。超小型机器人的负载能力为1kg以下，最大工作范围为1m左右，包括洁净环境机器人、精密操作机器人，具有较高的运动速度和精度。

3. 结构特征

按照工业机器人的结构特征可分为串联机器人、并联机器人和混联机器人。由开链组成的机器人称为串联机器人，如图8-5(a)所示，其特点是一个轴的运动会改变另一个轴的坐标原点。并联机器人是一种动平台和定平台通过至少两个独立的运动链相连接，机构具有两个或两个以上自由度，并且以并联方式驱动的一种闭环机构，如图8-5(b)所示。并联机器人结构紧凑，具有精度高、速度快、动态响应好、刚度高、承载能力大和工作空间较小的特点。并联机器人结构较为复杂，这正好同串联机器人形成互补，从而扩大了工业机器人的选择和应用范围。开链中含有闭链的机器人称为串并联机器人，即混联机器人，它中和了串联机器人与并联机器人两者的特点。

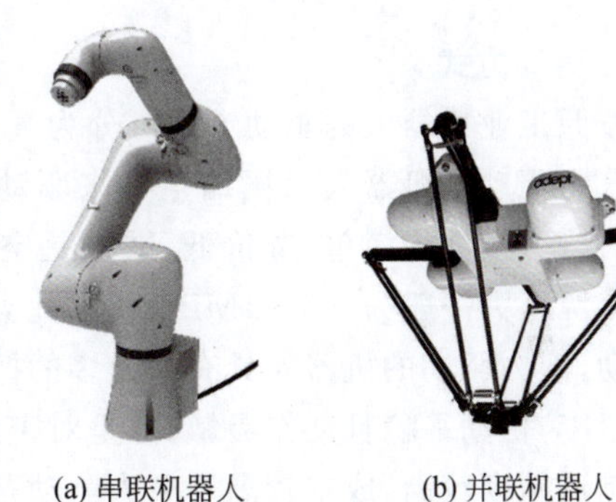

(a) 串联机器人　　(b) 并联机器人

图8-5　工业机器人

4. 结构形状

按照工业机器人的结构形状可分为直角坐标型机器人、圆柱坐标型机器人和球坐标型机器人。直角坐标型机器人如图8-6(a)所示，机器人手部空间位置的改变通过沿三个互相垂直轴线的移动来实现，即沿着X轴的纵向移动，沿着Y轴的横向移动，以及沿着Z轴的升降。圆柱坐标型机器人如图8-6(b)所示，机器人通过两个移动和一个转动实现手部空间位置的改变。球坐标型机器人如图8-6(c)所示，机器人手臂的运动由一个直线运动和两个转动所组成，即沿手臂方向X轴的伸缩，绕Y轴的俯仰和绕Z轴的回转。

5. 控制方式

按照工业机器人的控制方式可分为点位控制和连续轨迹控制。点位控制的工业机器人，其运动为空间内点到点之间的轨迹运动，在作业过程中只控制几个特定工作点的位置，不对点与点之间的运动过程进行控制，中间过程不需要复杂的轨迹插补。在点位控制的机器人中，所能控制点数的多少取决于控制系统的性能扩展程度。目前，部分工业机器人是点位控制的，例如，点焊、搬运机器人一般采用点位控制。连续轨迹控制的机器人是按连续轨迹方式控制的机器人，其运动轨迹可以是空间的任意连续曲线。机器人在空间的整个运动过程都在控制之下，能同时控制两个以上的运动轴，使机器人手部位置可沿任意形状的空间曲线运动，并且手部的姿态也可以通过腕关节的运动得以控制，方便于工业机器人的弧焊和

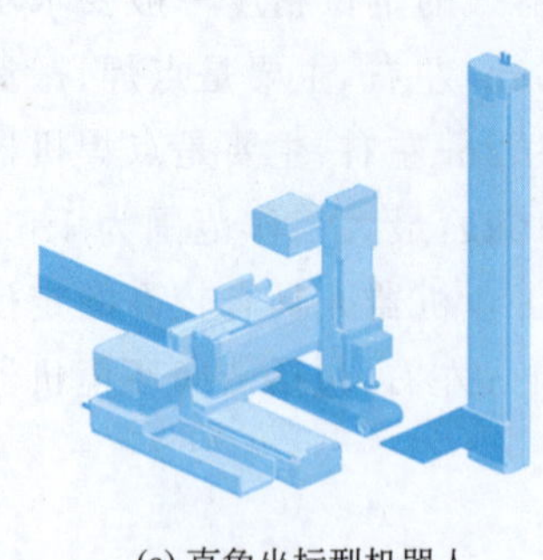

(a) 直角坐标型机器人

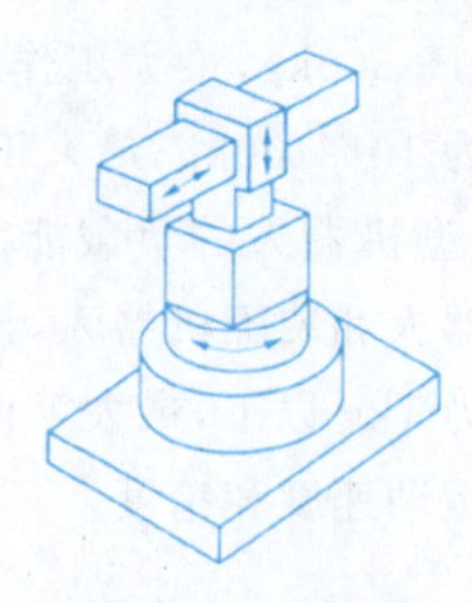

(b) 圆柱坐标型机器人

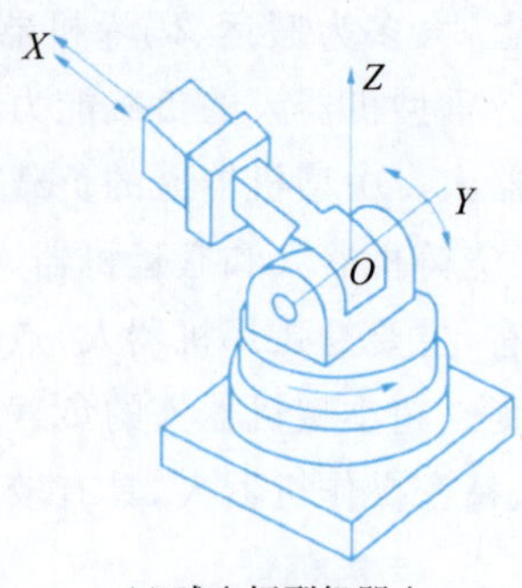

(c) 球坐标型机器人

图 8-6　工业机器人分类

喷涂作业。

6. 驱动方式

按照工业机器人的驱动方式可分为气力驱动、液力驱动、电力驱动及新型驱动方式等。其中气力驱动是机器人以压缩空气来驱动执行机构。这种驱动方式的优点是空气来源方便、动作迅速、结构简单、造价低，缺点是空气具有可压缩性，致使工作速度的稳定性较差。因为气源压力一般为0.5～1MPa，所以此类机器人适宜抓举力要求较小的场合。相对于气力驱动，液力驱动的机器人具有大得多的抓举能力，可高达上百千克。液力驱动机器人虽然结构紧凑，传动平稳且动作灵敏，但是对密封的要求较高，不宜在高温或低温的场合工作，要求的制造精度较高，成本较高。电力驱动是利用各种电动机产生的力或力矩，直接或经过减速机构驱动机器人，以获得所需的位移、速度和加速度。电力驱动具有无环境污染，易于控制，运动精度高，成本低和驱动效率高等优点，其应用最为广泛。电力驱动可分为步进电动机驱动、直流伺服电动机驱动、交流伺服电动机驱动等。随着机器人技术的发展，出现了利用新的工作原理制造的新型驱动器，如静电驱动器、压电驱动器、形状记忆合金驱动器、人工肌肉、磁致伸缩驱动、超声波电机驱动和光驱动器等。

综上所述，工业机器人的驱动方式主要有电力驱动、液压驱动和气压驱动。根据工业机器人不同的应用领域和要求，应选择合适的驱动方式。其中，电力驱动的方式在机器人中应用最为广泛。电机用于驱动机器人的关节，要求有最大功率质量比和扭矩惯量比、启动转矩、低惯量和较宽广且平滑的调速范围。特别是像机器人末端执行器(手爪)应采用体积、质量尽可能小的电动机，尤其要求快速响应时，伺服电动机必须具有较高的可靠性，并且有较大的短时过载能力。目前，高启动转矩、大转矩、低惯量的交流、直流伺服电动机及快速、稳定、高性能伺服控制器成为工业机器人发展的关键技术。

7. 机器人应用

按照工业机器人的应用领域可分为焊接、搬运及喷涂等机器人。点焊机器人是用于制造领域点焊作业的工业机器人。它由机器人本体、控制系统、示教盒和点焊焊接系统等几部分组成。点焊机器人的驱动方式常用的为交流伺服电动机驱动，具有维修简便、能耗低、速度高、精度高和安全性好等优点。弧焊机器人是用于进行自动部件弧焊的工业机器人。一般的弧焊机器人是由示教盒、控制盘、机器人本体、自动送丝装置、焊接电源和焊钳清理等部分组成。弧焊机器人可以在计算机的控制下实现连续轨迹控制和点位控制，还可以利用直线插补和圆弧插补功能焊接由直线及圆弧所组成的空间焊缝。弧焊机器人主要有熔化极焊接作业和非熔化极焊接作业两种类型，具有可长期进行焊接作业、保证焊接作业的高生产效率、高质量和高稳定性等特点。搬运机器人是可以进行自动化搬运作业的工业机器人。搬运作业是指用一种末端执行器夹持工具握持工件，从一个加工位置移到另一个加工位置。搬运机器人可安装不同的末端执行器以完成各种不同形状和状态的工件搬运工作，大大减轻了人类繁重的体力劳动。喷涂机器人是进行自动喷漆或喷涂其他涂料的工业机器人。国内芜湖埃夫特公司已经完成了对CMA公司的收购，该公司在喷涂机器人、喷涂工艺、喷涂自动化装备等方面有着丰富的研发经验和技术积累，能够为陶瓷洁具、家具、农用车辆、汽车行业提供成熟解决方案。AGV机器人主要有装配型AGV和搬运型AGV。装配型AGV主要用于汽车生产线，具有移动、自动导航、多传感器感知和网络交换等功能，也用于大屏幕彩色电视机和其他产品的自动化装配线。搬运型AGV广泛应用于机械、电子、纺织、造纸、卷烟和食品等行业，具有柔性搬运和传输等功能。

8.5 工业机器人的数学基础

工业机器人由多个关节构成，由于控制器是以关节坐标进行数据读取与位置控制，因此要求机器人具有按照笛卡儿坐标规定工作任务的能力。物体在工作空间内的位置及机器人手臂的运动位置，都是以某个确定的坐标系来描述的。

当工作任务由笛卡儿坐标系描述时，必须把上述这些坐标变换为一系列能够由机器人驱动的关节位置。确定机器人位置和姿态的各关节位置的计算，即运动学问题。运动学是工业机器人位置、姿态运动和轨迹规划的基础，动力学则是机器人控制的设计依据。

1. 基础坐标系

大地坐标系、惯性坐标系、世界坐标系，是工业机器人在惯性空间的定位基础坐标系。在工作单元中的固定位置，默认情况下基础坐标系和机器人坐标系重合。

2. 机器人坐标系

机器人坐标系是机器人其他坐标系的参考基础，是机器人示教或编程常用的坐标系之一，一般处于机器人的基座中心。

3. 关节坐标系

关节坐标系设置在机器人关节的中心位置，Z 轴指向关节的旋转轴或运动轴，反映了该关节处每个轴相对于关节零位的相对角度或位置。

4. 工具坐标系

工具坐标系是原点设置在机器人末端工具中心点的坐标系，原点及方向都随着末端位置的变化而不断变化。

5. 工件坐标系

工件坐标系是用户自定义的坐标系。可以根据机器人示教需要定义多个工件坐标系。

6. 用户坐标系

用户坐标系用于表示固定装置、工作台等设备，有助于处理持有工件或其他坐标系的处理设备。

各坐标系如图8-7所示。

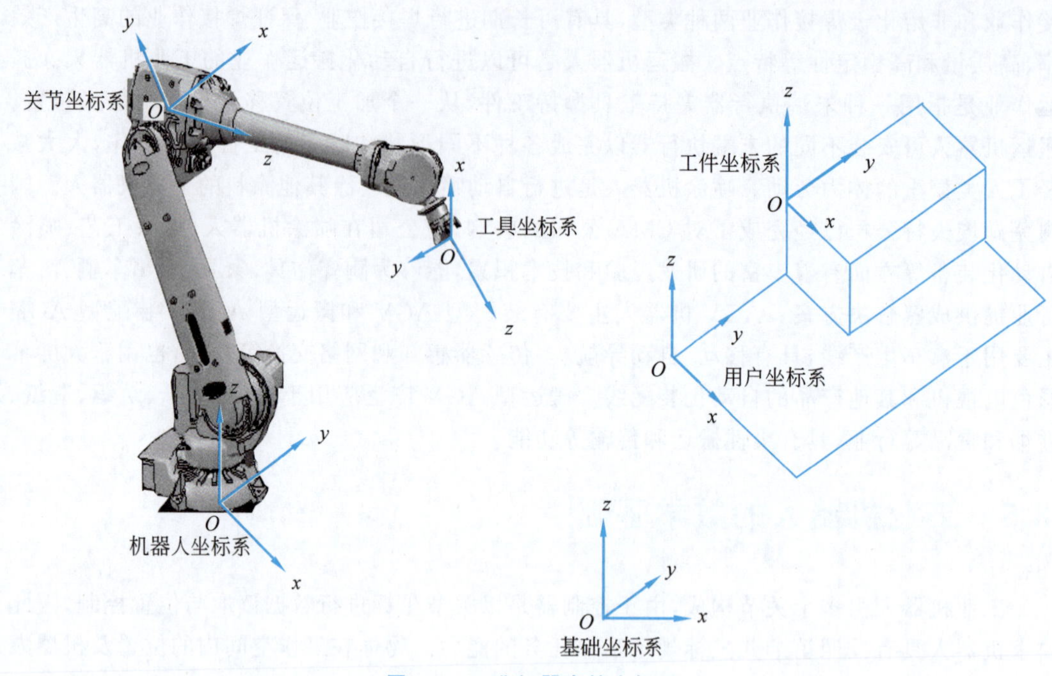

图 8-7　工业机器人的坐标系

8.6　工业机器人的系统构成

通常，工业机器人的系统包括五部分，分别是执行系统、驱动系统、控制系统、传感系统和输入/输出接口，如图 8-8 所示。

执行系统是工业机器人完成抓取工具(或工件)所需各种运动的机构部件，是机器人完成工作任务的实体，通常由杆件和关节构成。工业机器人的杆件和关节按功能可以分成两类：一类是组成手臂的长杆件，也称臂杆，在图 8-9 中大臂、小臂等，其产生主运动，是机器人的位置机构；另一类是组成手腕的短杆件，实际上是一组位于臂杆端部的关节组，在图 8-9 中 J_1 轴、J_4 轴及 J_6 轴，是机器人的姿态机构，确定了手部执行器在空间的方向。基于工业机器人的功能，执行系统包括手部、腕部、臂部、腰部和基座等。

驱动系统是向执行系统的各个运动部件提供动力的装置。按照采用的动力源不同，驱动系统分为液压式、气压式、电气式。液压式驱动的特点是驱动力大、运动平稳，但是泄漏是难以解决的问题。气压式驱动的特点是气源方便、维修简单、易于获得高速，但是驱动力小，速度不易控制，噪声大，冲击大。电气式驱动的特点是电源方便、信号传递运算容易、响应快。

控制系统是工业机器人的指挥决策系统，控制驱动系统，让执行系统按照规定的要求进行工作。按照运动轨迹，控制系统可以分为点位控制和轨迹控制。一般由计算机或高性能芯片(DSP、FPGA、ARM 等)完成。

传感系统是为了使工业机器人正常工作，与周围环境保持密切联系的检测系统，除了关节伺服驱动系统的位置传感器(称为内部传感器)外，还要配备视觉、力觉、触觉、接近觉等多种类型的传感器(称为外部传感器)及传感信号的采集处理系统。

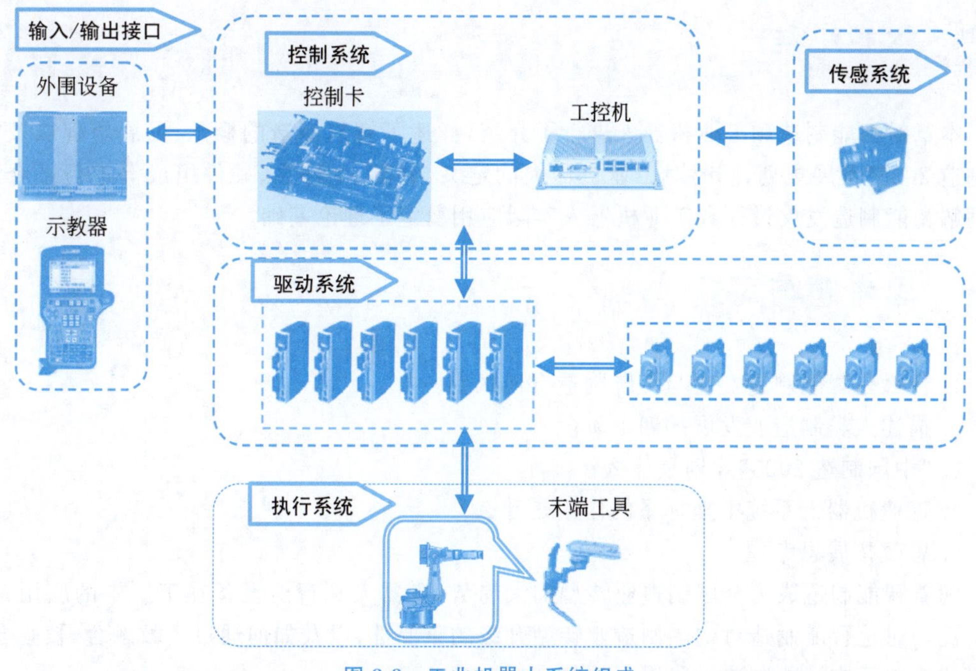

图 8-8　工业机器人系统组成

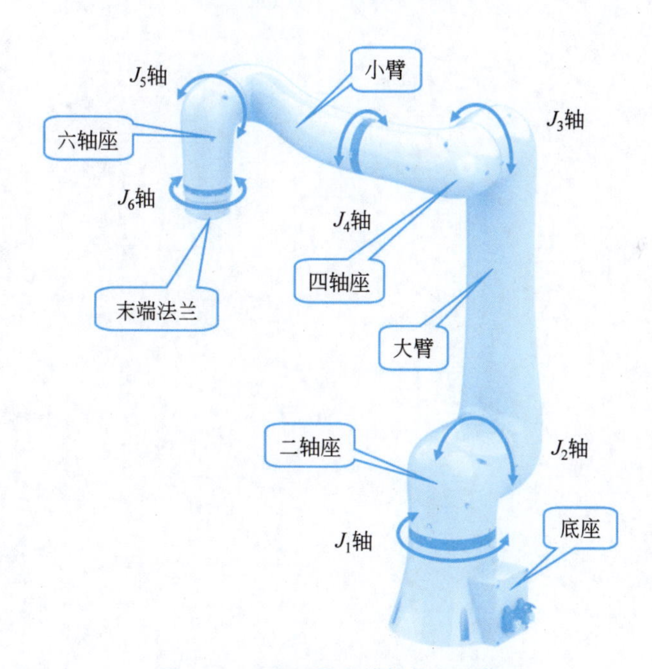

图 8-9　工业机器人的杆件和关节

输入/输出接口是为了与周边系统及相应操作进行联系与应答的各种通信接口和人机通信装置。工业机器人提供内部 PLC,可以与外部设备相连,完成与外部设备间的逻辑与实时控制。一般还有一个以上的串行通信、USB 接口和网络接口等,来完成数据存储、远程控制及离线编程、多机器人协调等工作。

8.7 本章小结

本章对智能制造和工业机器人进行了介绍，详述了智能制造的概念、发展历程以及“中国制造 2025”发展规划，同时对工业机器人的定义、分类、坐标系、硬件组成等进行了介绍，为理解智能制造发展过程和工业机器人实际应用奠定了理论基础。

8.8 思考题与习题

1. 什么是智能制造？它与传统制造有何区别？
2. 描述人类制造业发展的四个阶段。
3. “中国制造 2025”计划是什么？
4. 工业机器人系统中坐标系的作用是什么？
5. 思政拓展思考题

随着智能制造成为全球制造业转型的大趋势，机器人和智能设备在工厂中的应用越来越广泛。讨论智能制造对中国制造业转型升级的重要性，以及如何通过产教融合、校企合作等模式培养适应智能制造时代需要的复合型人才。

第9章

工程创新综合实践

模块化工程创新套件能够为学生提供机械、电子等零散的部件，让学生能够自由选取所需器件搭建自己设计的产品，编程实现复杂的控制算法，在完成项目过程中培养学生的动手和协作能力，强化学生的工程素养和创新意识。学生可以利用这些套件来完成课程设计、毕业设计等。通过工程创新套件的实践，学生可以体验机械设计，培养想象力，对机械、电子控制、自动化系统等知识有直观体验。通过设计各种类型的机器人，训练学生的产品开发和创新思维能力。

9.1 卓越之星——机器人创意搭接套件简介

9.1.1 卓越之星——Debugger 多功能调试器

Debugger 多功能调试器集成了 USB-232、半双工异步串行总线、AVRISP 三种功能，体积小巧、功能集成度高，是一种可靠且方便调试的设备。通过功能选择(Function Select)键可以让调试器的工作模式在 RS232、AVRISP、数字舵机调试器之间进行切换。Debugger 多功能调试器可以对 AVR 控制器进行串口通信调试和程序下载，也可以对 ProMotion CDS55××数字舵机进行调试和控制。具体功能及接口定义如图 9-1 所示。电路板背面用有机玻璃垫起作为保护，元器件面由于有接插件，因此没有做遮挡，在使用时应注意不要短路。

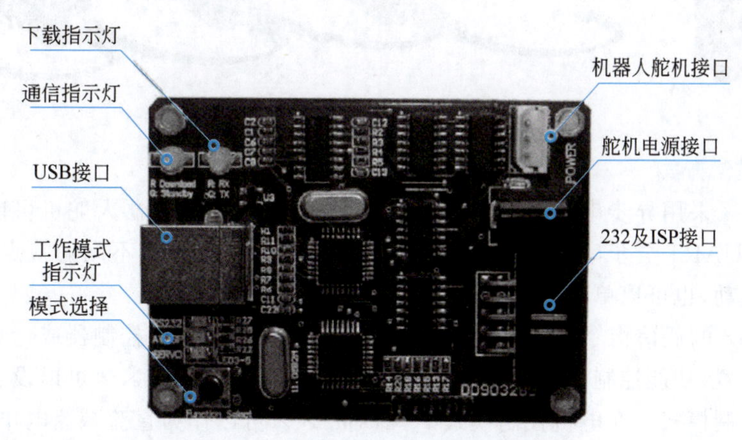

图 9-1 多功能调试器接口定义

1. RS232 模式

按 Function Select 键，让 RS232 的指示灯亮起，表明调试器工作在 RS232 模式，其使用方式和其他的 USB-232 一样。在 RS232 通信模式时，图 9-1 中的通信指示灯会闪烁。

2. AVRISP 模式

按 Function Select 键，AVRISP 的指示灯亮起，表明调试器工作在 AVRISP 模式。在下载时，指示灯为红色，下载完成或者等待时指示灯为绿色。

3. Robot Servo(机器人舵机)模式

按 Function Select 键，让 Servo 的指示灯亮起，表明调试器工作在 Robot Servo 模式。将机器人舵机接到调试器的"机器人舵机接口"，如果舵机还没有供电，则可以通过舵机电源接口对其进行供电。需要注意的是，舵机的工作电压是 6.5～9V，请不要超过这个电压范围。

9.1.2 ProMotion CDS 系列机器人舵机

ProMotion CDS 系列机器人舵机属于一种集电机、伺服驱动、总线式通信接口为一体的集成伺服单元，主要用于微型机器人的关节、轮子、履带驱动，也可用于其他简单位置控制的部位。卓越之星套件使用的舵机属于该系列，它具有大扭矩(扭矩可达 16N · cm)、高转速(最高输出转速为 0.16s/60°)、宽电压(供电范围：DC 6.8～14V)、高分辨率、双端安装方式(适合安装在机器人关节)、高精度全金属齿轮组、连接处 O 形环密封(防尘防溅水)等特点。它有两种工作模式：位置伺服控制模式下转动范围 0°～300°；电机控制模式下可实现整周旋转，开环调速。此外，该舵机还具备位置、温度、速度、电压反馈的功能。

1. 引脚定义

ProMotion CDS 系列机器人舵机电气接口如图 9-2 所示，两组引脚定义一致的接线端子可将舵机逐个串联起来。

图 9-2　机器人舵机电气接口

2. 舵机通信方式

CDS55××采用异步串行总线通信方式，理论多至 254 个机器人舵机可以通过总线组成链型，通过 UART 异步串行接口统一控制。每个舵机可以设定不同的节点地址，多个舵机可以统一运动，也可以单个独立控制。

CDS55××的通信指令集开放，通过异步串行接口的上位机(控制器或计算机)通信，对其进行参数设置、功能控制。通过异步串行接口发送指令，CDS55××可以设置为电机控制模式与位置控制模式。在电机控制模式下，CDS55××可以作为直流减速电机使用，速度可调；在位置控制模式下，CDS55××拥有 0°～300°的转动范围，在此范围内具备精确位置控制性能，速度可调。

只要符合协议的半双工 UART 异步串行接口都可以和 CDS55××进行通信，对

CDS55××进行各种控制。主要有以下两种形式。

方式1：通过调试器控制CDS55××。

计算机会将调试器识别为串口设备，上位机软件通过串口发出符合协议格式的数据包，经调试器转发给CDS55××。CDS55××会执行数据包的指令，并且返回应答数据包。

方式2：通过专用控制器控制CDS55××。

方式1可以快捷地调试CDS系列机器人舵机、修改各种性能的功能参数。但是这种方式离不开计算机，不能搭建独立的机器人构型。不过可以设计专用的控制器，通过控制器的UART端口控制舵机。

CDS系列机器人舵机用程序代码对UART异步串行接口进行时序控制，实现半双工异步串行总线通信，通信速度可高达1Mb/s，且接口简单、协议精简。

9.1.3 Robot Servo Terminal数字舵机调试终端

Robot Servo Terminal是调试机器人舵机CDS55××的调试软件。控制器和舵机之间采用问答方式通信，控制器发出指令包，舵机返回应答数据包。一个网络中允许有多个舵机，所以每个舵机都分配有一个ID号。控制器发出的控制指令中包含ID信息，只有匹配上ID号的舵机才能完整接收这条指令，并返回应答数据包。

机器人舵机CDS5516的通信方式为串行异步方式，一帧数据分为1位起始位，8位数据位和1位停止位，无奇偶校验位，共10位。CDS5516通电后首先进入固件更新等待时间，等待0.6s，在这期间不响应任何指令，0.6s后运行程序，开始正常工作。

调试CDS55××数字舵机时，首先，如图9-3所示，建立正确的电气连接。然后，在计算机上运行Robot Servo Terminal。注意将Debugger多功能调试器切换到Servo模式。

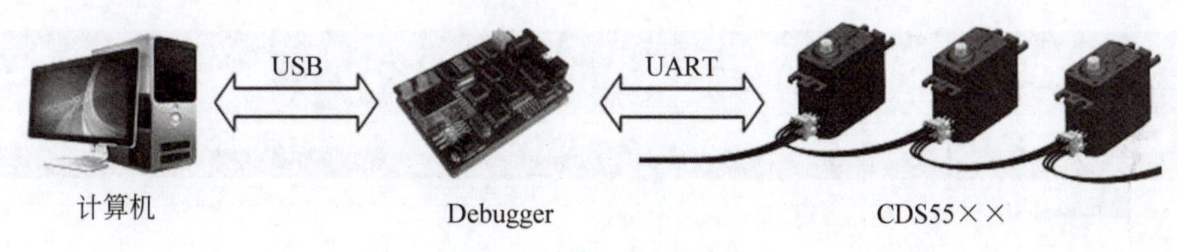

图9-3 电气连接示意图

1. 修改CDS55××的ID

CDS55××出厂时，默认ID是1。实际使用之前，需要根据实际使用情况来修改ID，以保证串行总线上两台CDS55××的ID不会有相同的ID。

下面通过实例来介绍修改舵机ID的方法。本例中将ID为1的CDS55××的舵机ID设置为10。在电气连接正确的前提下，运行RobotServo_Terminal.exe，会出现的窗口如图9-4所示。

CDS55××默认波特率是1 000 000b/s，可以根据需要进行更改。对图9-4中的设置说明以下几点。

Single Node：单节点模式。如果选择了该命令，则查找舵机时采用广播指令查找，查找速度较快。如果连接了多个（大于一个）舵机，则选择该模式可能会查找不到舵机。

Single Baud：单波特率查找模式，以Baud下拉列表框中当前选中的波特率进行查找。

All Baud：全波特率模式，逐一使用Baud下拉列表框中的波特率进行查找，正确选择串口号后，单击Search按钮，程序会自动打开串口并开始查找舵机。如果连接正确，则

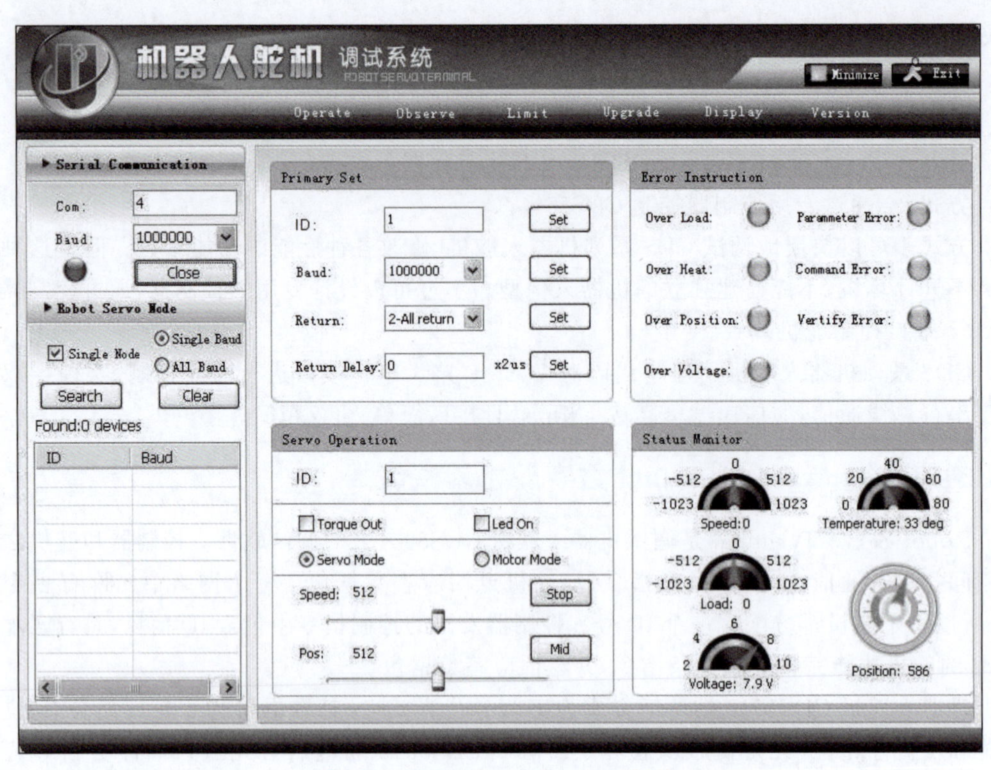

图 9-4 Robot Servo Terminal 窗口

Baud 下拉列表框中就会出现当前连接的舵机 ID 和波特率。如果需要查找的 ID 已经出现，则可单击 Stop 按钮停止查询，如图 9-5 所示。

图 9-5 查找电机

查找到舵机后，单击 Stop 按钮进入 CDS55××的 Operate 属性窗口，如图 9-6 所示。

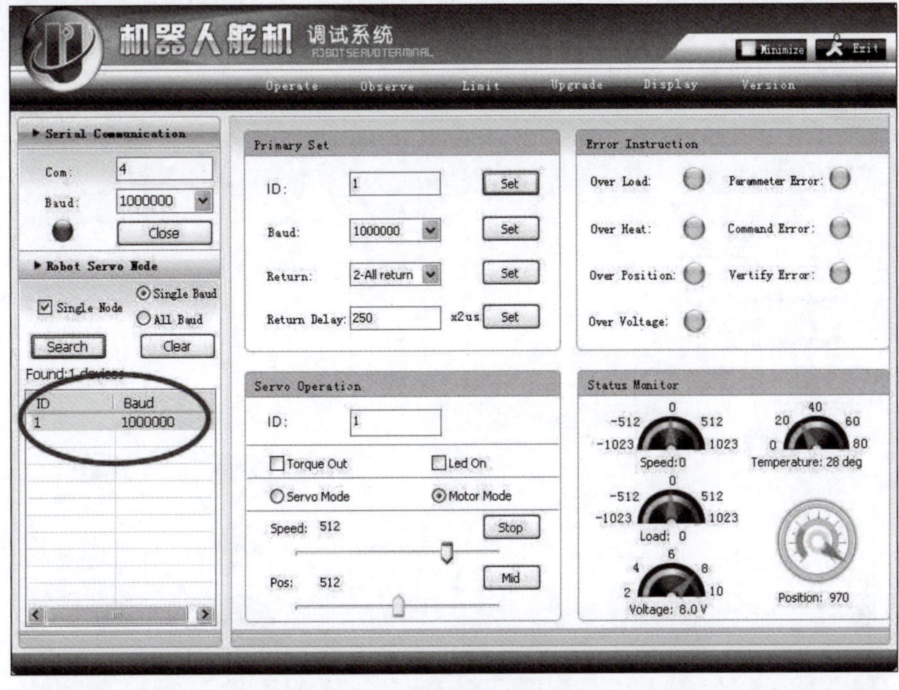

图 9-6　停止查找

在 Baud 下拉列表框中选中要修改 ID 的舵机，这里只有一个 ID 为 1 的舵机。在中间 Primary Set 选项组 ID 输入框中输入 10，单击旁边的 Set 按钮，窗口就变为如图 9-7 所示。

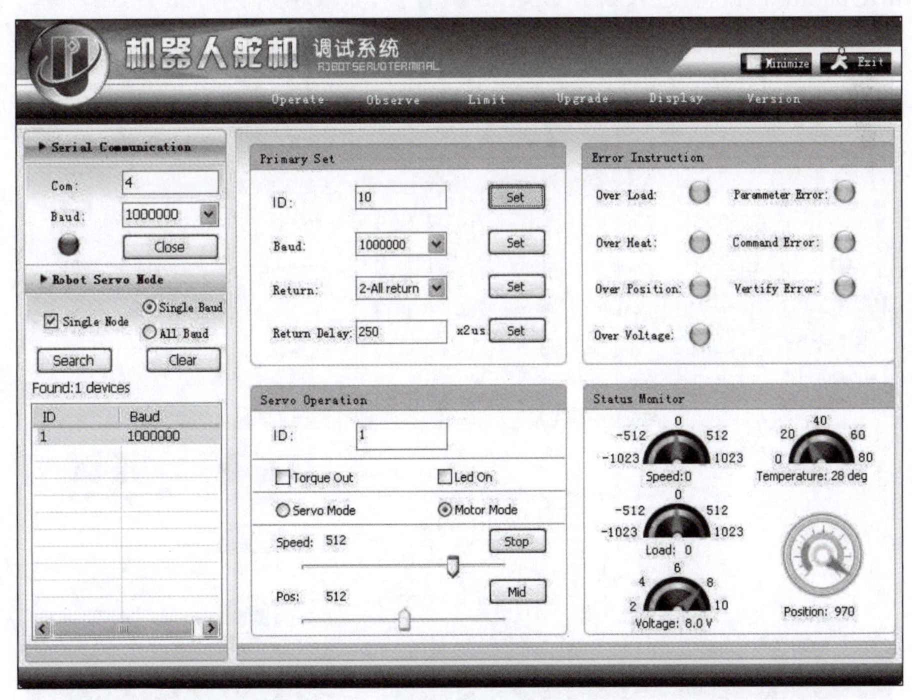

图 9-7　修改 ID

在图 9-8 中可以看到设备 ID 号由 1 变为 10，说明修改成功。CDS55××断电后 ID 会自动保存。波特率(Baud)、返回值(Return)、返回延时设置(Return Delay)方法和 ID 设置相同。

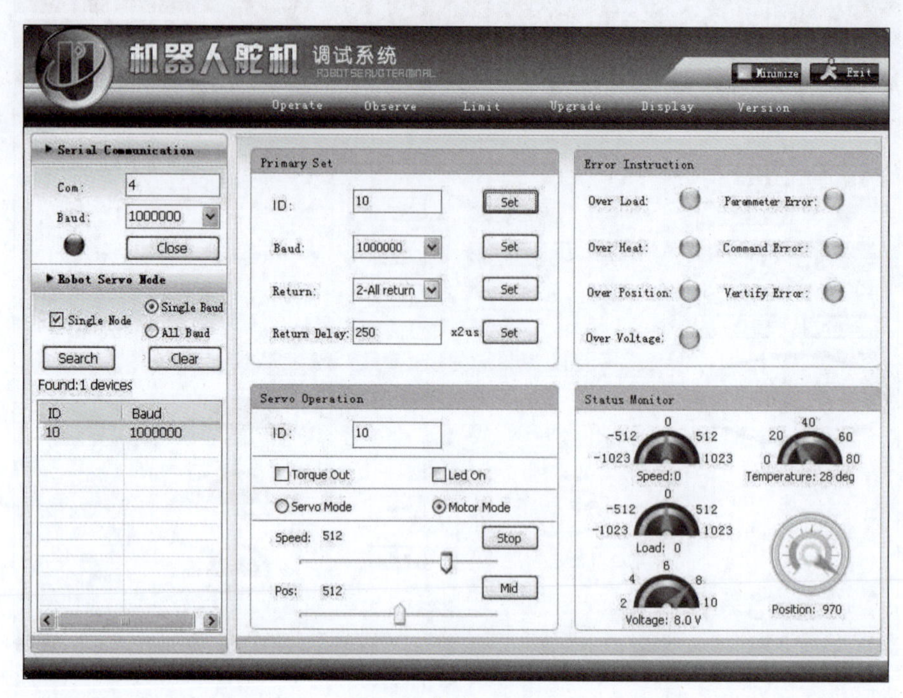

图 9-8 修改 ID 成功

2. CDS55××的基本操作

单击 Operate 按钮，会进入如下 Operate 属性页，如图 9-9 所示。

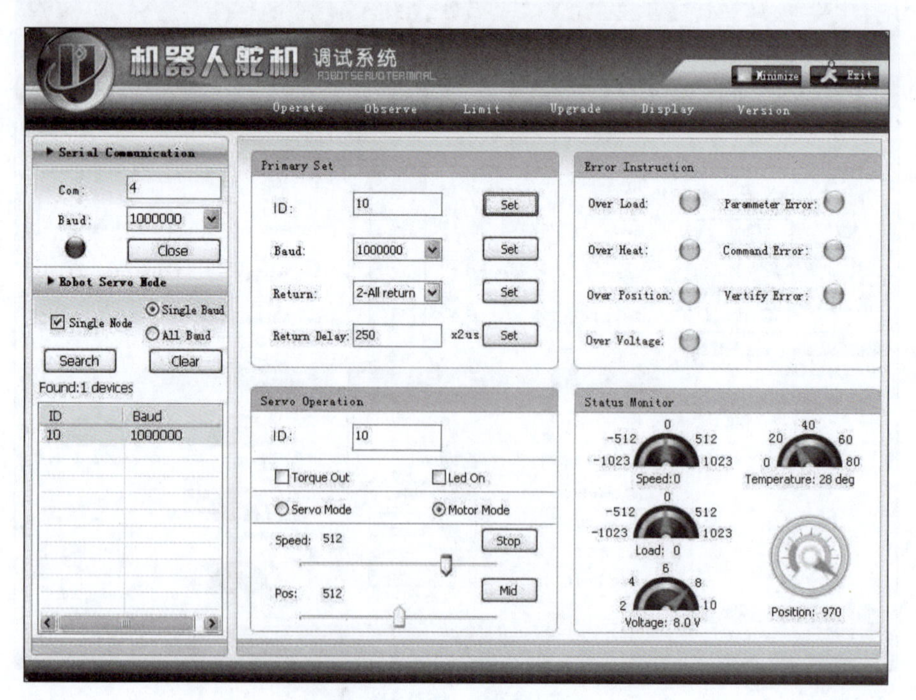

图 9-9 Operate 属性页

Primary Set 是舵机的基本设置。

Servo Operation 组中，ID 输入框用于输入当前组中操作对应的舵机 ID，Torque Out 复选框用于设置 CDS55××的卸载模式，勾选后舵机力矩输出，否则舵机将保持卸载状态。可以给 CDS55××转轴装上舵盘，用手拧转舵盘，观察力矩输出和卸载的状态差别，卸载模式轻轻用力就可以扭动舵盘，力矩输出模式下舵机能够锁紧当前位置。Led On 复选框用于打开 CDS55××内部的 LED 指示灯。Servo Mode 和 Motor Mode 命令用于设置舵机工作模式，CDS55××可以作为总线式的角度伺服电机工作，也可以作为直流调速电机工作。

Error Instruction 组用于显示当前舵机的错误状态。在使用过程，任何一种错误状态被触发，相应的状态指示灯会变成红色。默认情况下，当发生过载或过热时，CDS55××将强制卸载以保护舵机。错误标志的含义如表 9-1 所示。

表 9-1 错误标志的含义

名 称	详细说明
Command Error	如果收到一个未定义的指令或收到 ACTION 前未收到 REGWRITE 指令
Over Load	位置模式运行时输出扭矩小于负载
Vertify Error	校验和错误
Parameter Error	指令超过指定范围
Over Heat	温度超过指定范围
Over Position	角度超过设定范围
Over Voltage	电压超过指定范围

Status Monitor 组中，显示当前舵机的速度、位置、PWM 输出、电压和温度值。

3. 配置 CDS55××的限制参数

如图 9-10 所示，单击 Limit 按钮进入属性页，进入 CDS55××各种限制参数配置窗口。

ID 组用于输入要设置的舵机 ID 值，Position Limitation 选项组用于设置 CDS55××的角度限制。CDS55××在舵机模式下，有效的角度控制范围是 0°～300°，对应控制量为 0～1023。在某些运用场合，可能需要限制舵机的转角，例如，舵机转过 200°之后可能出现卡死的情况，此时可以将角度限制设置为 0～682(682 对应 200°)，当给定舵机位置大于 682 时，舵机会保持在 682。窗口中上面的滑动条用于设置角度上限，下面的滑动条用于设置下限。单击 Read Pos 按钮可以将舵机当前位置读取到对应的滑动条上，右侧的文本会显示当前值。

Voltage Limitation 选项组用于设置 CDS55××的电压限制。CDS55××的工作电压是 6.5～10.5V，低于 6.5V 将不能正常工作，高于 10.5V 会烧毁。Voltage Limitation 窗口中右侧的滑动条用于设置电压上限，左侧的滑动条用于设置电压下限。

Torque Limitation 选项组用于设置 CDS55××的转矩。该设置通过限制 CDS55××的最大工作电流起到限制 CDS55××的最大输出扭矩的作用。在需要长时间堵转的场合常用到这个功能。

Led Error Flag 选项组用于自定义 7 种工作异常的触发效果。例如，勾选 Command Error 复选框时，如果对 CDS55××发送错误的指令，则 CDS55××内部电路板的指示灯将会亮起。

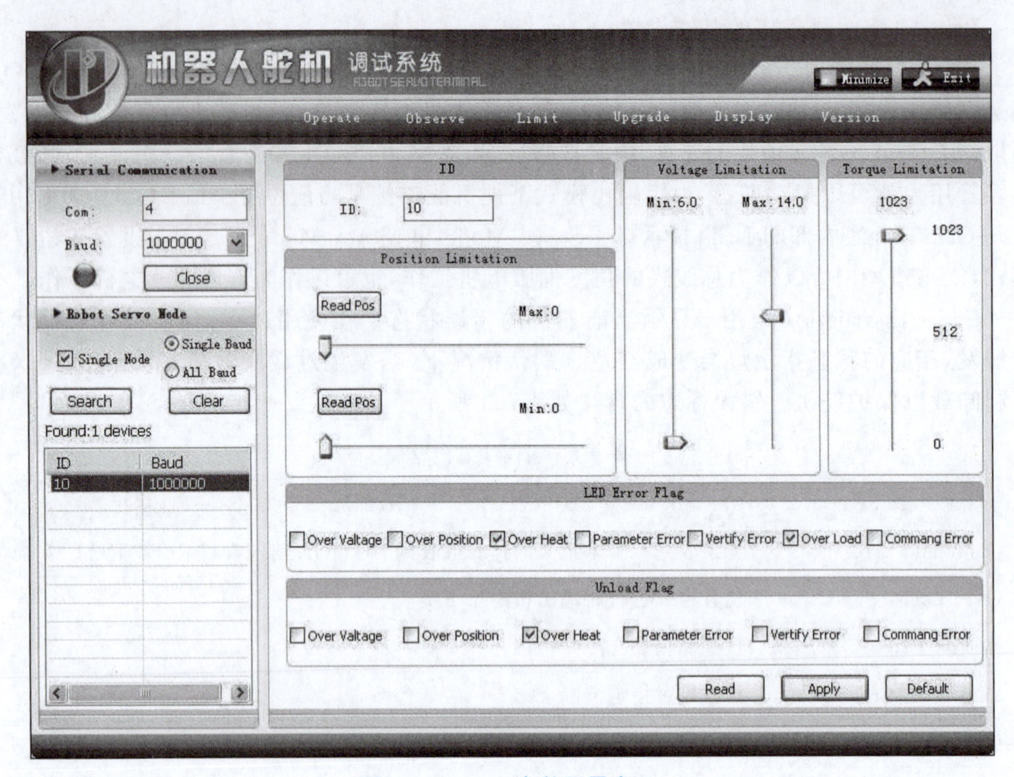

图 9-10 Limit 参数配置窗口

Unload Flag 选项组用于设置 CDS55××的卸载条件，如果勾选了某个复选框，则当对应的选项触发时，CDS55××卸载。

9.1.4 LUBY 控制器

LUBY 是基于 STM32 单片机的控制器，配置有 16 路 AD 接口用于传感器的数据输入，6 路输出接口用于驱动 LED、蜂鸣器、模拟舵机等外设。系统内置了蓝牙模块和基于 CC2530 的 ZigBee 无线通信平台，能方便进行组网。LUBY 控制器示意图如图 9-11 所示，具体参数有以下几点说明。

(1) STM32103VCT6@72 MHz。

(2) 外置 RS232 串行接口 2 个。

(3) 程序 U 盘模式、直接下载两种下载模式。

(4) 机器人数字舵机接口(支持级联)，并完全兼容 Robotis Dynamixel AX12＋。

(5) 6 路通用 TTL 电平 IO 输出端口，GND/＋6V/SIG(spatial information grid) 三线制(有三角标志的是 GND)。

(6) R/C 通用模拟舵机接口。

(7) 16 路 12 位精度 (0～4095)ADC(analog to digital converter)复用的 TTL 电平输入端口(0～5V)，GND/＋5V/SIG 三线制。

(8) 4 个可配置的按键输入。

(9) 12 路复用的可配置的外部中断输入，其中包括 4 路按键输入。

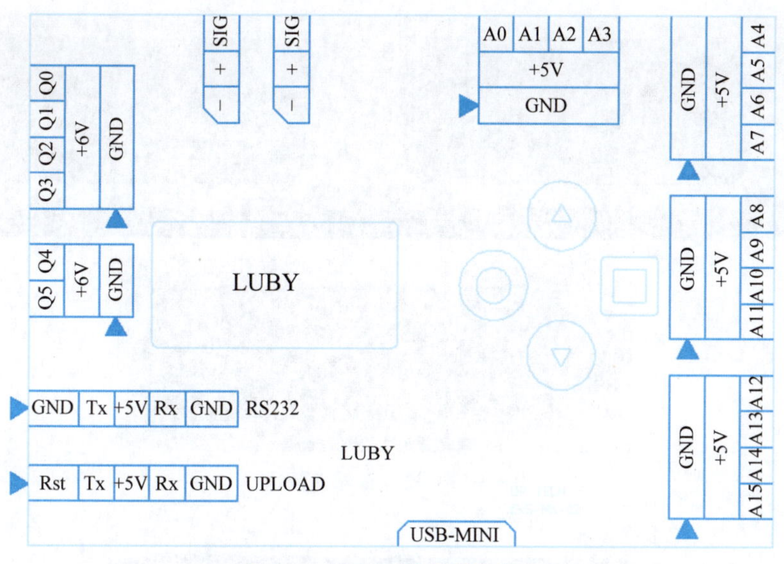

图 9-11　LUBY 控制器示意图

（10）具备蓝牙收发功能，波特率 115 200b/s，支持自定义数据接收中断。

（11）具备 ZigBee 通信功能，波特率 19 200b/s，支持使用串口命令对其操作。

（12）4 个 32 位可支配的计时器，最小计时单位 1μs，支持自定义计时器中断。

LUBY 控制器电气接口包括以下几方面。

（1）两个舵机接口如图 9-12 所示，主要用于供电和连接舵机总线。

图 9-12　舵机接口

（2）A0～A15：模拟量输入接口如图 9-13 所示，供电电压 5V，用于连接传感器（仅用作输入）。

（3）Q0～Q5：数字量输出接口如图 9-14 所示，供电电压 6V，用于连接执行器（可以驱动模拟舵机）。

（4）五针杜邦线接口如图 9-15 所示，有 RS232 和 UPLOAD 接口。

（5）U 盘模式下载接口 USB-MINI 如图 9-16 所示。

（6）ZigBee 通信指示灯如图 9-17 所示。

LUBY 控制器支持程序的 U 盘复制模式，方便进行程序的管理。在 U 盘复制模式中，控制器通过 USB 线缆连接到计算机后，会在计算机上显示一个 1MB 大小的 U 盘，里面存放的为下载的程序，通过普通的复制粘贴操作，即可进行程序的下载。同时也可以方便地删除程序。

图 9-13　模拟量输入接口

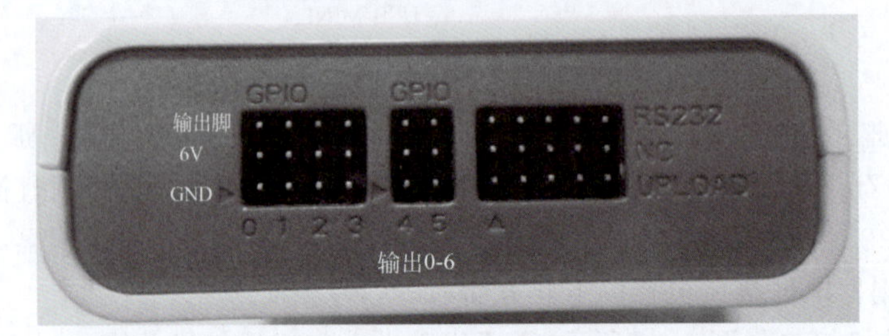

图 9-14　数字量输出接口

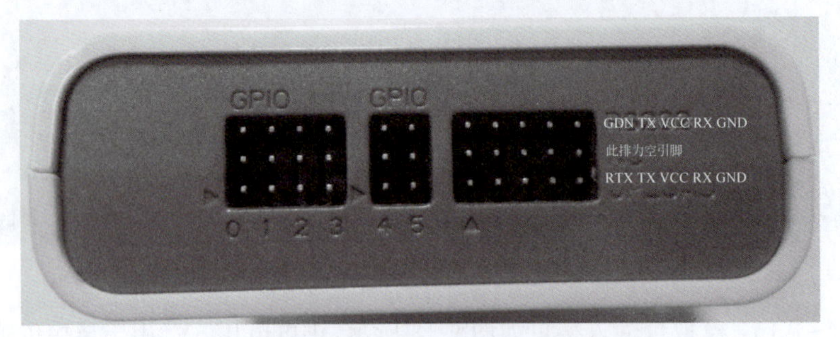

图 9-15　五针杜邦线接口

图 9-16　U 盘模式下载接口

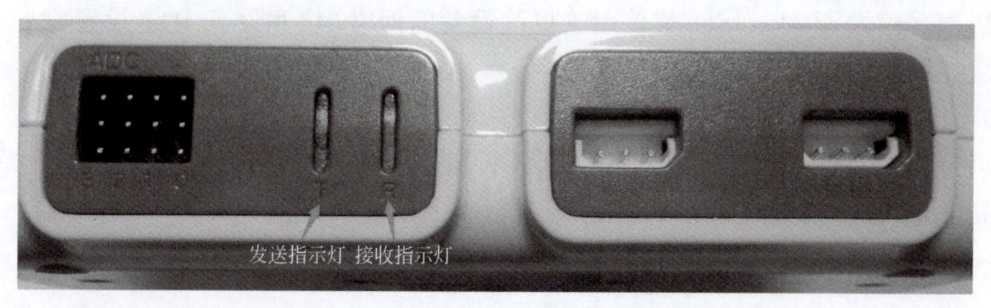

图 9-17 ZigBee 通信指示灯

进入 U 盘复制模式的方法：按住 BACK 键(右键)然后打开控制器开关，控制器进入程序下载模式，然后再按一次 BACK 键，即进入 U 盘复制模式，此时控制器的 LCD 上显示 USB Connected 字样，插入 USB 线缆，则在计算机上会显示一个 1MB 大小的 U 盘。

该 U 盘可跟普通 U 盘一样进行操作，将 bin 文件复制到 U 盘的根目录下，即完成了下载的过程。操作完成后按控制器上的 OK 键(左键)，则控制器退出 U 盘模式进入程序选择，可以选择下载过的程序并按 OK 键执行。注意：所有 bin 文件必须放在 U 盘的根目录下，为了减少控制器的扫描时间，请不要在 U 盘里放置其他的文件。

LUBY 控制器内置了 Bootloader 程序，为了方便地使用图形交互窗口配置控制器，Bootloader 菜单结构如图 9-18 所示。

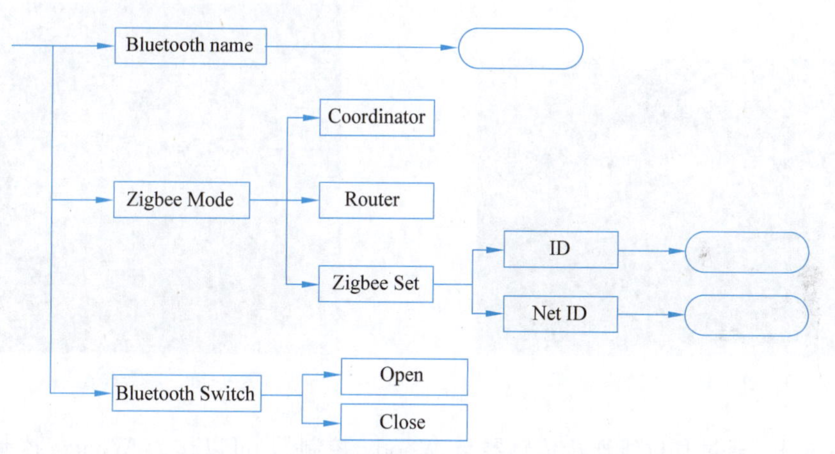

图 9-18 LUBY 控制器的 Bootloader 菜单结构

LUBY 控制器的 Bootloader 菜单具体操作有以下几个步骤。

(1) 进入 Bootloader。

打开 LUBY 控制器电源，在进度条消失前按 OK 键，即可进入 Bootloader 。

(2) 蓝牙名称设置。

蓝牙名称长度为 5，由字母数字和一些特殊字符组成，在设置名称菜单下，按上下键更改每一位字符，按 OK 键继续输入下一个字符，当输入到最后一个字符时，按 OK 键开始设置。设置成功会出现 set done please reset 字样。重启 LUBY 控制器，设置生效，同时按住 up，down 键开机，可以将 Bluetooth 设置为默认值。Bluetooth Switch 菜单可以使能或失能蓝牙串口。

(3) Zibgee 设置。

ZigBee 下级菜单包括设置协调器和设置路由器，可以根据需要将设备类型改为路由器模式或协调器模式，ZigBee Set 菜单用于更改设备的网络 ID 和设备 ID。设置完后，新设置需要重启控制器才能生效。

（4）加载程序。

重启过程中，在进度条消失之前，按 BACK 键进入程序选择模式，按上下键选择需要运行的 bin 文件，按 OK 键跳转到 bin 文件。

9.1.5 卓越之星——传感器和执行器

1. 碰撞传感器

卓越之星的碰撞传感器属于开关量传感器，其功能是获取开关量的输入，接口是三针杜邦线接口，线序如图 9-19 所示。

使用方法：VCC 接 5V，GND 接地，当按键释放时，输出引脚(S)为高电平(5V)，当按键按下时，输出引脚(S)为低电平(0V)。

2. 声音传感器——麦克风

卓越之星的声音传感器属于音频传感器，功能是获取音频输入信号，其接口为三针杜邦线接口，线序如图 9-20 所示，其中 SIG 接耳机线中的麦克风输入接口(Microphone Input Connector，MIC)线。

图 9-19　碰撞传感器

图 9-20　声音传感器

使用方法：通过耳机线连接传感器与 Woody 控制器，可以作为 Woody 控制器的音源输入。

3. 光强传感器

卓越之星的光强传感器属于模拟量传感器，其功能是获取光照强度，接口为三针杜邦线接口，线序如图 9-21 所示，其中 SIG 为输出端。

使用方法：光照越强，输出电压值越高(在 0.8～4.5V 浮动)。使用时需要根据现场光照条件确定阈值。

4. 灰度传感器

卓越之星的灰度传感器属于模拟量传感器，其功能是获取物体表面灰度，接口为三针杜邦线接口，线序如图 9-22 所示，其中 SIG 为输出端。

使用方法：测量表面灰度越高(越接近白色)，输出电压值越高，面对 A4 纸(距离 1cm)白纸面约为 3.6V，黑纸面约为 2.8V，使用时需要根据现场光照条件确定阈值。

图 9-21 光强传感器

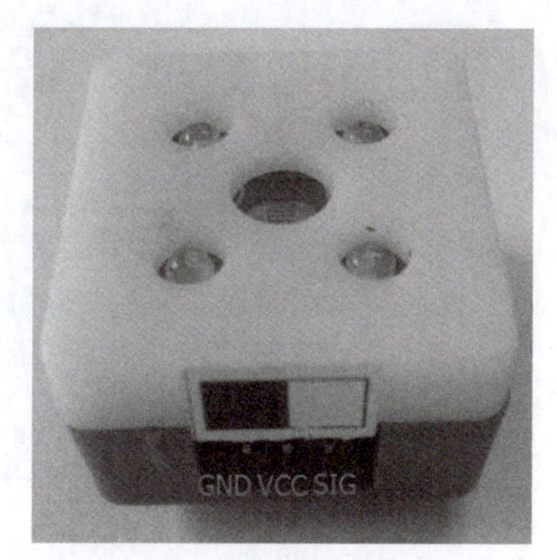

图 9-22 灰度传感器

5. 霍尔传感器

霍尔传感器属于模拟量传感器，其功能是获取磁感应强度，接口是三针杜邦线接口，线序如图 9-23 所示，SIG 为输出端。

霍尔传感器有以下使用方法。

无磁钢状态下输出电压 2.5V，有磁钢状态下输出电压小于 2.5V 或 大于 2.5V（视磁场极性而定），变化范围为 2.3～2.7V。

6. 倾角传感器

倾角传感器属于模拟量传感器，其功能是获取倾斜角度，接口为三针杜邦线接口，线序如图 9-24 所示，SIG 为输出端。

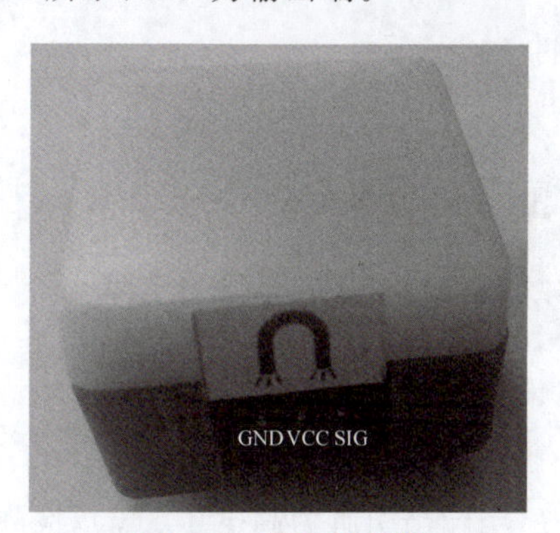

图 9-23 霍尔传感器

图 9-24 倾角传感器

使用方法：输出引脚（SIG 脚）输出电压曲线，如图 9-25 所示。

7. 温度传感器

温度传感器属于模拟量传感器，其功能是获取温度信息，有三针杜邦线接口，线序如图 9-26 所示，SIG 为输出端。

使用方法：0℃时，输出 0V，温度每升高 1℃，输出增加 10mV，最高工作温度 100℃。

8. 红外接近传感器

红外接近传感器属于数字量传感器，它的功能是判断有无障碍物，接口有三针杜邦线（母头），线序：杜邦线（母头）带三角一侧为 GND（连接时对应控制器输出接口的三角标

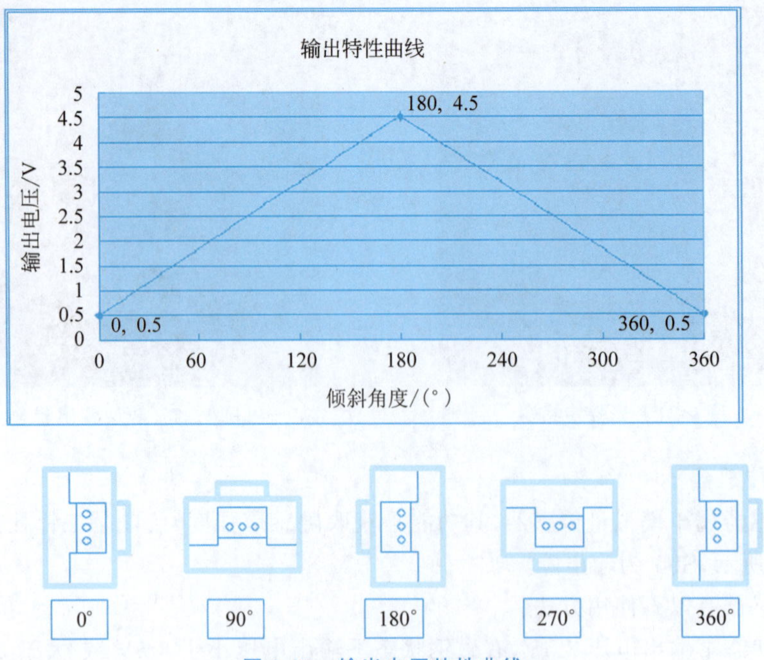

图 9-25　输出电压特性曲线

图 9-26　温度传感器

志)、依次为 VCC(电源输入)、S(数字量信号输出脚)。

使用方法：当无障碍物时，传感器自带灯不亮；当输出引脚为高电压(5V)，检测到障碍物时，传感器自带灯点亮；当输出低电压时，传感器检测范围可以通过旋转传感器上的电位器调节。

9. RF 读卡器

RF 读卡器属于 RS232 传感器，功能是读取 RFID 卡的信息，有五针杜邦线接口(仅需要其中 TXD 和 5V 两个引脚发送数据)。三针接口的信号输出(SIG)端输出 5V 表示有卡，0V 表示无卡，有卡时绿色指示灯亮。线序参考如图 9-27 所示。

图 9-27　RF 读卡器

使用方法：UART 接口一帧的数据格式为：

1个起始位、8个数据位、无奇偶校验位、1个停止位。波特率：9600b/s。数据格式有5B数据，高位在前，格式为4B数据＋1B校验和(异或和)。例如，卡号数据为0xE0A00890，则输出为0xe0 0xa0 0x08 0x90 0xd8(校验和计算：0xe0^0xa0^0x08^0x90 = 0xd8)。当有卡进入该射频区域内时，读卡器主动发出以上格式的卡号数据。

10. 巡线传感器

卓越之星的巡线传感器属于舵机总线传感器，其功能是感知巡线位置及舵机总线接口，支持级联。

使用方法：在初次使用巡线板时需要对巡线板7个传感器的灵敏度进行调节。调节方法为，将贴有黑色胶带的白纸放在巡线板的传感器下方(距离最好不要超过6mm)，调节传感器对应的电位器阻值，要调节到当白纸放在传感器下方时，对应的LED灯灭，当黑色胶带处于传感器下方时，对应LED灯亮。

巡线板的通信协议格式与CDS系列数字舵机相同，目前巡线板的ID地址固定为0x00，波特率为1 000 000，通过固定一条协议，即可请求7个传感器的状态。具体协议为FF FF 00 04 02 32 01 C6(请求返回7个传感器状态指令)检验0xC6＝～(0x00＋0x04＋0x02＋0x32＋0x01)。

返回协议为FF FF 00 03 00 1C D0。

校验0xD0 = ～(0x00＋0x03＋0x00＋0x1C)。

返回值中0x30，即为巡线板7个传感器的状态(低7位为有效值)，0x1C转为二进制为1110000(最高位无效)，即传感器1,2,3,4检测的白色(从巡线板上方看传感器从左到右为1～7，分别对应返回值的1～7位)。

11. LED彩色灯

LED彩色灯属于数字量执行器，具有RGB(红、绿、蓝)三种颜色，有双排三针杜邦线接口，具体线序如图9-28所示，使用方法如表9-2所示。

图9-28 LED彩色灯

表9-2 LED彩色灯使用设置方法

电平(上排)	电平(下排)	发光颜色
1	0	绿色
0	1	红色
1	1	蓝色

12. 电磁铁

电磁铁属于数字量执行器，能够产生磁场，吸附工件，三针杜邦线(母头)接口，具体线序：杜邦线头带三角一侧为GND(连接时对应控制器输出接口的三角标志)、依次为VCC

(电源输入)、S(控制信号输入脚)。当信号输入为低电压(0V)时,电磁铁无磁性,输入为高电压(5V)时,电磁铁有磁性。

13. 输送带

输送带属于数字量执行器,能够驱动输送带电机运转,具有双排三针杜邦线接口。具体线序:面向输送带正面,接口一侧朝下,靠近观察者一侧的排针为上排,每排从左至右分别为信号输入、5V、GND。使用方法,如表 9-3 所示。

表 9-3　输送带控制

上　排	0	0	1	1
下　排	0	1	0	1
状　态	停止	正转	反转	停止

9.2　卓越之星——机器人创意搭接套件实例

9.2.1　柔性生产线

柔性生产线如图 9-29 所示,是由原料托盘、水平关节机器人、三轴加工中心、输送带系统、垂直关节机器人、并联加工中心、灯塔组成。原料托盘用于存放原料,三轴加工中心是机械数控加工的常用设备,可以展示加工动作。水平关节机器人能实现工件在各个工位的搬运动作。输送带系统,通过其控制系统配套传感器感知工件,并实现精确稳定地输送。垂直关节机器人能实现工件在各个工位的搬运。并联加工中心能实现精密稳定的运动轨迹,是机械高精密加工的常用设备。灯塔,能指示系统运行过程中的状态。

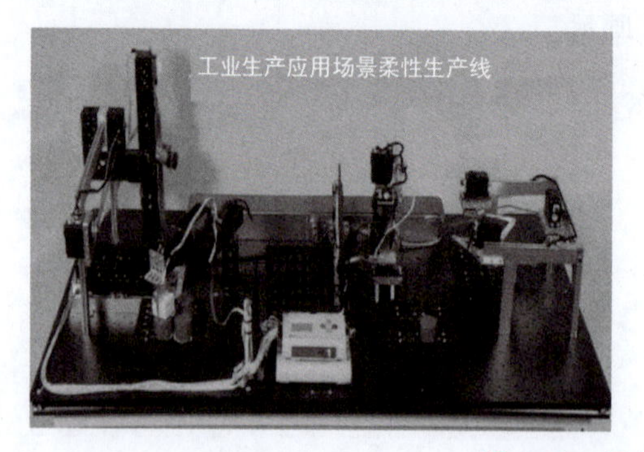

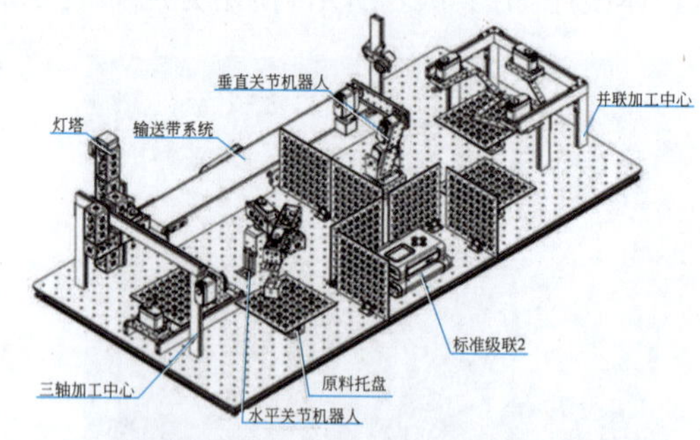

图 9-29　柔性生产线总体图

9.2.2　3D 打印工厂

3D 打印工厂如图 9-30 所示,是由输送带系统、旋转机械手、3D 扫描仪、熔丝堆积 3D 打印机、光敏成型 3D 打印机组成。在这个构型中,各直线轴都是由连杆机构实现。展示了 3D 扫描、常用类型的 3D 打印机的基本原理和结构特点。同时配套的物料流设备能将这些设备连接构成一个自动化的工厂。通过编程实现了一个完整的小型 3D 打印工厂的基本工艺流程。

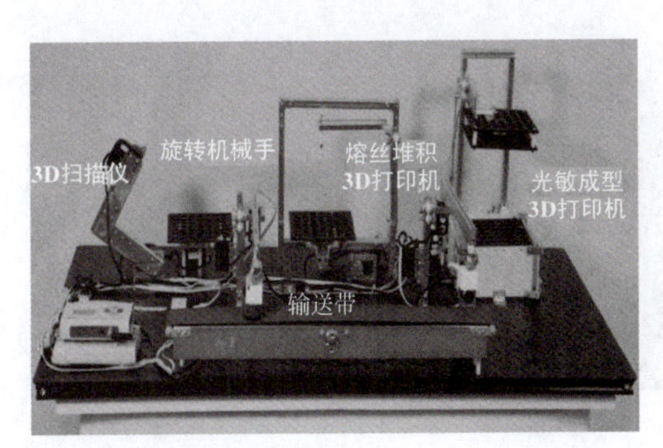

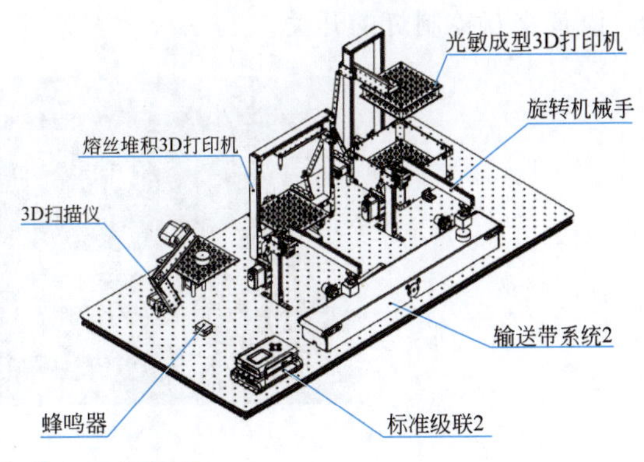

图 9-30 3D 打印工厂总体图

9.2.3 智能建筑

智能建筑如图 9-31 所示，是由自动门、安检机、自动顶棚、自动隔断幕墙、自动窗、语音电梯组成。安检机，当检测到有物体放入时，自动启动输送带，当检测到高亮度物体和强磁性物体时，发出不同的警报声音。自动门，当检测到门区有物体时，自动旋转一周。自动顶棚，根据顶棚下部区域不同光线程度，自动调节顶棚幕布的宽度，达到平衡光线的目的。自动隔断幕墙，通过按钮控制门的开关，要求单侧两扇门运动时，同时启动，同时到位。自动窗，通过当前温度控制窗打开程度的大小，可手动设置关窗温度。语音电梯，通过语音交互，指挥电梯载客升入任意楼层。语音电梯停靠时有语音提示，开关门动作，其他仿照真实电梯功能。

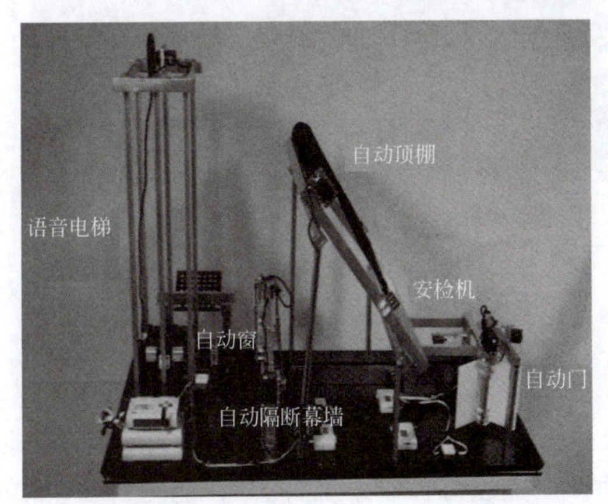

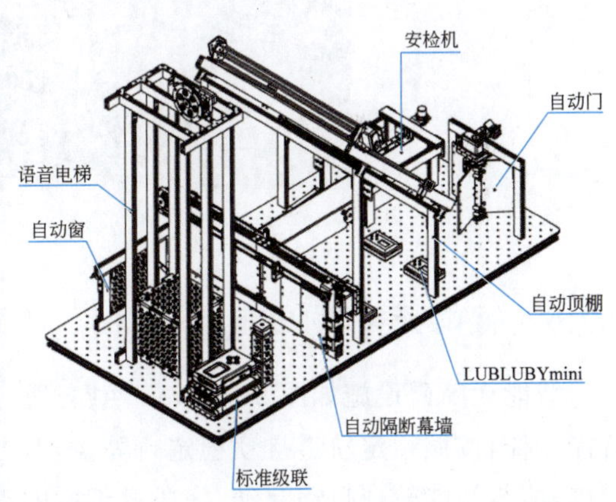

图 9-31 智能建筑总体图

9.2.4 智能家居

智能家居总体图如图 9-32 所示，由自动晾衣架、遥控厨用电器、卫生间感应灯、自动窗帘、自动客厅场景系统、语音指令棒、阳台装配组成。自动客厅场景系统，含有家庭影院场景模式，通过语音指令控制关灯、投影幕布下拉、打开投影仪等一系列动作。自动窗帘，语音控制灯开关，通过感知光照，自动控制窗帘等功能。遥控厨用电器可以控制厨房电器的自动启动等。自动晾衣架，通过感知光照强度，自动控制晾衣竿的升降。卫生间感应灯，通过传感器、语音交互控制灯的开关。

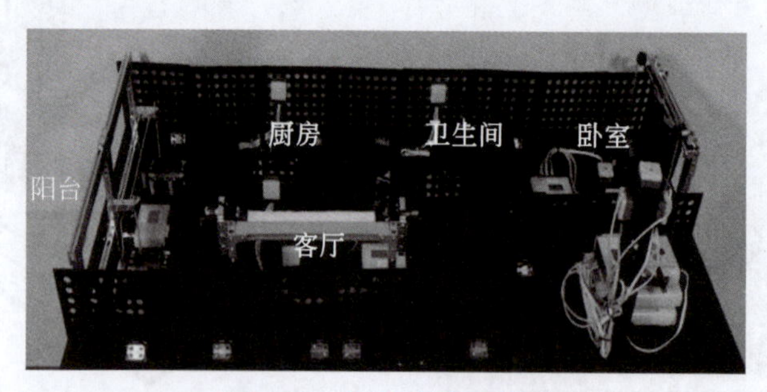

图 9-32　智能家居总体图

9.2.5　智慧化工

智慧化工场景如图 9-33 所示，以化工制品的生产、灌装、废水处理为主线，展示了以高精度、全自动控制、绿色生产为理念的智慧化工系统。该场景由生产车间、灌装车间、废水处理车间组成。生产车间，可以完成酚酞水和苏打水的勾兑。灌装车间，可以完成灌装过程演示。废水处理车间，可以完成废水的颜色澄清转换。

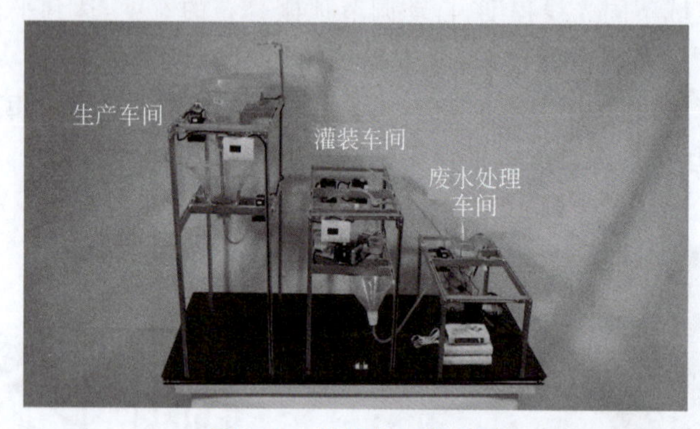

图 9-33　智慧化工总体图

9.2.6　智能无障碍设施

智能无障碍设施如图 9-34 所示，由交通灯控制系统、无障碍辅助设施、智能轮椅组成。智能轮椅，按照指定轨道自动稳定行驶，当意外卡死、脱轨、倾倒时能自动报警。无障碍辅助设施，能与智能轮椅自动互动，完成过天桥的动作。交通灯控制系统，能与智能轮椅互动，交通灯随机启动点按规律执行，智能轮椅自动按照交通规则行驶。

9.2.7　智能游乐场

智能游乐场如图 9-35 所示，由高轨列车、摩天轮、互动跷跷板、海盗船、摩天轮登入台组成。高轨列车启动后通过与转塔互动，实现整周连续旋转。排队平移装置能将排好的工件送到指定的位置，摩天轮自动拾取工件旋转一周并放下。摩天轮上装有 LED 灯随动作变色闪烁。互动跷跷板，可以自动感知板面是否平衡，用户通过操作无线控制器，使一端舵机上下移动，另外一端通过自动调节位置实现板面的平衡。海盗船启动后，摆臂能按近似钟摆规

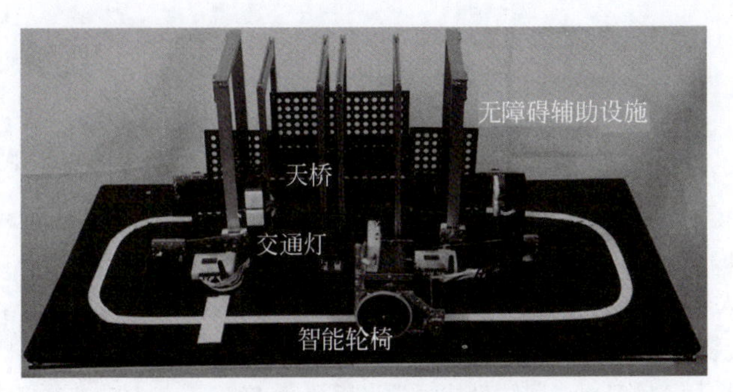

图 9-34　智能无障碍设施总体图

律摆动，呈现振幅由小到大，再由大到小的循环演示效果。

图 9-35　智能游乐场总体图

9.3　本章小结

本章介绍了“卓越之星——机器人创意搭接套件”，涵盖了套件的核心组件，如Debugger多功能调试器、proMOTION CDS系列机器人舵机、LUBY控制器以及各类传感器和执行器。这些组件为机器人设计提供了强大的功能和灵活性。随后，通过具体实例展示了该套件在不同应用场景中的实际运用，如柔性生产线、3D打印工厂、智能建筑、智能家居、智慧化工、智能无障碍设施和智能游乐场等，展现了其在现代科技环境中的广泛应用潜力。

9.4　思考题与习题

1. 智能机器人设计题：设计一个能够在家庭环境中自主导航并执行清洁任务的智能机器人。要求包括机器人的基本结构设计、传感器选择、控制系统框架，以及简单的任务执行算法。

2. 工程创新实践设计题：选择“卓越之星——机器人创意搭接套件”中的组件，如LUBY控制器、proMOTION舵机等，设计一个解决特定问题（如自动灌溉系统）的机器人方案。要求提供详细的系统组成和工作流程。

参 考 文 献

[1] 工业和信息化部,国家发展和改革委员会,科学技术部,等."十四五"机器人产业发展规划[EB/OL].(2021-12-21).https://www.gov.cn/zhengce/zhengceku/2021-12/28/5664988/files/7cee5d915efa463ab9e7-be82228759fb.pdf.

[2] 刘伟.关于机器人若干重要现实问题的思考[J].人民论坛·学术前沿,2016(7):6-11.

[3] 陈白帆,宋德臻.移动机器人[M].北京:清华大学出版社,2021.

[4] 谢成钢.移动机器人[M].长沙:国防科技大学出版社,2022.

[5] 吕克·若兰.移动机器人原理与设计[M].谢广明,译.2版.北京:机械工业出版社,2021.

[6] 黄琰,李岩,俞建成,等.AUV智能化现状与发展趋势[J].机器人,2020,42(2):215-231.

[7] 李敬新.AGV小车在智能制造标准化中的应用[J].品牌与标准化,2022(4):13-14.

[8] 储开斌,郭俊俊.智能车运动轨迹跟踪算法的研究[J].电子测量与仪器学报,2020,34(6):131-137.

[9] GORDON MCCOMB. Arduino机器人制作指南[M].唐乐,译.北京:科学出版社,2014.

[10] 李硕,赵宏宇,封锡盛.中国深海机器人研究进展与发展建议[J].前瞻科技,2022,1(2):49-59.

[11] 任沁源,高飞,朱文欣.空中机器人[M].北京:机械工业出版社,2021.

[12] 姜坤.无人机[M].北京:化学工业出版社,2017.

[13] 冯登超,齐霞.无人机组装调试与检修[M].北京:化学工业出版社,2020.

[14] 朱爽.无人机概论[M].北京:北京交通大学出版社,2023.

[15] 王成端.仿生机器人[M].北京:科学出版社,2019.

[16] 王国彪,陈殿生,陈科位,等.仿生机器人研究现状与发展趋势[J].机械工程学报,2015,51(13):27-44.

[17] 解天佑,于乃功.仿生机器人的研究现状和发展趋势[J].中国科技期刊数据库工业A,2023(7):0182-0185.

[18] 胡敏中,王满林.人工智能与人的智能[J].北京师范大学学报:社会科学版,2019(5):128-134.

[19] 刘白林.人工智能与专家系统[M].西安:西安交通大学出版社,2012.

[20] 蔡艳婧,程显毅,潘燕.面向自然语言处理的人工智能框架[J].微电子学与计算机,2011,28(10):173-176+180.

[21] 潘正华,王勇.人工智能中的类比推理研究综述[J].智能系统学报,2023,18(4):643-661.

[22] 刘丽,鲁斌,李继荣.人工智能原理及应用[M].北京:北京邮电大学出版社,2023.

[23] 姚锡凡,刘敏,张剑铭,等.人工智能视角下的智能制造前世今生与未来[J].计算机集成制造系统,2019,25(1):19-34.

[24] 刘若辰,慕彩虹,焦李成,等.人工智能导论[M].北京:清华大学出版社,2021.

[25] 陆建峰,王琼,等.人工智能·智能机器人[M].北京:电子工业出版社,2020.

[26] 赵龙.机器视觉及应用[M].北京:北京航空航天大学出版社,2022.

[27] 王颖娴,王康,童逸杰.机器视觉技术与应用实战[M].北京:北京理工大学出版社,2023.

[28] 刘韬,张苏新.机器视觉及其应用技术[M].2版.北京:机械工业出版社,2023.

[29] 丁少华,李雄军,周天强.机器视觉技术与应用实战[M].北京:人民邮电出版社,2022.

[30] 马晗,唐柔冰,张义,等.语音识别研究综述[J].计算机系统应用,2022,31(1):1-10.

[31] 杨学锐,晏超,刘雪松.语音识别服务实战[M].北京:电子工业出版社,2022.

[32] 张斌,全昌勤,任福继.语音合成方法和发展综述[J].小型微型计算机系统,2016,37(1):186-192.

[33] LIN Z, YUE M, CHEN G, et al.Path planning of mobile robot with PSO-based APF and fuzzy-

based DWA subject to moving obstacles[J]. Transactions of the Institute of Measurement and Control,2022,44(1): 121-132.

[34] 张学军,唐思熠,肇恒跃,等.3D打印技术研究现状和关键技术[J].材料工程,2016,44(2): 122-128.

[35] 张克勤,李婷婷,蒋望凯,等.3D打印气凝胶的研究现状[J].精细化工,2022,39(10): 1986-1998.

[36] 肖建庄,秦飞,丁陶,等.3D打印再生砂浆的早期性能[J].建筑材料学报,2022,25(7): 657-662.

[37] 王超,陈继飞,冯韬,等.3D打印技术发展及其耗材应用进展[J].中国铸造装备与技术,2021,56(6): 38-44.

[38] 王迪,杨永强.3D打印技术与应用[M].广州: 华南理工大学出版社,2020.

[39] 邢泽华,陈蓉,单斌.3D打印正在颠覆我们的时代: 解读《大颠覆: 从3D打印到3D制造》[J].中国机械工程,2019,30(9): 1128-1133.

[40] 刘宸希,康红军,吴金珠,等.3D打印技术及其在医疗领域的应用[J].材料工程,2021,49(6): 66-76.

[41] 朱光达,侯仪,赵宁,等.光固化3D打印聚合物材料的研究进展[J].中国材料进展,2022,41(1): 67-80.

[42] 朱小明,章盼梅,江丽珍,等.聚合物3D打印工艺及打印材料的研究进展[J].合成树脂及塑料,2023,40(4): 65-71.

[43] 张超,邓智聪,马蕾,等.3D打印混凝土研究进展及其应用[J].硅酸盐通报,2021,40(6): 1769-1795.

[44] 严程铭,薛程鹏,田光元,等.金属光固化3D打印研究现状[J].工程科学学报,2023,45(12): 2037-2048.

[45] 韩晓璐,王珊珊,彭静,等.人工智能在3D打印药物的研究进展[J].药学学报,2023,58(6): 1577-1585.

[46] 王媛媛,张华荣.G20国家智能制造发展水平比较分析[J].数量经济技术经济研究,2020,37(9): 3-23.

[47] 孙立宁,许辉,王振华,等.工业机器人智能化应用关键共性技术综述[J].振动、测试与诊断,2021,41(2): 211-219+406.

[48] 郭彩芬.人工智能视角下的智能制造的发展[J].苏州市职业大学学报,2020,31(1): 16-20.

[49] 姚锡凡,马南峰,张存吉,等.以人为本的智能制造: 演进与展望[J].机械工程学报,2022,58(18): 2-15.

[50] 方毅芳,宋彦彦,杜孟新.智能制造领域中智能产品的基本特征[J].科技导报,2018,36(6): 90-96.

[51] 张映锋,张党,任杉.智能制造及其关键技术研究现状与趋势综述[J].机械科学与技术,2019,38(3): 329-338.

[52] 杨晓楠,房浩楠,李建国,等.智能制造中的人-信息-物理系统协同的人因工程[J].中国机械工程,2023,34(14): 1710-1722+1740.

[53] 姚锡凡,景轩,张剑铭,等.走向新工业革命的智能制造[J].计算机集成制造系统,2020,26(9): 2299-2320.

[54] 马克·R.米勒,雷克斯·米勒.工业机器人系统及应用[M].张永德,路明月,代雪松,译.北京: 机械工业出版社,2019.

[55] 李瑞峰,葛连正.工业机器人技术[M].北京: 清华大学出版社,2019.

[56] 陈玉娇,曾诗雨,和红杰,等.工业机器人码垛数字孪生系统的研究与实现[J].计算机集成制造系统,2023,29(6): 1930-1940.

[57] 刘秀平,韩丽丽,徐健.工业机器人技术及应用[M].西安: 西安电子科技大学出版社,2022.

[58] 杜莹莹,罗映,彭义兵,等.基于数字孪生的工业机器人三维可视化监控[J].计算机集成制造系统,2023,29(6): 2130-2138.

[59] 高功臣.工业机器人操作与编程[M].北京: 机械工业出版社,2023.

[60] 陈国华.工业机器人与智能制造[M].西安：西安电子科技大学出版社，2020.

[61] 郭洪红.工业机器人技术[M].4版.西安：西安电子科技大学出版社，2021.

[62] 李卫国，陈巍，梁建宏，等.自己动手做智能机器人："卓越之星"工程套件实践与创意[M].北京：人民邮电出版社，2016.

[63] 许超，单晶，宋飞，等.模块化机器人平台的创新实验设计与实现[J].辽宁大学学报：自然科学版，2018，45(2)：129-132.